房屋建筑和市政基础设施项目工程总承包管理实操指引

黄刚 阮浩 编著

中国建筑工业出版社

图书在版编目（CIP）数据

房屋建筑和市政基础设施项目工程总承包管理实操指引 / 黄刚，阮浩编著 . — 北京：中国建筑工业出版社，2023.3
ISBN 978-7-112-28420-7

Ⅰ. ①房… Ⅱ. ①黄… ②阮… Ⅲ. ①建筑工程 – 承包工程 – 工程管理②市政工程 – 基础设施建设 – 承包工程 – 工程管理 Ⅳ. ① TU71 ② TU99

中国国家版本馆 CIP 数据核字（2023）第 039467 号

本书根据近年来成功实施的多个工程总承包项目管理经验，按流程对各阶段管理要点进行系统总结和提炼，力求真正指导项目一线实操。其中，部分管理思路和理论为行业内首次提出。本书共 15 章内容，分别为：工程总承包总述、工程总承包管理思路、工程总承包实施条件管理、工程总承包招标投标管理、工程总承包组织管理、工程总承包策划管理、工程总承包设计管理、工程总承包商务管理、工程总承包合同管理、工程总承包招采管理、工程总承包进度管理、工程总承包建造管理、工程总承包风险管理、工程总承包知识管理、项目案例。

本书主要面向于工程总承包单位，也可供建设、设计、施工、监理、全过程工程咨询单位和材料设备供应商等参考使用。

责任编辑：万 李
责任校对：孙 莹

房屋建筑和市政基础设施项目
工程总承包管理实操指引
黄 刚 阮 浩 编著

*
中国建筑工业出版社出版、发行（北京海淀三里河路9号）
各地新华书店、建筑书店经销
北京鸿文瀚海文化传媒有限公司制版
北京同文印刷有限责任公司印刷
*
开本：787毫米×1092毫米 1/16 印张：18 字数：448千字
2023年3月第一版 2023年3月第一次印刷
定价：59.00元
ISBN 978-7-112-28420-7
（40816）

序

工程总承包是国际通行的建设项目组织实施方式。推进工程总承包发展，有利于实现项目设计、采购、施工等各阶段工作的深度融合，有利于发挥工程总承包企业的技术和管理优势，是深化工程建设项目组织实施方式的改革举措，也是提高工程建设管理水平和增强企业综合实力的重要途径。

近年来，国务院及各部委先后发布了《关于进一步推进工程总承包发展的若干意见》《房屋建筑和市政基础设施项目工程总承包管理办法》等系列政策文件，各省市积极试点和推广工程总承包，促推工程总承包模式迅速发展，并取得了较好的经济社会效益。但是，由于整体起步较晚，企业虽然能够迎合市场发展潮流，将工程总承包的概念引入项目管理中，但缺乏丰富的实践经验和系统的理论总结，对新技术的应用也不够主动，且受传统模式下设计、招采、施工等长期分离影响，工程总承包项目的实际应用还不尽如人意，特别是管理的理念、方法、手段等还不够系统，对工程总承包的整体效力发挥形成了阻碍。

早在十年前，中国建筑集团有限公司首席专家、教授级高工黄刚就关注到工程总承包对促推行业高质量发展的深远意义。他带领团队深入大型EPC项目建设一线，在具体工程实践中不断地探索和总结，形成了较为成熟系统的研究成果。特别是带领团队在重庆某EPC项目创新实践，用时6个月完成15万 m² 购物中心的报批报建、设计、采购、施工及竣工备案等全过程工作，较传统模式节约工期30%以上，实现了"零变更、零索赔、零签证"，打造出EPC工程总承包项目实施典范，并依托该项目总结出一整套可复制的工程总承包管理理念和方法，在多个项目成功推广应用。

呈现在大家面前的这本《房屋建筑和市政基础设施项目工程总承包管理实操指引》，是黄刚及其团队基于数十个工程总承包项目的成功实践，总结形成的管理成果合集。这些成果来源于工程一线，将管理理论与实际相结合，具有很强的指导性和实操性。在创新性方面，也结合行业现状提出了实施条件管理、设计管理"469"工作法等新理念、新方法。相信这本著作能够为工程总承包项目管理提供直接且具体的借鉴和参考。

立足新时代新征程，希望本书的编者及其团队能够紧跟建筑业数字化转型的新趋势，立足项目一线，夯实数据基础，重视工程建造过程的互联互通、线上线下融合、资源与要素协同，以数字经济破解工程总承包模式实践中的新问题，形成与时俱进的研究成果，促使工程总承包模式迸发出更强大的生命力，为我国建筑行业的高质量发展作出新的贡献。

中国工程院院士、华中科技大学教授

2023年1月

前　言

近年来，随着我国建筑业高质量发展理念的不断深入，国家大力推进工程建设组织模式改革。在一系列政策文件引领下，工程总承包已成为我国建设工程领域主流模式之一。

与施工总承包相比，工程总承包具有省投资、省工期、省人力、整体风险更低等显著优势，但同时也有其特有的实施原则和要求。如果盲目延续施工总承包管理思路，不但制约工程总承包优势发挥，还可能起到反作用，甚至导致项目失控。因此，有必要针对工程总承包模式全过程管理要点和要求进行系统性梳理，为后续项目的成功实施奠定坚实基础。

本书根据编写组近年来成功实施的多个工程总承包项目经验，按流程对各阶段管理要点进行系统总结和提炼，力求真正指导项目一线实操。其中，部分管理思路和理论为行业首次提出。第1章为总述，重点阐述工程总承包模式类型、发展现状等；第2章阐述工程总承包模式特点和管理思路；第3章系统阐述工程总承包实施条件的定义、内容和管理要求；第4章对工程总承包招标投标工作流程和要点进行梳理；第5章阐述工程总承包相关方的组织管理；第6～14章按项目实施流程，对工程总承包的策划管理、设计管理、商务管理、合同管理、招采管理、进度管理、建造管理、风险管理、知识管理进行系统阐述；第15章结合两个典型代表项目案例，对以上管理要点的实际应用进行介绍。

本书主要面向工程总承包单位，也可供建设、设计、施工、监理、全过程工程咨询、材料设备供应等单位参考使用。

由于作者水平有限，书中不足之处在所难免，真诚希望广大读者批评指正。

目　录

第1章　工程总承包总述

1.1　工程项目管理

1.1.1　项目管理

1. 项目的定义

项目一词最早于20世纪50年代在汉语中出现，是指在一定的约束条件下（主要是限定时间、限定资源），具有明确目标的一次性任务。项目最早是指那些规模巨大、复杂的临时性或一次性活动，如研制原子弹的"曼哈顿计划"和"阿波罗登月计划"、一项建筑工程等，后来逐步应用到其他领域，把一些具有项目特征的"一次性"活动也加入其中，逐渐形成现在的项目的定义。

关于项目的定义，目前还没有统一的经典性表述，现将几种具有代表性的定义列举，见表1-1。

表 1-1　关于项目的代表性定义

序号	机构或文件名称	定义内容
1	美国项目管理协会《项目管理知识体系》（PMBOK）	项目是为创造独特的产品、服务或成果而进行的临时性工作
2	德国DIN（德国工业标准）69901	项目是指在总体上符合下列条件的唯一性任务：①具有预定的目标；②具有时间、财务、人力和其他限制条件；③具有专门的组织
3	联合国工业发展组织《工业项目评估手册》	一个项目是对一项投资的一个提案，用来创建、扩建或发展某些工厂企业，以便在一定周期内增加货物的生产或社会的服务
4	世界银行	所谓项目，一般系指同一性质的投资，或同一部门内一系列有关或相同的投资，或不同部门内的一系列投资
5	项目管理质量指南（ISO 10006）	具有独特的过程，有开始和结束日期，由一系列相互协调和受控的活动组成。过程的实施是为了达到规定的目标，包括满足时间、费用和资源等约束条件
6	中国项目管理知识体系（C-PMBOK，2006版）	项目是创造独特产品、服务或其他成果的一次性工作任务

综合以上内容，可以对项目进行如下定义：在一定约束条件下（主要是限定资源、限定时间、限定质量），具有特定目标的一次性任务。

2. 项目的基本特点

项目一般具有以下特点。

（1）一次性和独特性。项目的一次性和独特性是其最主要特征。不同于其他日常活动能够周而复始，没有任何两个项目是完全一致的。某些项目可能在最终成果和过程环节上存在重复，但是在整个项目内外条件上仍然存在独特性。例如，在流水线上批量生产汽车，虽然汽车零部件、工艺流程都完全一致，但不同汽车生产的客观条件（交付工期、原料供应情况、操作人员甚至天气因素等）不同。因此汽车不能称为项目，在某些特定目标要求下生产汽车才能称为项目。

（2）目标性。项目具有一系列清晰的项目目标，这些目标可能包括项目实施的最终成果（有形或无形的）、时间目标、经济目标（成本及收益等）、品质目标（质量、安全、技术要求等）。

（3）限制性。所有项目实施都包括一定的限制条件，如成本、环境、工期、人员、政策法规等。缺少这些限制，项目的价值和意义难以体现。

（4）寿命周期性。项目具有规律性的寿命周期，通常包括决策期、启动期、执行期、结束期等。

（5）相对性。同样的客观项目实体，对于不同的参与方，项目的内涵也完全不同。例如，修建一条高速公路，建设方、设计方、施工方的立场不同，其对项目的需求和定义也就不同，因而项目的目标也是具有相对性的。从这个角度出发，工程和项目的概念不是完全一致的。

3. 项目管理的定义

项目管理是第二次世界大战后期发展起来的重大新管理技术之一，最早起源于美国。在1950—1980年期间，应用项目管理的主要是国防建设部门和建筑公司。从20世纪80年代开始，项目管理的应用扩展到其他工业领域（行业），如制药行业、电信部门、软件开发业等。

美国项目管理协会（PMI）将项目管理定义为：将知识、技能、工具与技术应用于项目活动，以满足项目的要求；项目管理通过合理运用与整合特定项目所需的项目管理过程得以实现；项目管理使组织能够有效且高效地开展项目。

项目管理质量指南（ISO 10006）将项目管理定义为：项目管理是在项目的连续过程中，对项目的各方面进行策划、组织实施、监测和控制，以达到项目目标。

1.1.2　建设项目管理

1. 建设项目

广义上讲，建设项目是基本建设项目的简称，其内容不仅包括与实体相对应的工程项目，还包括完成工程项目的所有管理协调工作。从这个层面讲，建设项目的内涵大于工程项目。狭义上讲，就我国习惯而言，建设项目是建设工程项目的简称，也可称为工程项目。为便于表达和理解，本书将工程项目也称为建设项目，或简称项目。

按照《工程造价术语标准》GB/T 50875—2013的定义，建设项目是指按一个总体规划或设计进行建设的，由一个或若干个互有内在联系的单项工程组成的工程总和。根据建设项目的组成内容和层次，按照分解管理的需要从大至小依次可将其分为建设项目、单项工程、单位工程、分部工程和分项工程。

按照《建设工程项目管理规范》GB/T 50326—2017的定义，建设项目是指为完成依法立项的新建、扩建、改建工程而进行的、有起止日期的、达到规定要求的一组相互关联的受控活动，包括策划、勘察、设计、采购、施工、试运行、竣工验收和考核评价等阶段。

建设项目作为一种典型的项目，除项目的基本特征外，还具备一些专有特征：

（1）复杂性。建设项目投资额巨大、建设周期长、相关利益方多、专业系统多，项目建设过程中不可预见因素多，这些都大大增加了建设项目的复杂性。

（2）约束性。建设项目的主要约束条件为质量、工期和造价，这三个约束条件也称为建设项目管理的三大目标。

（3）周期规律性。建设项目具有较统一的全生命周期，包括前期决策、勘察设计、招标采购、施工建造、竣工交付和运营维保阶段。部分阶段之间具有客观的逻辑顺序，例如先决策再设计、先设计再施工，但少数情况下这种逻辑顺序也不一定是绝对的，例如少数工期紧张的项目也存在边设计边施工、先施工后招采的情况。建筑工程建设项目全生命周期示意图如图1-1所示。

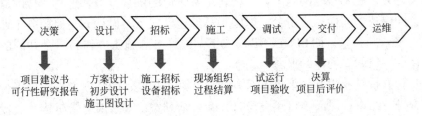

图 1-1　建筑工程建设项目全生命周期示意图

建设项目可以按照不同的划分标准进行分类，常见的分类方式包括：

（1）按建设性质，可分为新建项目、扩建项目、改建项目等；

（2）按建设作用，可分为生产性工程项目，如工业项目、农业项目、基础设施项目等，和非生产性工程项目，如居住建筑、公共建筑等；

（3）按投资来源，可分为政府投资类项目，如通过政府财政投资等方式独资或合资兴建的建设项目，和非政府投资项目，如企业（包括使用非政府投资的国有企业）、集体单位、外商和私人投资建设项目。

2. 建设项目管理

关于建设项目管理的定义，不同的组织和文献从各自角度给出解释。按照《建设工程项目管理规范》GB/T 50326—2017的定义，建设项目管理是指运用系统的理论和方法，对建设工程项目进行的计划、组织、指挥、协调和控制等专业化活动。按照英国皇家特许建造师学会（CIOB）的定义，建设项目管理是指从项目开始到完成，通过项目策划和项目控制，使项目的费用目标、进度目标和质量目标得以实现。

虽然各方给出的定义不完全一致，但其内涵是一致的，即为实现建设项目管理目标，通过一定的项目管理方法和技巧，对项目的全过程进行系统管理活动。需要注意的是，建设项目管理是相对的，管理主体不同，其管理的目的、方法、对象、内容也有差别。

根据建设项目管理的主体不同，常规情况下可将项目管理分为业主方、设计方、施工方、供货方的项目管理，对于部分采用总承包模式的项目，还有总承包方的项目管理，其管理内容也是随着总承包范围调整的。

从更广义的范围出发，建设项目管理主体可简化为三方——业主方（或称甲方）、承包方（或称乙方）、监管方（或称第三方）。项目三方关系示意图如图1-2所示。

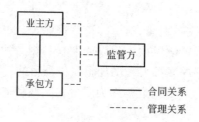

图 1-2　项目三方关系示意图

（1）业主方是一个综合性角色，代表项目发起人和需求方的立场，通常包括投资方、建设方、使用方和其聘请的各类咨询公司等。

（2）承包方是针对业主方需求为业主方提供专业服务或产品的单位集合，包括提供设计服务的设计方、施工服务的施工方、材料设备供应的供货方等，这些单位的立场随着与业主方的合同模式不同而相应组合，如施工总承包模式下，设计方主要服务于业主方，与施工方无直接合同关系，而EPC或DB模式下，设计方和施工方作为一个共同的整体向业主服务，存在一致的立场和诉求。

（3）监管方是对业主方、承包方双方行为准则进行监管的独立方，从公正合法合规的角度对双方进行约束，保证项目建设符合社会公众利益，如政府监管机构及其授权委托的相关团体组织（如审查、检测机构）等。

3. 建设项目组织模式

建设项目组织模式是指一个工程项目建设的基本组织模式以及在完成项目过程中各参与方所扮演的角色及合同关系，在某些情况下，还要规定项目完成后的运营方式。建设项目的组织模式确定了项目管理的总体框架、项目参与各方的职责、义务和风险分担，在很大程度上决定了项目的合同管理方式以及建设速度、工程质量和造价。因此，根据建设项目条件选择合适的项目组织模式，对于提高项目建设效果具有关键作用。

在建设项目管理的发展历程中，随着社会政治、经济、科技水平等外部环境的不断发展，和建设工程项目的规模、需求、特点等内部条件的不断变化，建设项目管理理论和实践不断丰富，产生了多种建设项目组织模式。

总体来看，建设项目组织模式可从投融资模式、项目管理模式、项目承包模式三大条线进行划分。多数情况下，也可将投融资视为项目承包范围的一个阶段。

（1）投融资模式。根据项目建设所需资金及投融资来源情况，可简单分为自主投资、特许经营融资（BT/BOT等）、公私合营融资（PPP）等。

（2）项目管理模式。指建设单位视角下的项目管理模式，根据建设单位自身管理范围、承担风险的不同进行划分，常见的有PM（含全过程咨询）、PMC、CM、代建制、Partnering等。

（3）项目承包模式。是在建设单位视角下，对承包商在设计、采购、施工、运维等全周期承担的工作内容不同进行划分，常见的有平行发包、DBB施工总承包、工程总承包（DB、EPC等）。

需要指出的是，以上三种线条之间不存在明显制约，许多情况下存在并行的情况。

建设项目组织模式分类示意图如图1-3所示。

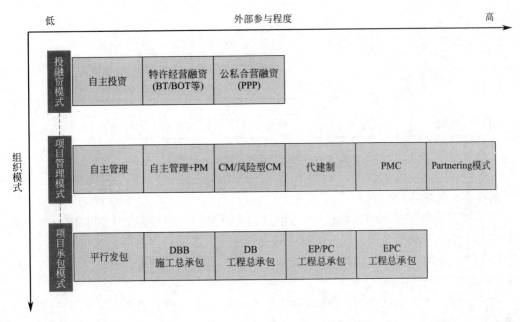

图 1-3 建设项目组织模式分类示意图

1.1.3 常见工程管理模式

建设单位视角下，常见工程管理模式主要特征见表1-2。

表 1-2 常见工程管理模式主要特征

模式	管理咨询	管理承包	管理承包+项目承包	项目合伙
PM（全过程工程咨询）	√			
CM（代理）		√		
CM（非代理）			√	
代建制		√		
PMC	√	√		
Partnering				√

部分PM模式（如全过程工程咨询）除管理咨询外，还可承担一些派生工作，如可行性研究报告编制、招标代理等。

1. PM模式

项目管理（Project Management）简称PM，是指业主委托项目管理单位（建造师/咨询师等）对项目全过程或部分阶段工作提供咨询或管理服务。项目管理单位不直接与业主以外的其他单位形成合同关系，但承担业主委托的管理和协同工作。这种项目管理模式在国际上出现最早，也最为常见。我国推行的全过程工程咨询、工程监理等均可视为PM模式的一种。

PM模式典型组织关系图如图1-4所示。

PM模式的优点在于：

（1）管理权责清晰。PM公司作为受业主委托的第三方，与各方之间的权责界面清晰，

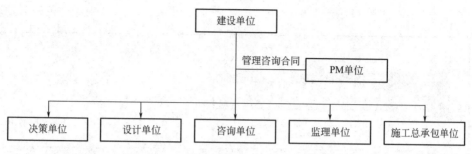

图 1-4　PM 模式典型组织关系图

且代表业主，管理地位更高。

（2）提高项目管理水平。PM公司可由工程咨询公司、设计院、工程监理公司、工程公司等专业化水平高的公司担任，能够有效提升业主方专业管理水平。

（3）取费清晰。通常按项目造价一定比例收取，计价模式清晰。

PM模式的不足在于：

（1）立场不够客观。PM公司作为业主委托的第三方，服务业主利益（不一定是项目整体利益），工作立场的客观性不足。

（2）服务效果难以量化。PM公司在服务过程中创造的价值难以衡量，缺少可行的监督评价机制。

PM模式的适用范围：

（1）业主自身缺少专业人才、专业管理能力；

（2）专业程度高、业态复杂的项目。

2. CM模式

CM模式（Construction Management）又称阶段发包方式，是指由专业建设项目经理（CM）和其他各方组成的项目管理队伍，负责完成项目的规划、设计和施工等任务的集成与管理。CM模式20世纪60年代发源于美国，在国外广泛流行。

CM模式采用"Fast-Track"（快速路径法）将项目的建设分阶段进行，即分段设计、分段招标、分段施工，并通过各阶段设计、招标、施工的充分搭接，"边设计，边施工"，使施工可以尽早开始，以加快建设进度。

CM模式以CM单位主导为主要特征，在初步设计阶段CM单位就接受业主的委托介入工程项目中，利用自己在施工方面的知识和经验来影响设计，向设计单位提供合理化建议，并负责随后的施工现场管理，协调各承（分）包商之间的关系。CM服务内容比较广泛，包括各段施工的招标、施工过程中的目标控制、合同管理和组织协调等，而且CM模式特别强调设计与施工的协调，要求CM单位在一定程度上影响设计。总体上说，CM承包属于一种管理型承包，而CM合同价也通常采用成本加酬金方式确定。

根据CM单位在项目组织中的合同关系的不同，CM模式可分为CM/Agency（代理型）和CM/Non-Agency（非代理型或风险型）两种。

（1）代理型（CM/Agency），CM经理是业主的咨询和代理，业主和CM经理的服务合同费用是固定酬金加管理费。该模式下，CM与PM较为类似。

（2）非代理型（CM/Non-Agency），也称为风险型建筑工程管理（"At-Risk" CM）方式。风险型CM模式，CM经理同时也担任施工总承包单位的角色，业主要求CM经理提出保证最大工程费用（Guaranteed Maximum Price，GMP），若超过GMP，则由CM公司赔偿；低于GMP，节约的投资归业主，但可对承包商按约定比例奖励。GMP包括工程的预算总成本和CM经理的酬金。

CM模式典型组织关系图如图1-5所示。

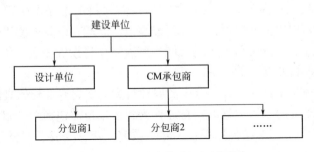

图1-5 CM模式典型组织关系图

CM模式的优点在于：

（1）缩短建设周期，加快进度；

（2）CM经理早期介入设计管理，充分考虑施工因素，提供的设计的可建造性更好，设计变更较少；

（3）非代理型CM模式下，业主投资上限可控。

CM模式的不足在于：

（1）项目总价控制难度大，分项招标导致承包费可能较高；

（2）采用"成本加酬金"合同，对合同范本要求比较高。

CM模式的适用范围：

（1）建设周期长，工期要求紧，不能等到设计全部完成后再招标施工的项目；

（2）技术复杂，组成和参与单位众多，又缺少以往类似工程经验的项目；

（3）投资和规模很大，但又很难准确定价的项目。

一些规模小、工期短、技术成熟以及设计已经标准化的常规项目（如普通宿舍、多层住宅等）和小型项目则不宜采用CM模式。

3. 代建制

代建制是我国工程建设管理发展中的一次探索尝试。关于代建制，目前比较权威、较多专家和学者认可的定义出自2004年7月国务院颁布的《国务院关于投资体制改革的决定》。原文表述：对非经营性政府投资项目加快推行"代建制"，即通过招标等方式，选择专业化的项目管理单位负责建设实施，严格控制项目投资、质量和工期，竣工验收后移交给使用单位。

代建制起源于国外的CM模式。在我国，代建制最早可追溯至1993年厦门市在一些基础设施和社会公益性政府投资项目中，首次采用政府部门代替项目使用单位，委托专业项目管理单位进行项目建设管理的管理模式探索。

因各地在试点发展过程中采取不同的代建合同模式，国内"代建制"管理模式呈现出不同的实践模式特点，具体而言主要包括：委托代理合同模式、指定代理合同模式、三方代建合同模式。

（1）委托代理合同模式。在政府投资主管部门下面，设立具有法人资格的建设工程项目法人，或者指定一个部门作为项目业主，由项目法人（或项目业主）采用招标投标方式选定一个工程管理公司作为代建单位，再由项目法人（或项目业主）作为委托方，与代建单位（受托方）签订代建合同。

委托代理合同模式的实质，是委托代建单位对项目工程建设施工进行专业化组织管理，并代理委托方采用招标方式签订建设工程承包、监理、设备采购等合同。

特点：项目建成后的使用单位不是合同当事人；项目投资资金的管理权仍然掌握在投资人（项目法人、项目业主）的手中。

优点：可以实现防止公共工程招标中的腐败行为，实现专业化管理的政策目的。

缺点一：相当于政府投资主管部门自己作为建设单位"包揽"项目工程建设，然后将项目工程"分配"（"划拨"）给使用单位，将"政府投资"变成了"公房分配"，不符合改革政府投资体制的政策目的。

缺点二：使用单位不是合同当事人，难以发挥积极性，甚至不予协助、配合，增加了工程建设中的困难。

（2）指定代理合同模式。政府投资主管部门采用招标投标方式选定一个项目管理公司作为代建单位，由作为代理人的代建单位与作为被代理人的使用单位签订代建合同。

指定代理合同模式的实质，是政府投资主管部门指定代建单位作为使用单位的代理人，对项目工程建设施工进行专业化组织管理，并代理使用单位采用招标方式签订建设工程承包、监理、设备采购等合同。

特点：投资人（政府投资主管部门）不是合同当事人；投资和资金的管理权掌握在使用单位手中。

优点：同委托代理模式。

缺点一：投资和资金的管理权仍然掌握在使用单位手中，实际上未对现行投资体制进行任何改革。

缺点二：投资人（政府投资主管部门）不是合同当事人，政府投资主管部门在选定代建单位后，实际上不可能对项目投资资金的运用和工程建设施工进行有效监督。

（3）三方代建合同模式。政府投资管理部门与代建单位、使用单位签订三方代建合同。三方代建合同除规定代建单位的权利、义务和责任外，还明确规定政府主管部门的权限和义务：对代建单位（受托人）的监督权、知情权；提供建设资金的义务。使用单位的权利和义务：对代建单位（代理人）的监督权、知情权，对所建设完成的工程和采购设备的所有权；协助义务、自筹资金供给义务。

优点：可以发挥三方当事人的积极性，实现三方当事人的相互制约。可以防止公共工程招标中的腐败行为，实现对公共工程建设施工和项目投资资金的专业化管理，保证工程质量和投资计划的执行。

缺点一：设计的"可施工性"较差，设计时很少考虑施工采用的技术、方法、工艺和降低成本的措施，施工阶段的设计变更多，导致施工效率降低，进度拖延，费用增加，不利于业主的投资控制及合同管理。

缺点二：设计单位与承包商之间相互推诿，使业主利益受到损害。

缺点三：建设周期长，按设计—招标—施工的建设方式缓慢推进。业主在施工图设计全部完成后组织整个项目的施工发包，中标的总包商再组织进场施工。

4. PMC模式

项目管理承包商（Project Management Contractor）简称PMC，是针对大型、复杂、管理环节多的项目所发展起来的一种纯粹的管理模式。PMC模式中项目管理承包商作为业主的代表对项目的整体规划、项目定义、工程招标直至对承包商设计、采购、施工活动的过程进行全面管理，但一般不直接参与项目的设计、采购、施工和试运行等阶段的具体工作。在具体模式上，由业主与PMC承包商签订项目管理合同，并委托PMC承包商自主选择施工承包商和供货商并与之签订合同，或按业主指定方式选择并与之签订合同，或由业主选择并签订合同后，代表业主进行管理。

PMC与PM最大的区别在于，PM是一种管理咨询服务，而PMC是一种管理承包。

PMC模式一般分为两个阶段来执行：

第一阶段称为定义阶段，PMC管理承包商要负责组织/完成基础设计，确定所有技术方案及专业设计方案，确定设备、材料的规格与数量，作出相当准确的投资估算（±10%），并编制出工程设计、采购和建设的招标书，最终确定工程中各个项目的总承包商（EPC或EP+C）。

第二阶段称为执行阶段，由中标的总承包商负责执行详细设计、采购和建设工作，PMC管理承包商要代表业主负起全部项目的管理协调和监理责任，直至项目完成。在各个阶段，PMC管理承包商应及时向业主报告工作，业主则应派出少量人员对PMC管理承包商的工作进行监督和检查。

PMC模式典型组织关系图如图1-6所示。

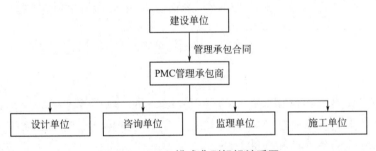

图 1-6　PMC 模式典型组织关系图

PMC模式的优点在于：

（1）PMC管理承包商代表业主进行项目管理，能够充分发挥自身的专业技能，部分情况下与施工承包商有合约关系，与PM相比管控力度更大、更有效；

（2）PMC管理承包商统筹设计与施工阶段，有利于减少设计变更；

（3）PMC管理承包商自主度较高，管理科学性与独立性较好，对投资管控规范度高的政府投资项目、国际融资项目尤其适用。

PMC模式的不足在于：

（1）业主与施工承包商等没有直接合约关系，增加管控难度；

（2）与传统模式相比，业主与施工承包商之间管理层级增加，成本增加。

PMC模式的适用范围：

（1）业主自身缺少专业人才、专业管理能力；

（2）专业程度高、业态复杂的项目；

（3）对管理规范性要求高的项目，如政府投资项目、国际投资、不同国家的合资公司等。

5. Partnering模式

Partnering模式不同于其他项目管理方式，参与方没有竞争的敌对关系，彼此在理解、信任与合作的基础上，有共同的指导思想，追求各方的共同目标。参与项目的各方（包括业主、承包商、设计单位、监理单位等）共同组建一个工作团队（Team），通过工作团队的运作来确保各方的共同目标和利益得到实现。

Partnering模式的一般流程为：业主选择合作伙伴→成立管理小组和主持人→签订Partnering协议→设置项目组/制定目标→建立争议处理系统/项目评价系统→建立共享资料数据库系统→实施项目→定期考核培训人员→完成项目评价总结。

Partnering模式典型组织关系图如图1-7所示。

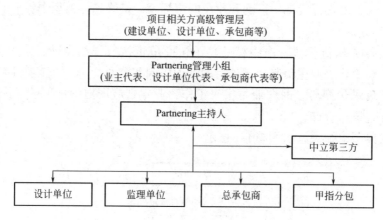

图 1-7　Partnering 模式典型组织关系图

Partnering模式打破项目相关各方的组织界限，通过建立各方互信且高效的运行机制和行动准则，真正实现项目整体效率最大化。成功的Partnering模式必须使各参与方在项目周期内对Partnering模式持积极的态度。

Partnering模式在欧美等发达市场项目中被广泛采用，并取得了明显的效果，一些国家甚至出现了专门提供Partnering模式服务的咨询公司，但在国内项目中目前应用较少。

1.1.4　常见工程承包模式

建设单位视角下，常见工程承包模式的工作范围对比可用图1-8简要表示。

1. 平行发包

平行发包，是指业主将建设工程的设计、施工以及材料设备采购的任务经过分解分别发包给若干个设计单位、施工单位和材料设备供应单位，并分别与各方签订合同。各设计单位之间的关系是平行的，各施工单位之间的关系也是平行的，各材料设备供应单位之间的关系也是平行的。

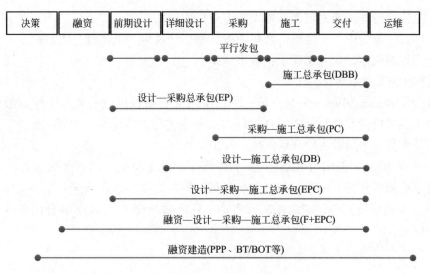

图 1-8 常见工程承包模式工作范围对比图

平行发包模式典型组织关系图如图 1-9 所示。

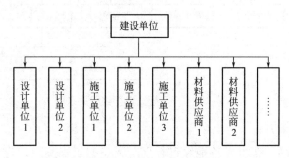

图 1-9 平行发包模式典型组织关系图

平行发包模式的优点主要有：

（1）业主管控度高。业主直接对各参建单位进行管理，减少管理层级，有利于业主诉求的高效实现。

（2）有利于前期造价控制。业主将工程直接分解至各参建单位，减少中间环节；同时，分解后的合约包内容简单、明确，能够引入更多专业性强、规模小的承建单位参与竞争，降低工程造价。

平行发包模式的不足主要有：

（1）业主管控风险大。业主签订的合同数量多，关系复杂，组织协调工作量大，对业主自身的管理水平要求高。

（2）整体协同不足。各承包单位之间无合同约束，主要依靠业主管理，缺少自发性的横向协同，容易导致项目各板块出现脱节。

（3）后期成本控制困难。项目实施过程中，成本分散至多个合同，总体成本协调管理难度大。同时，施工过程中因整体协同不足，容易产生较多设计变更，导致过程成本增加。

平行发包模式主要适用范围：

（1）业主自身管理能力较强，或引入专业机构协助管理；

（2）项目一般为中、小规模的常规业态，采用的技术、工艺较为成熟稳定；

（3）为控制成本，业主愿意承担较多风险。

2. DBB施工总承包

DBB全称Design—Bid—Build，是一种传统的工程项目承包模式。该模式最突出的特点是强调工程项目的实施必须按照D—B—B的顺序进行，即设计—招标—建造，只有一个阶段全部结束另一个阶段才能开始。

与平行发包模式相比，DBB模式在工作程序上基本类似，但业主通常选择一家施工总承包商承担施工任务，由总承包商与分包商和供应商单独订立合同并组织实施。世界银行、亚洲开发银行贷款项目和采用国际咨询工程师联合会（FIDIC）的合同条件的项目均采用这种模式。

DBB模式典型组织关系图如图1-10所示。

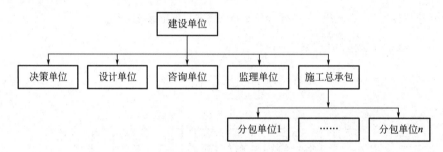

图1-10　DBB模式典型组织关系图

DBB模式的优点主要有：

（1）管理成熟度高。在世界各地经过长期、大量的工程实践，管理方法成熟，管理工具丰富，项目各方对该模式的运行流程都比较熟悉。

（2）业主管控度较高。业主可根据自身情况自主选择咨询设计人员控制设计要求，选择工程师（监理人员）控制项目实施过程。

DBB模式的不足主要有：

（1）建设周期较长。因严格执行设计、招标、施工的线性流程，整体建设周期相对更长，过程不确定性加大。

（2）业主管控风险较大。业主主导设计、采购等管理过程，如出现失误，在后续施工过程中容易引起争议和索赔。

（3）后期成本管控难度较大。因承包商无法参与设计工作，前期设计的"可施工性"差，可能出现大量设计变更，造成后期成本控制困难。

DBB模式主要适用范围：

（1）业态复杂、需求难以简单描述的项目；

（2）项目建设周期充足；

（3）资金来源可靠且充足。

3. 工程总承包

工程总承包是一系列承包模式的统称，常见的包括DB、EPC、EP、PC、F+EPC、

PPP、BT等，详见下一节。

1.2　工程总承包模式

从字面上理解，工程总承包是指对"工程"实施"总"的承包。"工程"本身，包括决策（含融资）、勘察设计、招标采购、施工、试运行、交付、运营等全生命周期。"总"，既可以包括工程不同阶段的集合，也可以包括不同专业、不同标段的集合。因此，工程总承包不是一种单一的承包模式，而是一类承包模式的统称。

关于工程总承包的标准定义，国际上较为公认的是FIDIC定义：工程总承包是指将工程的设计和施工工作作为一个项目整体给单个承包主体的发包方式。在国内，根据我国2020年3月1日正式实施的《房屋建筑和市政基础设施项目工程总承包管理办法》，工程总承包的定义如下：承包单位按照与建设单位签订的合同，对工程设计、采购、施工或者设计、施工等阶段实行总承包，并对工程的质量、安全、工期和造价等全面负责的工程建设组织实施方式。

综合来看，典型的工程总承包主要从管理和承包范围上区分，通常涉及项目的设计、施工阶段，广义的工程总承包还可能延伸到融资和运维阶段。

1.2.1　典型的工程总承包

1. DB模式

DB（Design—Build）模式即设计—建造模式，是指工程总承包企业按照合同约定，承担工程项目设计和施工，并对承包工程的质量、安全、工期、造价全面负责。

DB模式典型组织关系图如图1-11所示。

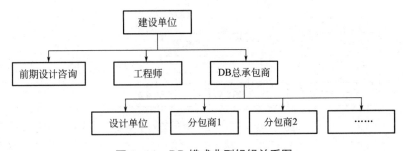

图 1-11　DB 模式典型组织关系图

该模式下，业主、总承包商、工程师组成三元管理体制，其中业主与承包商、业主与工程师之间属于合同关系，工程师与总承包商之间属于监督与被监督关系。业主对项目采用较为严格的控制机制，通常在招标前完成方案或初步设计工作，并对总承包商负责的后续施工图设计进行严格审核、确认。在计价模式上，一般采用可调总价合同。

DB模式优势：

（1）业主实现管控与风险的平衡。业主对项目的关键工作（设计）保留较大的管控权限，既能发挥总承包商充分融合设计与施工的优点，又能保证业主方需求的逐步落地，尤其是前期招标阶段难以明确的需求。

（2）缩减工期。业主方在完成前期设计后即可启动招标，总承包商合理搭接施工图设计与现场施工，加快工程实施。

（3）业主管理力量投入较小。

DB模式不足：

（1）业主仍承担一定的造价控制风险。业主对前期设计、发包人要求的错误承担责任，可能导致总承包商索赔。

（2）设计与施工融合程度受限，局限在施工图设计阶段，无法进一步延伸至前期上位设计阶段。

（3）业主方需投入一定管理精力。

DB模式适用范围：

（1）技术难度相对较小、常规的项目，如传统房建、厂房、道路、基础设施等。

（2）业主前期无法确定项目全部细节、能够投入一定管理精力的项目。

（3）为减少管理投入，业主愿意承担一定额外资金投入。

该模式合同参考范本有FIDIC《生产设备和设计—施工合同条件》（2017版），俗称"FIDIC黄皮书"。

2. EPC模式

EPC模式指设计、采购、施工（Engineering Procurement and Construction）一体化，又称交钥匙模式。相比于DB模式，这种模式下总承包商工作范围进一步延伸，包括从前期项目策划、方案设计，到详细设计、设备采购、施工、调试，直至竣工移交的全套服务过程。部分条件下，建设单位也会聘请一家全过程咨询公司提供专业支持。

EPC模式典型组织关系图如图1-12所示。

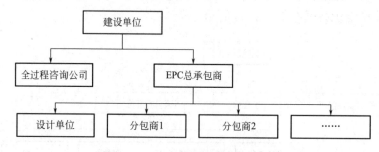

图1-12　EPC模式典型组织关系图

这种模式下，业主一般只提出总体性、功能性需求，由总承包商在满足需求的前提下，自行选择最优技术方案。同时，业主过程管控更加松散，一般不聘请工程师，与EPC总承包商形成二元管控关系，但验收交付环节严格对照建设要求执行，甚至会有一定的试运行期，以检验项目建设质量。总承包商具有更大的自主度和灵活性，能够更好发挥自身能动性和专业优势，但同时也承担更大的责任和风险。在计价模式上，采用固定总价合同，除在少数特殊情况下，合同价格一般不予调整。

EPC模式优势：

（1）业主方管理力量投入最少。

（2）充分发挥EPC总承包商技术实力和专业优势。

（3）风险责任清晰明确，项目争议少。

EPC模式不足：

（1）具备实力的总承包商较少，不利于实现充分竞争。

（2）因总承包商承担项目绝大部分风险，需要一定风险溢价，项目造价可能更高。

EPC模式适用范围：

（1）具有较高技术复杂性的项目（以工艺设备为核心的项目），业主自身不具备专业管理能力，或不愿意配备充足的管理团队（因为不以开发建设为主业）。

（2）业主需要总承包商承担绝大部分风险，并愿意为此支付额外的风险溢价成本。

3. EP模式

EP（Engineering—Procurement）模式是指设计—采购总承包，可视为EPC模式的一种变换。在EP模式下，总承包商负责设计、设备采购、土建安装督导、试运行、性能考核等工作，业主另行委托土建承包商完成土建施工、设备安装等工作。

EP总承包商鉴于自身在技术实力、项目集成管理能力、资源整合能力和对项目本身的理解方面的优势，不仅承担设计、采购工作，通常还承担施工安装督导、调试试车、性能保证和向业主提供咨询服务等工作，更为关键的是EP总承包商作为整个工程项目的项目管理牵头方，承担着项目集成管理、接口管理工作，对项目整体进度、质量、成本和HSE（Health，Safety and Environment，健康，安全与环境管理）进行把控。

EP模式典型组织关系图如图1-13所示。

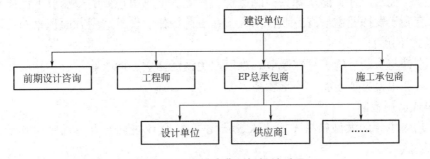

图1-13 EP模式典型组织关系图

EP模式优势：

（1）充分发挥EP总承包商设计与采购融合优势，有利于通过精准采购实现设计意图；

（2）EP总承包商更能发挥自身的特长，规避风险，控制成本，实现管理目标，尤其是一些专业技术能力强、但施工管理能力相对较弱的设计院。

EP模式不足：

（1）EP总承包商与施工承包商没有直接合同关系，施工阶段管控力度受限；

（2）施工承包商未参与设计阶段，与设计的衔接存在一定短板。

EP模式适用范围：

一些以设计为主导、投资额巨大、技术复杂、管理难度高的比如电力、石化、冶金等项目。

4. PC模式

PC（Procurement—Construction）模式是指采购—施工总承包，可视为工程总承包的一种，但本质上更像施工总承包的延伸。

采用这种模式主要是因为EPC模式中设计相对独立，或业主因未知风险多而自己承担大部分管理风险，对设计—采购—施工模式工程进行直接拆分，把设计环节单独拿出来分包，另外把采购和施工合并分包。在这种模式下，有关设备选型、采购、工程施工均由总承包单位负责，其在施工、设备到货、安装调试等方面所出现的问题由总承包单位协调解决。

PC模式典型组织关系图如图1-14所示。

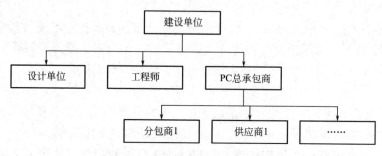

图1-14　PC模式典型组织关系图

PC模式优势：

（1）业主控制设计，能从源头控制造价，又能发挥总承包商的采购成本优势；

（2）有利于发挥业主自有专业技术人才在工艺操作、设备选型方面积累的长期优势。

PC模式不足：

（1）设计与采购、施工存在脱节，难以避免设计变更、拆改等；

（2）对业主自身技术能力要求较高。

PC模式适用范围：

以工艺为主导的大型项目（如化工、石化等），且业主自身有一批专业齐全、经验丰富的管理团队。

1.2.2　广义的工程总承包

1. BOT模式

BOT（Build—Operate—Transfer）模式直译为"建设—经营—转让"，是一种有效的项目融资方式。政府部门就某个基础设施项目与私人企业（项目公司）签订特许经营协议，授权签约方的私人企业（包括外国企业）来承担该项目的投资、融资、建设和维护，在协议规定的特许期限内，许可其融资建设和经营特定的公用基础设施，并准许其通过向用户收取费用或出售产品以清偿贷款，回收投资并赚取利润。政府对这一基础设施有监督权、调控权。授权期满，签约方的私人企业将该基础设施无偿或有偿移交给政府部门。

BOT模式经过数百年发展，形成一系列衍生模式，包括BOO（Build—Own—Operate）、BOOT（Build—Own—Operate—Transfer）、TOT（Transfer—Operate—Transfer）、BT（Build—

Transfer）等。各种形式只是涉及 BOT 操作方式的不同，但其基本特点是一致的，即项目公司必须得到有关部门授予的特许经营权。

BOT 模式典型组织关系图如图 1-15 所示。

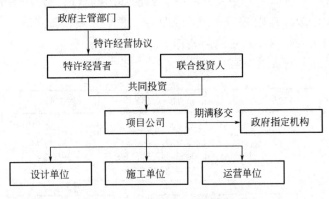

图 1-15　BOT 模式典型组织关系图

BOT 模式运行程序包括招标投标、成立项目公司、项目融资、项目建设、项目运营管理、项目移交等环节。该种模式下，政府和企业之间更多的是垂直关系，政府授权私企独立建造和经营设施，而不是与政府合作，私人企业承担更多的风险。

BOT 模式的优点主要有：

（1）项目融资的所有责任都转移给私人企业，减少了政府主体借债和还本付息的责任；

（2）政府可以避免大量的项目风险；

（3）组织机构简单，政府部门和私人企业协调容易；

（4）项目回报率明确，严格按照中标价实施，政府和私人企业之间利益纠纷少。

BOT 模式的缺点主要有：

（1）公共部门和私人企业往往都需要经过一个长期的调查了解、谈判和磋商过程，以致项目前期过长，投标费用过高；

（2）投资方和贷款人风险过大，没有退路，使融资举步维艰；

（3）参与项目各方存在某些利益冲突，对融资造成障碍；

（4）机制不灵活，降低私人企业引进先进技术和管理经验的积极性；

（5）在特许期内，政府对项目失去控制权。

BOT 模式主要适用范围：

具备较好使用收费条件的基础设施类项目，对总体价格可接受，如电力项目、收费公路等。

2. PPP 模式

PPP（Public—Private Partnerships）直译为"公私合作伙伴关系"，是指政府与私人组织之间，为了合作建设城市基础设施项目，或是为了提供某种公共物品和服务，以特许经营协议为基础，彼此之间形成一种伙伴式的合作关系，并通过签署合同来明确双方权利义务，以确保合作的顺利进行，最终使合作各方获得比预期单独行动更为有利的结果。PPP是一种新的融资模式，合作各方参与某个项目时，并不是政府把项目的责任全部转移给私营部门，而是参与合作的各方共同承担责任和融资风险。从项目融资的角度看，PPP与BOT、BT、BOO等可以并列看待。PPP模式运行程序包括：项目识别、项目准备、项目采购、项目执行、项目移交环节。

PPP模式具有以下特征：一是公共部门与私营部门的合作，合作是前提；二是合作的目的是提供包括基础设施在内的公共产品或服务；三是强调利益共享，在合作过程中，私营部门与公共部门实现共赢；四是风险共担。

PPP模式典型组织关系图如图1-16所示。

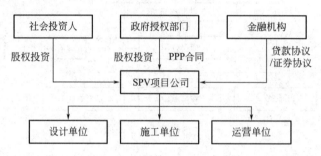

图 1-16　PPP 模式典型组织关系图

PPP模式的优点主要有：

（1）公共部门和私人企业在初始阶段就共同参与论证，利于尽早确定项目融资可行性，缩短前期工作周期，使项目费用降低；

（2）可以在项目初期实现风险分配，同时由于政府分担一部分风险，使风险分配更合理，减少了承建商与投资商风险，从而降低了融资难度，提高了项目融资成功的可能性；

（3）参与项目融资的私人企业在项目前期就参与进来，有利于私人企业一开始就引入先进技术和管理经验；

（4）公共部门和私人企业共同参与建设和运营，双方可以形成互利的长期目标，更好地为社会和公众提供服务；

（5）使项目参与各方整合组成战略联盟，对协调各方不同的利益目标起关键作用；

（6）政府拥有一定的控制权。

PPP模式的缺点主要有：

（1）对于政府来说，如何确定合作公司给政府增加了难度，而且在合作中要负有一定的责任，增加了政府的风险负担；

（2）组织形式比较复杂，增加了管理与协调的难度，对参与方的管理水平有一定的要求；

（3）如何设定项目的回报率可能成为一个颇有争议的问题。

PPP模式主要适用范围：

相比于BOT，PPP模式适用范围更广，优点更加突出，可广泛适用于各类公益事业和公共基础设施项目建设。

3. PPP+EPC模式

PPP+EPC即在PPP模式的基础上，由SPV公司（项目公司）进行二次招标选择工程总承包企业，对项目的设计、采购、施工实行全过程承包。如果第一次招标选定的社会资本方（可以是联合体）具备本项目工程总承包相应资格和资质，如勘察设计单位具备工程设计资质证书且项目在其许可的范围内，或施工单位具有相应施工承包资质，并满足相关条件，则第二次招标可以不再进行，由EPC总承包商直接与项目公司签订工程总承包合同，实施PPP项目工程的设计、采购和施工，即所谓"两标变一标"

PPP+EPC模式典型组织关系图如图1-17所示。

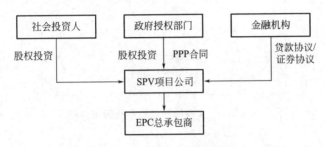

图 1-17　PPP+EPC 模式典型组织关系图

PPP+EPC模式的优点主要有：

（1）具备PPP项目工程建设相应资质的社会资本方，可通过一次招标承担项目融资与工程建设任务；

（2）延伸建筑企业产业链条，向投资、运营延伸，带动主业发展；

（3）将融资、设计、采购、建造一体化，进一步缩短项目周期。

PPP+EPC模式的缺点主要有：

（1）社会资本方（建筑企业）承担投资、建设多重职责，对其综合实力要求高，不利于实现充分竞争；

（2）SPV公司与建筑企业的权责界面容易混乱，不利于项目管控。

PPP+EPC模式主要适用范围：

同时具备投融资和工程总承包能力的大型建筑企业。

1.2.3　特殊视角下的工程总承包

对于工程总承包商而言，某些关键因素可能对项目实施产生重大影响。

1. 联合体模式

联合体由两个或两个以上（一般不超过3家）、资质互补的法人或者其他组织组成，各方以一个投标人的身份共同投标。在工程总承包模式下，常见的联合体由设计院和施工单位组成，部分项目还有勘察单位参与。

联合体模式典型组织关系图如图1-18所示。

联合体各方对外以一个投标人的身份共同投标，中标后共同与招标人签订合同，就中标项目向招标人承担连带责任。联合体内部之间权利、义务、责任的承担等问题，则需要以联合体各方订立的合同为依据。

联合体模式的优点在于，能够实现组成各方优势互补，克服资质、经验、专业能力不足的影响，同时分散项目实施风险，提高项目履约能力。在行业具备完整设计及施工能力的承包商较少的情况下，通过设计院与施工单位组建联合体的方式，能够快速满足工程总

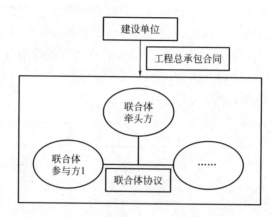

图 1-18 联合体模式典型组织关系图

承包模式需求，促进工程总承包业务发展。

联合体模式的不足在于，联合体组成各方的权责界面容易出现争议，造成后期履约风险。虽然联合体对业主共同承担连带责任，但若联合体各方间无详细的权责约定，无有效的风险共担和目标约束，难以真正形成联合体，最终"貌合神离"，无法真正发挥工程总承包的融合优势。因此，联合体模式可视为向工程总承包转型过程中，因具备工程总承包能力的承包商数量有限，而采取的一种过渡模式。

对于以联合体模式承接的工程总承包项目而言，各参与方如何确定权责界面和工作机制，对于项目整体实施效果具有重要影响。

2. 计价模式

工程总承包项目常见的计价模式包括总价包干、费率下浮、模拟清单，少数特殊项目还有成本+酬金的模式。不同计价模式下，项目各方承担的风险、实施思路等存在较大差别。

（1）总价包干

对于工程总承包模式而言，不论是国际通用的 FIDIC 合同范本，还是国内相关管理办法，首推计价模式是总价包干。在总价包干模式下，业主承担的风险最小，能够有效规避项目超支风险，同时总承包商能够发挥自身专业优势，在满足业主和规范的前提下开展综合优化，减少浪费，降低成本。

但是，总价包干模式是有一定前提的，即发包人要求（项目内容、范围、规模、标准、功能、质量、安全、节约能源、生态环境保护、工期、验收等）明确、风险划分合理。本书将此类前提系统定义为"工程总承包项目实施条件"，后文会详细介绍。总价包干模式下，发包人一般只对项目交付时是否满足发包要求进行验收，验收合格即进行支付，而不需要进行结算或审计。

（2）费率下浮

费率下浮模式是一种较普遍的计价模式，大多数情况下发包人会明确一个结算上限价，并且最终结算以发包人审核确定的价格为准。该种模式下，发包人能够有效控制项目成本，在项目实施过程中能够对发包人需求进行一定调整，因此在国内政府投资类项目中应用较多。但是，对于承包人而言存在较大结算风险，不利于承包人最大化发挥设计优化的优势。

（3）模拟清单

模拟清单模式下，由发包人针对项目可能采用的工作内容编制模拟清单，投标人针对该清单报送单价进行竞争，能够有效应对工程总承包项目无图模式下的招选问题。这种模式适用于一些做法简单、清晰的常规项目。对于部分存在特殊工艺的做法，或承包人另行选用清单外的做法时，需要重新进行认质认价。

（4）成本+酬金

成本+酬金模式一般应用较少，主要在一些应急抢险等需要快速响应的项目中应用。该种模式下，为保证进度质量，可能会增加成本，因而发包人的主要风险在于成本控制。

3. 设计介入阶段

根据工程总承包商负责的设计工作范围不同，可将项目进行分类。以国内建筑工程为例，设计阶段一般分为可行性研究（概念方案设计）、方案设计、初步设计、施工图设计、深化设计等，设计图纸内容和细度随各阶段逐步加深。设计介入阶段示意图如图1-19所示。

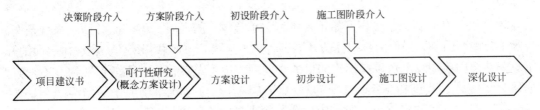

图 1-19　设计介入阶段示意图

按照经验，设计阶段越靠前，对成本影响越大；越靠后，对项目施工指导性越强。对发包人而言，负责的设计阶段越多，与自身需求的匹配度越高，招标成本控制也越精细，但对施工等需求融合不足；对承包人而言，负责的设计阶段越多，设计与施工的融合性越好，项目总体效率越高，但对业主需求把握的准确性可能不足。因此，明确设计范围对项目实施效果具有重要影响。

2020年3月1日正式实施的《房屋建筑和市政基础设施项目工程总承包管理办法》中明确提出，采用工程总承包方式的政府投资项目，原则上应当在初步设计审批完成后进行工程总承包项目发包。

1.3　工程总承包发展现状

1.3.1　国际工程现状

工程总承包模式起源于20世纪60年代美国的石油化工行业，自20世纪80年代以来在境外逐步得到项目业主青睐，随后其体量和市场占比经历了持续、高速的增长。进入21世纪后，工程总承包模式的国际市场发展已经日趋成熟和稳定，在部分成熟市场，工程总承包模式占比可达40%以上。

工程总承包模式主要应用于大型基础设施领域（如电厂、石化等）。这类项目投资金额大、建设周期长、风险与不确定性因素多，因此业主更希望交由一家承包商完成设计、采购、施工和试运行的所有工作，以发挥全过程优化和一体化协调的管理优势。

本小节根据相关研究成果，以英国、美国、日本、新加坡为案例，阐述工程总承包模式的国际起源和发展。

1. 英国

据相关统计，英国工程总承包模式的市场份额在1984—1991年间从5%增至15%。20世纪90年代初到中期，总承包模式已经应用在15%~20%的工程项目中。根据英国皇家测量师协会和里丁大学的调查和研究，1996年英国建筑市场上工程总承包模式的份额已达30%。

2. 美国

1913年，美国在一个电灯厂建设项目中最早采用工程总承包模式。总承包模式在早期大多应用于工业厂房建设项目。1968年后，规模较小且相对简单的工程也开始陆续应用总承包模式，且成功案例越来越多。直至19世纪80年代，总承包模式已扩展到一般工程。但在20世纪90年代之前，美国的法律法规限制了公共部门采用总承包模式进行采购的领域和额度。

20世纪90年代以后，美国开始重视工程总承包模式的发展。1996年，《联邦采购条例》规定了公共部门可以采用两步招标法开展工程总承包模式下的联邦采购，在法律层面解开了对公共部门应用总承包采购模式的束缚。此后，工程总承包模式逐渐扩展到许多领域。据研究者统计，截至1996年，总承包模式占美国非住宅建筑市场的份额已经达到24%。2004年，美国16%的建筑企业约40%的合同额来自总承包项目，5%的建筑企业约80%的合同额来自总承包项目。总体而言，20世纪90年代后的十几年，美国国内外的工程总承包营业额增长非常迅速，工程总承包模式已经被美国绝大多数州认可，成为发展最快的主流建设管理模式。

3. 日本

据统计，1989年许多日本营造商社超过1/3的业务量来自总承包项目。2000年，美国设计建造总承包协会（Design—Build Institute of America，DBIA）研究表明，70%的日本工程使用了总承包模式。随后，由于日本境内基础设施建设的高速发展，针对业主更广泛、全面的需求，很多施工承包商不断提升设计能力，成为能力更综合的工程承包商。

4. 新加坡

1970年开始，新加坡政府尝试以总承包的模式发包一些规模较小的项目。在1970—1990年间，工程总承包模式在新加坡的应用案例多为土木工程及一些营利性质的工程，处在初期发展阶段。1990年初，新加坡政府决定全面推广工程总承包模式。在新加坡的所有住宅工程中，工程总承包模式的市场份额从1992年的1%开始，增长到1998年的23%以上；在1992—2000年间，总承包模式在公共工程中的市场份额达16%，在私人工程中的市场份额达34.5%。

1.3.2 国内发展现状

1. 发展历程

我国国内工程总承包从20世纪80年代初拉开帷幕，距今已经40多年，大体经历了四个阶段。

（1）试点阶段（1982—1992年）

20世纪80年代初，化学工业部在设计单位率先探索推动工程总承包。1982年6月8日，化学工业部印发了《关于改革现行基本建设管理体制，试行以设计为主体的工程总承包制的意见》，明确指出，"根据中央关于调整、改革、整顿、提高的方针，我们总结了过去的经验，研究了国外以工程公司的管理体制组织工程建设的具体方法，吸取了同国外工程公司进行合作设计的经验，为了探索化工基本建设管理体制改革的途径，部决定进行以设计为主体的工程总承包管理体制的试点"。1987年4月20日，国家计委、财政部等四部门印发《关于设计单位进行工程总承包试点有关问题的通知》，公布了全国第一批12家工程总承包试点单位。1989年4月1日，建设部、国家计委等五部门印发了《关于扩大设计单位进行工程总承包试点及有关问题的补充通知》，公布了第二批31家工程总承包试点单位。从此，工程总承包试点工作在21个行业的勘察设计单位展开。

（2）推广阶段（1992—2003年）

1992年11月，在试点的基础上，建设部颁布实施了《设计单位进行工程总承包资格管理的有关规定》，明确我国将设立工程总承包资质，取得工程总承包资格证书后，方可承担批准范围内的总承包任务。1993—1996年，建设部先后批准560余家设计单位取得甲级工程总承包资格证书，各部门、各地区相继批准2000余家设计单位取得乙级工程总承包资格证书。

为强化设计院工程总承包功能，推动传统设计单位向工程公司转型，1999年8月，建设部颁发了《关于推进大型工程设计单位创建国际型工程公司的指导意见》，明确了国际型工程公司的主要特征和基本条件，提出要用5年左右的时间，推进一批有条件的大型工程设计单位创建成为具有设计、采购、建设总承包能力的国际型工程公司，积极开拓国内、国际工程承包市场，并制定了创建国际型工程公司的政策与措施。

1999年12月，国务院转发建设部等部门《关于工程勘察设计单位体制改革的若干意见》，要求将勘察设计单位由现行的事业性质改为科技型企业，使之成为适应市场经济要求的法人实体和市场主体，要参照国际通行的工程公司、工程咨询设计公司、设计事务所、岩土工程公司等模式进行改造。勘察设计单位改为企业后，要充分发挥自身技术、知识密集的优势，精心勘察、精心设计，积极开展可行性研究、规划选址、招标代理、造价咨询、施工监理、项目管理和工程总承包等业务。

（3）规范阶段（2003—2016年）

2003年2月13日，建设部印发《关于培育发展工程总承包和工程项目管理企业的指导意见》，鼓励具有工程勘察、设计或施工总承包资质的勘察、设计和施工企业，在其勘察设计或施工总承包资质等级许可的工程项目范围内开展工程总承包业务。

这一文件的关键在于第一次以部文的形式规定了什么是工程总承包、什么是项目管理、谁可以做工程总承包、谁可以做项目管理。文件鼓励具有工程勘察、设计或施工总承包资质的勘察、设计和施工企业，通过改造和重组，建立与工程总承包业务相适应的组织机构、项目管理体系，充实项目管理专业人员，提高融资能力，发展成为具有设计、采购、施工（施工管理）综合功能的工程公司，在其勘察、设计或施工总承包资质等级许可的工程项目范围内开展工程总承包业务。之所以这样要求，是因为单一功能的勘察、设计和施工企业均不具备开展工程总承包的条件，都需要进行功能再造。为此，一大批工业设计院开始向工程公司转型。

2003年，建设部下达计划，委托中国勘察设计协会建设项目管理和工程总承包分会组织编制《建设项目工程总承包管理规范》。2005年5月，我国第一部关于工程总承包的国家标准《建设项目工程总承包管理规范》GB/T 50358—2005正式颁布。该规范主要适用于总包企业签订工程总承包合同后对工程总承包项目的管理，对指导企业建立工程总承包项目管理体系、科学实施项目具有里程碑意义。2011年9月，住房和城乡建设部、国家工商行政管理总局联合印发了《建设项目工程总承包合同示范文本（试行）》。这是继《建设项目工程总承包管理规范》发布后的又一标准文件。

（4）全面发展阶段（2016年至今）

经过40多年的发展，国内在工业领域工程总承包模式日趋成熟，勘察设计企业工程总承包营业额逐年上升，但是在城市建设，包括建筑、市政、交通等专业领域，工程总承包发展相对滞后。

自2016年以来，中共中央、国务院及住房和城乡建设部等不断出台文件，积极推进房屋建筑和市政项目工程总承包。2016年2月6日，中共中央、国务院发布《关于进一步加强城市规划建设管理工作的若干意见》，提出"深化建设项目组织实施方式改革，推广工程总承包制"。2016年5月20日，住房和城乡建设部印发了《关于进一步推进工程总承包发展的若干意见》，对工程总承包项目的发包阶段、工程总承包企业的选择、工程总承包项目的分包、工程总承包项目的监管手续等作出了相应规定。

2017年2月21日，国务院办公厅印发了《关于促进建筑业持续健康发展的意见》，提出"加快推行工程总承包"和"培育全过程工程咨询"。

2017年5月4日，住房和城乡建设部更新国家标准《建设项目工程总承包管理规范》GB/T 50358—2017，自2018年1月1日起正式实施。

2018年7月4日，住房和城乡建设部发布《同意上海、深圳市开展工程总承包企业编制施工图设计文件试点的复函》，同意在上海市、深圳市开展工程总承包企业编制施工图设计文件试点，同步开展建筑师负责制和全过程工程咨询试点。

2019年12月23日，住房和城乡建设部、国家发展改革委共同发布《房屋建筑和市政基础设施项目工程总承包管理办法》，首次规范房屋建筑和市政基础设施项目工程总承包活动。

在住房和城乡建设部及试点省市的大力推动下，建筑、市政工程总承包规模迅速扩大，标志着工程总承包在全国21个行业全面发展。

2. 发展现状

当前，国内工程总承包发展呈现以下特点。

（1）不同行业差异大

我国工程总承包模式最早应用在化工、石油等领域，经过多年的发展，具有成熟的政策体系、运行环境、实施经验等。但在房屋建筑与基础设施领域，该模式主要在2016年以后迅速发展，模式、经验等方面仍有不足，工程总承包优势体现不明显。

（2）政策法规不完善

国内建设工程领域现行法律法规大部分沿袭自传统的建设承包模式，与工程总承包要求不匹配。部分地方主管部门对工程总承包政策理解不足，在工程总承包项目招标投标管理、工作程序方面沿袭传统思路，导致工程总承包模式面临严重的市场准入障碍。此外，在履约监管、工程分包、计量计价、规费税收、结算审计等方面仍存在一些制约工程总承包发展的政策要求。

（3）工程总承包能力不足

成熟的工程总承包商，自身应具备完整的全过程设计、采购、施工管理能力，许多时候需要具备投融资及运营能力。这些能力不仅是简单地组合叠加，而应形成穿透式融合，发生"化学反应"。

当前，真正具备工程总承包能力的企业仍然凤毛麟角，无论是设计院，还是施工单位，在工程总承包方面均存在短板。现阶段通过组成联合体等方式，形式上实现设计与施工的融合，但联合体相关方利益目标不一，难以真正形成一体化。

1.4 当前政策文件分析

1.4.1 工程总承包政策文件分析

根据不完全统计，截至2021年底，国家及地方层面累计出台工程总承包相关政策文件超过300项。现将近年来出台的代表性文件进行列示，见表1-3。

表1-3 工程总承包相关政策文件清单（部分）

序号	发布时间	文件名称	文号
1	1984.09	《关于改革建筑业和基本建设管理体制若干问题的暂行规定》（已废止）	国发〔1984〕123号
2	1984.11	《工程承包公司暂行办法》	计施〔1984〕2301号
3	1987.04	《关于设计单位进行工程建设总承包试点有关问题的通知》	计设〔1987〕619号
4	1989.04	《关于扩大设计单位进行工程总承包试点及有关问题的补充通知》	〔89〕建设字第122号
5	1992.04	《工程总承包企业资质管理暂行规定》（试行）	建施字第189号
6	1992.11	《设计单位进行工程总承包资格管理的有关规定》（已废止）	建设〔1992〕805号
7	1997.11	《中华人民共和国建筑法》（已被修改）	中华人民共和国主席令第91号
8	1999.08	《关于推进大型工程设计单位创建国际型工程公司的指导意见》	建设〔1999〕218号
9	2003.02	《关于培育发展工程总承包和工程项目管理企业的指导意见》	建市〔2003〕30号
10	2003.07	《关于工程总承包市场准入问题说明的函》（已废止）	建市函〔2003〕161号
11	2003.11	《关于工程总承包市场准入问题的复函》	建办市函〔2003〕573号
12	2004.01	《铁路建设项目工程总承包暂行办法》（已废止）	铁建设〔2004〕45号
13	2004.11	《建设工程项目管理试行办法》	建市〔2004〕200号
14	2005.05	《关于发布国家标准〈建设项目工程总承包管理规范〉的公告》（已废止）	中华人民共和国建设部公告第325号

续表

序号	发布时间	文件名称	文号
15	2005.07	《关于加快建筑业改革与发展的若干意见》	建质〔2005〕119号
16	2006.12	《铁路建设项目工程总承包办法》	铁建设〔2006〕221号
17	2011.04	《中华人民共和国建筑法》（已被修改）	中华人民共和国主席令第46号
18	2011.09	《关于印发〈建设项目工程总承包合同示范文本（试行）〉的通知》（已废止）	建市〔2011〕139号
19	2011.12	《关于印发〈简明标准施工招标文件和标准设计施工总承包招标文件〉的通知》	发改法规〔2011〕3018号
20	2011.12	《中华人民共和国招标投标法实施条例》	中华人民共和国国务院令第613号
21	2014.07	《关于推进建筑业发展和改革的若干意见》	建市〔2014〕92号
22	2015.01	《关于征求〈关于进一步推进工程总承包发展的若干意见（征求意见稿）〉意见的函》	建市设函〔2015〕10号
23	2015.06	《公路工程设计施工总承包管理办法》	中华人民共和国交通运输部令2015年第10号
24	2016.05	《关于同意上海等7省市开展总承包试点工作的函》	建办市函〔2016〕415号
25	2016.05	《关于进一步推进工程总承包发展的若干意见》	建市〔2016〕93号
26	2016.07	《关于开展铁路建设项目工程总承包试点工作的通知》	铁总建设〔2016〕169号
27	2017.02	《关于促进建筑业持续健康发展的意见》	国办发〔2017〕19号
28	2017.02	《关于印发住房城乡建设部建筑市场监管司2017年工作要点的通知》	建市综函〔2017〕12号
29	2017.05	《关于发布国家标准〈建设项目工程总承包管理规范〉的公告》	中华人民共和国住房和城乡建设部公告第1535号
30	2017.05	《关于定期报送加强建筑设计管理等有关工作进展情况的通知》	建办市函〔2017〕353号
31	2017.07	《关于工程总承包项目和政府采购工程建设项目办理施工许可手续有关事项的通知》	建办市〔2017〕46号
32	2017.09	《关于征求〈建设项目总投资费用项目组成〉〈建设项目工程总承包费用项目组成〉意见的函》	建办标函〔2017〕621号
33	2017.12	《关于征求〈房屋建筑和市政基础设施项目工程总承包管理办法（征求意见稿）〉意见的函》	建市设函〔2017〕65号
34	2017.12	《中华人民共和国招标投标法》	中华人民共和国主席令第86号
35	2018.02	《关于印发住房城乡建设部建筑市场监管司2018年工作要点的通知》	建市综函〔2018〕7号
36	2018.07	《关于同意上海、深圳市开展工程总承包企业编制施工图设计文件试点的复函》	建办市函〔2018〕347号
37	2018.12	《关于征求房屋建筑和市政基础设施项目工程总承包计价计量规范（征求意见稿）意见的函》	建办标函〔2018〕726号
38	2019.03	《关于印发住房和城乡建设部建筑市场监管司2019年工作要点的通知》	建市综函〔2019〕9号

续表

序号	发布时间	文件名称	文号
39	2019.05	《关于征求房屋建筑和市政基础设施项目工程总承包管理办法（征求意见稿）意见的函》	建办市函〔2019〕308 号
40	2019.12	《房屋建筑和市政基础设施项目工程总承包管理办法》	建市规〔2019〕12 号
41	2020.05	《关于征求建设项目工程总承包合同示范文本（征求意见稿）意见的函》	建司局函市〔2020〕119 号
42	2020.11	《关于印发建设项目工程总承包合同（示范文本）的通知》	建市〔2020〕96 号
43	2020.11	《水利工程建设项目法人管理指导意见》	水建设〔2020〕258 号

1.《关于进一步推进工程总承包发展的若干意见》（建市〔2016〕93 号）

该意见针对工程总承包模式发展，从大力推进工程总承包、完善工程总承包管理制度、提升企业工程总承包能力和水平、加强推进工程总承包发展的组织和实施4个方面共提出20条具体指导意见，重点包括：

（1）优先采用工程总承包模式，政府投资项目和装配式建筑应当积极采用工程总承包模式；

（2）工程总承包发包阶段，可在可行性研究、方案设计或者初步设计完成后；

（3）资质方面，工程总承包企业应当具有与工程规模相适应的工程设计资质或者施工资质；

（4）分包方面，工程总承包企业可以根据合同约定或者经建设单位同意，直接将工程项目的设计或者施工业务择优分包给具有相应资质的企业。

该意见的出台，对一系列工程总承包发展的重大问题进行了明确，标志着工程总承包模式在我国建设工程领域进入全新的发展阶段，尤其是房屋建筑和市政工程领域。

2.《关于促进建筑业持续健康发展的意见》（国办发〔2017〕19 号）

该意见在"完善工程建设组织模式"一节中，提出加快推行工程总承包模式，以及培育全过程工程咨询，重点包括：

（1）装配式建筑原则上应采用工程总承包模式，政府投资工程应带头推行工程总承包；

（2）加快完善工程总承包相关的招标投标、施工许可、竣工验收等制度规定；

（3）除以暂估价形式包括在工程总承包范围内且依法必须进行招标的项目外，工程总承包单位可以直接发包总承包合同中涵盖的其他专业业务。

该办法通过国务院发文形式加快推动工程总承包，对工程总承包适用条件、后续重点工作进行进一步明确。

3.《房屋建筑和市政基础设施项目工程总承包管理办法》（建市规〔2019〕12 号）

该办法分为4章28条，对房屋建筑和市政基础设施项目采用工程总承包模式的一系列管理要求进行明确，进一步统一和规范了我国工程总承包模式的应用和发展。重点包括：

（1）适用条件方面，明确建设内容明确、技术方案成熟的项目，适宜采用工程总承包方式；

（2）发包阶段方面，企业投资项目应当在核准或者备案后进行发包，政府投资项目原则上应当在初步设计审批完成后进行发包；

（3）招标文件方面，建设单位应当根据招标项目的特点和需要编制工程总承包项目招标文件，包括明确详细的发包人要求，提供勘察资料及可行性研究报告、方案设计文件或者初步设计文件等资料和条件；

（4）资质要求方面，工程总承包单位应当同时具有与工程规模相适应的工程设计资质和施工资质，或者由具有相应资质的设计单位和施工单位组成联合体；

（5）风险分摊方面，建设单位和工程总承包单位应当合理分担风险，其中建设单位承担价格波动、不可预见的地质条件等风险；

（6）计价方式方面，企业投资项目宜采用总价合同，政府投资项目应当合理确定合同价格形式。

该办法以法律法规形式，对工程总承包模式实施过程中的一系列问题进行明确，为工程总承包健康发展提供保障。值得一提的是，该办法先后经过2次征求意见，部分内容（如适用条件、计价方式等）与先前政策文件有所不同，更适宜现阶段我国行业发展现状。

1.4.2　工程总承包相关政策分析

1. 全过程工程咨询

工程建设组织模式包括承包模式和管理模式。工程总承包是针对项目承包模式的变革，与之相对应的，全过程工程咨询是针对项目管理模式的变革。近几年出台的政策文件中，工程总承包与全过程工程咨询同步推广、相辅相成。

全过程工程咨询是指在工程项目的投资决策、工程建设和运营等阶段，综合运用多学科知识、工程实践经验、现代科学和管理方法，采用多种服务方式组合，为委托人提供阶段性或整体解决方案的综合性智力服务活动。

全过程工程咨询服务内容包括投资咨询、招标代理、勘察、设计、监理、造价、项目管理、运营维护中若干项的组合，可以由一家具有综合能力的咨询单位实施，也可由多家具有招标代理、勘察、设计、监理、造价、项目管理等不同能力的咨询单位联合实施。

全过程工程咨询服务内容主流为"1+N"模式：1指全过程项目管理，为必选项，N为其他专项咨询业务组合，核心思想是全过程工程咨询服务必须以委托全过程项目管理为基本条件，加上其他专项咨询业务（工程勘察设计、监理、全过程造价咨询等）构成真正意义上的全过程工程咨询服务。

工程总承包模式下，项目的全过程工程咨询典型组织结构图如图1-20所示。

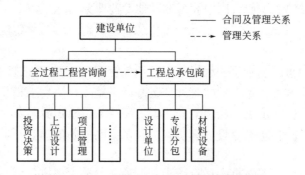

图1-20　全过程工程咨询典型组织结构图

2. 建筑师负责制

《工程勘察设计行业发展"十三五"规划》中提出试行建筑师负责制，从设计总包开始，由建筑师统筹协调建筑、结构、机电、环境、景观等各专业设计，在此基础上延伸建筑师服务范围，按照权责一致的原则，鼓励建筑师依据合同约定提供项目策划、技术顾问咨询、施工指导监督和后期跟踪等服务，推进工程建设全过程建筑师负责制。

建筑师负责制是以担任民用建筑工程项目设计主持人或设计总负责人的注册建筑师（以下称为建筑师）为核心的设计团队，依托所在的设计企业，以设计企业为实施主体，依据合同约定，对民用建筑工程全过程或部分阶段提供全生命周期设计咨询管理服务，最终将符合建设单位要求的建筑产品和服务交付给建设单位的一种工作模式。

建筑师依托所在设计企业，依据合同约定，可以提供工程建设全过程或部分以下服务内容：

（1）参与规划。参与城市修建性详细规划和城市设计，统筹建筑设计和城市设计。

（2）提出策划。参与项目建议书、可行性研究报告与开发计划的制定，确认环境与规划条件、提出建筑总体要求、提供项目策划咨询报告、概念性设计方案及设计要求任务书，代理建设单位完成前期报批手续。

（3）完成设计。提供方案设计、初步设计、施工图技术设计和施工现场设计服务。综合协调把控幕墙、装饰、景观、照明等专项设计，审核承包商完成的施工图深化设计。建筑师负责的施工图技术设计重点解决建筑使用功能、品质价值与投资控制。承包商负责的施工图深化设计重点解决设计施工一体化，准确控制施工节点大样详图，促进建筑精细化。

（4）监督施工。代理建设单位进行施工招标投标管理和施工合同管理服务，对总承包商、分包商、供应商和指定服务商履行监管职责，监督工程建设项目，按照设计文件要求进行施工，协助组织工程验收服务。

（5）指导运维。组织编制建筑使用说明书，督促、核查承包商编制房屋维修手册，指导编制使用后维护计划。

（6）更新改造。参与制定建筑更新改造、扩建与翻新计划，为实施城市修补、城市更新和生态修复提供设计咨询管理服务。

（7）辅助拆除。提供建筑全生命周期提示制度，协助专业拆除公司制定建筑安全绿色拆除方案等。

3. 工程总承包、全过程工程咨询、建筑师负责制之间的关系

在相关政策文件中，"工程总承包""全过程工程咨询""建筑师负责制"经常同时出现。这也反映了三者之间存在相辅相成、密不可分的互补关系。

从推行目的来看，三者是高度统一的。都是为解决传统模式下，项目多方责任主体带来的融合不足问题，通过业务链条的拓展、整合，实现各业务板块高度融合，提升建设效率。

从工作关系来看，三者是紧密互补的。工程总承包是实现项目各阶段建设任务的整合，而全过程工程咨询是基于业主立场对工程总承包商进行管理和规范，建筑师负责制则是前二者工作开展的基础之一。

从能力要求来看，三者是逐层递进的。建筑师负责制，更多是专业技术的体现；全过程工程咨询，在技术基础上，重点增加了项目管理要求；工程总承包，则在技术和管理基础上，增加了资源整合要求。工程总承包、全过程工程咨询、建筑师负责制能力要求示意图如图1-21所示。

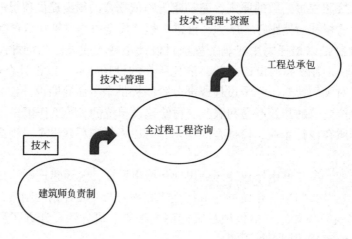

图1-21 工程总承包、全过程工程咨询、建筑师负责制能力要求示意图

第2章 工程总承包管理思路

2.1 工程总承包模式解析

2.1.1 特点解析

1. 更严格的适用条件

工程总承包模式有严格的适用条件，这是其最根本的特点。纵观国内外相关合同范本，其对适用条件都有明确的要求，并在合同中对这些要求进行专门描述。这些要求可以简单总结为建设需求、工作范围、建设标准、管控机制、风险分担原则等几个方面，本书统一定义为项目实施条件，具体内容见第3章。

只有具备这些基础条件，总承包商才能够充分评估、响应业主诉求，选择可行的技术工艺，并在相对固定的总价下作出承诺。否则，在实施过程中，因缺少准确的事先约定，业主和总承包商之间将产生大量争议，极大地降低工程总承包模式效率。

2. 更清晰的权责归属

工程总承包模式下，从表面看是总承包范围的扩大，实质上也是权责及风险的转移。业主权责空间进一步向前期压缩，总承包商则承担更多实施阶段的权责，在出现问题时，其责任归属也更清晰。

需要特别强调的是，传统模式下设计、施工协同不足产生的拆改、变更等，大部分属于业主责任，总承包商往往借此进行索赔、签证。而工程总承包模式下，除非极少数事先约定的业主责任外，过程中的设计拆改、变更等责任都由总承包商承担，因此需要总承包商转变思维，积极做好设计、施工联动。

3. 更灵活的管控机制

传统模式下，业主是项目建设的组织核心，承担了大量的管理协调工作，也承担了相应的管理失误风险。工程总承包模式下，业主管控权责向总承包商转移，能够大大减少自身的管理工作量，同时也提供了更灵活的管控方案。

在具体管控上，业主既可选择抓大放小、较为松弛的管控机制（如FIDIC合同范本），也可根据自身管理能力、项目条件（如建设需求前期难以明确）选择保留一定的管控权限。对于总承包商而言，在项目的管控上自主度更高，有利于科学、顺畅地组织项目实施。

4. 更广阔的效益风险

工程总承包模式下，对于总承包商而言，其核心效益来源从传统的单一施工环节向其他方面大大拓展：一是向前延伸至设计阶段，通过设计与施工融合，减少大量拆改和不必要浪费，形成降本创效；二是将部分传统甲指的专业分包、材料设备转由自己采购，形成招采创效；三是发挥价值工程，优化功能成本分配，实现价值创效；四是通过更大程度的自主管理，提升精益管理效能，减少管理成本投入，实现管理创效。

效益面扩大的同时，总承包商也承受了更大的效益折损风险。一是在总价或上限价限制下，需承担成本超支风险；二是对设计、招采的管控能力不足时，不仅无法实现价值创造，还可能适得其反；三是项目前期实施条件（如建设需求、潜在风险等）不完备时，可能作出错误决策。

2.1.2　价值解析

经济学中有个专业术语，叫市场壁垒（Trade Barriers），是指以自由贸易为参照，不同经济主体为限制外部商品进入所设置的各种显性或隐性障碍，包括政策、技术、习惯、文化等，目的是维持本体商品在市场占有率。从个体来讲，市场壁垒短期保护了自身效益最大化。但从市场整体来看，市场壁垒限制了更大范围的协作、竞争、开放，反而造成整体效率降低。

从承包模式来看，传统的平行分包、施工总承包模式下，项目各方（设计单位、总承包单位、平行分包等）被承包合同分割为不同个体，如同市场壁垒下的不同市场个体，着眼于自身效益最大化，缺少相互间的协同、衔接，造成项目整体效率低下。

工程总承包模式下，业主通过将设计、施工等项目全生命周期的若干阶段整体交给一个承包体实施，打破了传统模式下各阶段分离导致的冲突、低效、浪费，从而提升项目整体价值。不同承包模式潜在建设效率示意图如图2-1所示。

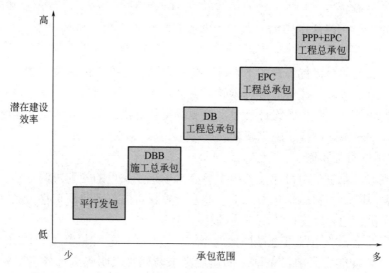

图 2-1　不同承包模式潜在建设效率示意图

从项目不同评价维度出发，结合各参与方视角，对工程总承包模式的优缺点进行分析如下。

1. 造价维度

造价维度下，不同角色视角下工程总承包模式优缺点分析见表2-1。

表 2-1 造价维度下工程总承包模式优缺点分析

角色	优点	不足
业主	1. 采用总价包干或上限价限制，防止项目整体超支； 2. 设计、施工等衔接不畅导致的索赔大幅减少； 3. 管理人力成本大幅减少	1. 因总承包商承担更大风险，总价较传统模式可能有一定风险溢价； 2. 发包人需求调整导致的索赔金额可能更高
总承包商	1. 发挥设计与施工融合优势，在设计阶段考虑施工需求，减少不必要拆改、浪费，降低成本； 2. 承包范围扩大，合同总额及效益来源增加； 3. 有利于充分发挥价值工程，提升项目整体效率	1. 总价控制风险加大； 2. 管理人力成本小幅增加
总体	1. 造价上限受控； 2. 拆改浪费减少，建设效率提升	1. 造价总额可能有一定溢价； 2. 发包人需求不明时，可能导致更大金额的索赔

2. 工期维度

工期维度下，不同角色视角下工程总承包模式优缺点分析见表 2-2。

表 2-2 工期维度下工程总承包模式优缺点分析

角色	优点	不足
业主	1. 前期设计和发包人要求完成后即可启动承包商招标，大大加快项目进程； 2. 进度管理权责明确，工期索赔大幅减少	1. 前期设计等细度、质量不足，可能导致工期索赔； 2. 总承包商对业主需求把握不准时，设计成果、设备材料报审流程可能反复
总承包商	1. 自主组织各专业设计、招采、施工进度穿插，提升整体效率； 2. 设计分阶段出图，自主可控的"三边工程"	1. 对协同管理能力要求高，尤其是设计、专业分包招采、报批报建等非传统领域； 2. "三边工程"导致的返工、拆改工期风险加大
总体	1. 有序穿插使总工期大幅缩减； 2. 工期索赔大幅缩减	实施阶段工期管控压力加大

3. 质量维度

质量维度下，不同角色视角下工程总承包模式优缺点分析见表 2-3。

表 2-3 质量维度下工程总承包模式优缺点分析

角色	优点	不足
业主	1. 招标前明确前期设计、发包人要求等，质量标准清晰明确； 2. 可保留对总承包商关键工作（如设计、采购）的审批权限，确保过程质量满足要求； 3. 可合理配置工程师，对过程实施监管	1. 前期设计、发包人的细度和质量要求高，否则可能导致争议； 2. 过程审批时间有限，对细节把握可能存在不足； 3. 总承包商质量目标（经济）可能偏离业主需求（品质）
总承包商	1. 从设计、招采源头把控项目质量，保证可施工性； 2. 过程质量管控力度大、自主度高	对招标阶段的前期设计、发包人要求的编制质量理解不足，可能导致实施阶段产生质量风险
总体	1. 从设计源头控制质量，有利于整体质量提升； 2. 质量目标清晰	业主对质量细节控制不足，总承包商可能出现偏差

4. 控制维度

控制维度下，不同角色视角下工程总承包模式优缺点分析见表2-4。

表 2-4 控制维度下工程总承包模式优缺点分析

角色	优点	不足
业主	1. 业主通过前期设计、发包人要求等明确目标，从源头控制项目； 2. 实施过程中，业主可保留对总承包商关键工作（如设计、采购）的审批权限，大大提升管控效率； 3. 业主可引入工程师，对过程实施监管	1. 业主方通过总承包商与实际作业方间接联系，管控意图的传递存在衰减； 2. 对细节管控有限
总承包商	1. 管控自主度扩大，有利于发挥自身专业优势； 2. 对传统设计院、甲指分包等管控力度更大，有利于管控落地	1. 对总承包商管控能力要求高； 2. 过程缺少监督，自身管控风险加大
总体	1. 有利于"专业人管专业事"； 2. 业主、总承包商各司其职，提升整体管控效率	因管控权限让渡，当业主需求发生变动时，执行效率不如传统模式

5. 风险维度

风险维度下，不同角色视角下工程总承包模式优缺点分析见表2-5。

表 2-5 风险维度下工程总承包模式优缺点分析

角色	优点	不足
业主	1. 业主风险向总承包商大范围转移，自身风险大大减少； 2. 风险责任清晰、明确； 3. 设计、施工等衔接不畅风险大幅压缩	可能需支付额外的风险溢价
总承包商	1. 风险增加的同时，效益空间也相应增加，即"利险相随"； 2. 总承包商自身风险管控能力强	风险识别难度大，特别是隐性风险
总体	1. 风险向专业程度更高的总承包商转移，有利于降低整体风险； 2. 风险责任明确	存在一定风险溢价

6. HSE（健康、安全、环境）维度

HSE维度下，不同角色视角下工程总承包模式优缺点分析见表2-6。

表 2-6 HSE 维度下工程总承包模式优缺点分析

角色	优点	不足
业主	HSE管控权责转移至总承包商，风险责任小	对总承包商HSE监督力度减弱，出现问题时，承担连带责任
总承包商	1. 从设计、招采源头融入HSE管控要求； 2. 提升对传统甲指分包等的HSE管控效力	为追求效益，HSE管控力度可能减弱
总体	1. HSE管控效力整体提升； 2. HSE管控职责清晰	总承包商对HSE管控情况缺少监督

综合以上视角，从项目整体来看，采用工程总承包模式，并实施有效的工程总承包管理，能够实现项目造价受控、工期缩短、质量更优、风险受控、权责清晰，提升整体效率，实现价值更优。与此同时，如果前期设计、发包人要求、总承包商综合能力等存在问题时，也容易导致项目与预期产生较大偏差。

2.1.3　价值实现途径

工程总承包模式的价值，主要依赖于以下几个途径实现。

1.　全方位融合

融合是工程总承包模式与传统承包模式的最本质差异，也是项目价值增长的核心来源。传统模式下，正是因为设计、施工等阶段的人为分离，使得项目产生多方责任主体，不同主体间利益、立场、权责等难以实现平衡，进而导致产生大量本可避免的浪费、损耗。

通过工程总承包，将项目各阶段进行融合，消除沟通壁垒，在前期设计、招采阶段解决施工问题，将问题消灭在图纸上而不是实体中，从而规避大量拆改、浪费。施工总承包与工程总承包融合范围示意图如图2-2所示。

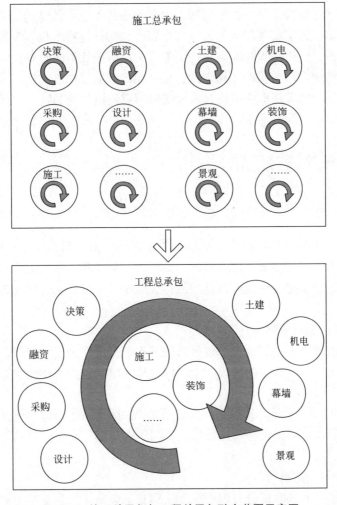

图 2-2　施工总承包与工程总承包融合范围示意图

需要指出的是，在总承包范围内的任何工作，只要为了项目目标的实现，都应充分融合，这种融合不仅仅发生在设计、采购、施工不同阶段之间，还包括不同专业之间、不同职能之间。简而言之，这是一种全周期、全板块、全专业的融合。

2. 充分信任和授权

从工作内容来看，工程总承包是业主将设计、招采、施工工作交由总承包商统一实施，业主将精力聚焦于建设需求的明确上，并通过前期设计、发包人要求等形式进行体现，过程中较少管控或不管控，但对最终交付情况严格验收把关；总承包商根据业主提出的需求，组织细化和实施工作，确保业主需求圆满实现。

工程总承包效益的实现，主要依托总承包商负责的设计与施工高效融合。业主如缺少对总承包商的充分授权，在过程中仍过度管控，将直接制约总承包商的融合效果，出现错误后也容易产生权责争议。因此，业主需要实现充分信任和授权，才有利于总承包商的专业管理效率最大化。

3. 提前锁定需求

工程总承包模式下，招标阶段的前期设计、发包人要求等是决定项目最终交付的直接依据，也是总承包商所有工作的根本目标，更是实现总价包干的基础。当业主前期需求不明时，总承包商难以锁定实现需求的最优技术路线，实施过程中也容易出现需求调整，增加修改和沟通成本，交付验收时也容易产生争议，反而降低整体效率。

因此，业主前期需求越明确、越细致，总承包商越能够精准响应需求，减少过程沟通和争议，出现偏差时的责任也更明确，从而实现项目建设目标的统一。

2.2 工程总承包管理思路

2.2.1 建设方视角

建设单位选择工程总承包模式，核心利益在于将大量过程管控工作转移至总承包商，在相对固定的总价下，实现项目建设目标，并规避过程风险，本质上是将自身权责让渡至总承包商。因此，对于建设单位而言，如何抓大放小、充分放手，成为提高管理有效性的关键。

1. 需求前置，重头重尾

明确的建设需求是采用工程总承包模式的基本前提。作为建设单位，在工程总承包招标前，应形成较为完善、详细的建设需求，以此作为总承包商工作成果的评判标准，同时锁定合同总价。

因此，对于建设单位而言，务必将工作重心放到项目招标前，对整体需求进行明确，减少过程和后期争议，降低过程管控风险。同时，在项目交付时，严格对照建设需求逐一核对，确保建设需求圆满实现。

2. 明确权责，规范运行

工程总承包模式的效率提升，核心在于发挥总承包商作为专业角色的主观能动性。对于建设单位而言，在项目实施过程中，其行为的关键在于对总承包商合理且充分授权，同时把控关键工作节点，用最小投入实现管理意图，做到"有所为有所不为"。

因此，在项目实施前，建设单位应重点对双方工作范围、工作流程、管控要求等进行明确，尤其是对设计、招采、商务等高价值工作的相关要求。

2.2.2　总承包视角

对于总承包商而言，工程总承包是一把双刃剑。总承包范围的扩大，既是效益空间的扩大，也可能是风险来源的扩大。尤其是对于传统施工单位或设计院，在传统模式的长期影响下，思维方式可能存在固化，在新业务领域的经验、资源也存在不足，需要从根本上进行转变。

1. 转变思路，主动策划

传统施工总承包模式下，施工单位只承担具体施工工作，对设计工作缺少管理权责和意愿，因而很少介入。同时，据实结算的计价方式，使得施工单位缺少设计优化的动力，业主方也因多种因素较少采纳施工单位的优化意见。因此，施工单位主要等待业主下发设计图纸，按图施工、据实结算，被动地开展工作。对设计院而言，在提交设计图纸后，已基本完成自身主要工作，对设计成果的经济性、可施工性也缺少主动管理意愿。

根据统计，设计阶段对项目造价影响可达80%以上，而施工阶段影响较为有限。工程总承包模式的核心，在于设计阶段融入施工等需求，在图纸上解决问题，减少实体拆改、浪费。因此，传统模式下的"被动式"管理，不仅无法实现设计与施工充分融合的优势，还要承担业主额外转移的风险。无论是施工单位，还是设计院，在担任工程总承包商这个角色时，都必须转变原有思维惯性，主动在设计阶段开展策划，融合多方需求。以设计为例，要转变从以往"按设计施工"的思维，树立"按施工设计"的主动管理思路，如图2-3所示。

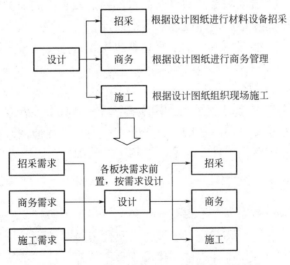

图 2-3　从"按设计施工"到"按施工设计"

2. 全局视野，全面融合

传统模式下，施工单位、设计院长期固定在某一专业领域，积累了优势的同时，也容易形成本位主义惯性。在扮演工程总承包商的角色后，其管理动作容易局限于以往优势领域，对新业务领域关注不足。而工程总承包模式下，总承包商的价值创造更多依赖于新业务领域，尤其是对于传统的土建施工单位，如何在设计、招采中寻求效益，如何在专业分包工程中寻求效益，是实现工程总承包价值增长的关键。更重要的，只有着眼全局，才能够真正站在业主角度，实现项目综合价值最大化。

因此，对于工程总承包商而言，必须着眼项目全局，而不仅仅是熟悉的"一亩三分地"。从全过程来看，包括设计、招采、施工、试运行、运维等全生命周期；从全专业来看，包括土建、机电、装修、幕墙、景观、智能化等构成专业；从全板块来看，包括报批报建、商务、成本、合约、风险、计划等工作板块。

3. 塑强能力，保障融合

工程总承包模式优势的实现，主要依靠总承包商全面、综合的管理能力。不论是施工单位，还是设计院，虽然具备一定能力基础，但总体来看与工程总承包要求仍有较大距离，需要结合自身情况着重补充、强化。

一个成熟的工程总承包商，至少应具备以下核心能力：

（1）设计管理能力。能够对设计成果进行全过程深入控制，并融入其他板块需求，包括品质、技术、经济、可施工性等多个方面。

（2）产业链整合能力。能够聚焦一批成熟、优质的分包分供资源，在总承包商带领下，共同实现项目优质履约。

（3）商务管控能力。从项目投标阶段的无图报价，到项目设计阶段的限额分配、价值工程，再到结算交付阶段的成本落地，能够提供精准的商务成本数据，为项目价值最大化提供指引。

（4）专业技术能力。拥有某一专有技术，或某些专有设备，能够形成自身技术优势，为工程总承包实施提供更大溢价空间。

（5）计划统筹能力。借助精益建造思路，将不同阶段、不同业务线条、不同专业工程统筹考虑，科学联动、高效穿插，并按计划落地执行。

（6）风险管控能力。能够深入识别工程总承包模式特点，从全过程进行风险管控，将问题消灭在萌芽期。

4. 奠定基础，事前管理

工程总承包模式不是万能的，有其适用的基本条件。对于部分国内项目而言，受多种因素影响，尚未完全具备工程总承包的实施条件。作为总承包商，必须在项目投标或进场前期，主动协调业主完善实施条件，奠定良好的工作基础。

2.2.3 其他相关方视角

除建设单位、总承包商以外，工程总承包相关方还可能包括代表建设单位立场的运营单位、项目管理公司（全过程咨询公司）等，以及代表总承包商立场的专业工程分包、设备分供等，还有独立第三方如审计单位、建设管理单位等。这些单位管理思路较传统模式也有新的特点。

1. 运营单位

运营单位是指项目建成后的实际使用和日常维护单位。工程总承包模式下，应尽可能提前确定运营单位，将运营需求融入设计当中，减少后期调整、拆改的可能，尤其是酒店、综合体、大型公共建筑等。

2. 项目管理公司

工程总承包模式下，虽然业主方在管理上进行一定放权，但仍可能引入项目管理公司或全过程咨询公司，代表业主对总承包商进行过程监管。在此模式下，项目管理公司应按照管控原则和工作界面，重点关注总承包商对业主需求的执行落实情况，并对设计、采购、施工等进行细致审核，防止出现失误、偏差。

3. 专业分包

对于专业分包而言，工程总承包模式下，部分传统甲指专业分包（如设计院、装饰分包、园林景观分包等）的合同签约对象变更为总承包商，需要严格按总承包商要求开展工作。除服务对象差异外，在实施层面基本与原有模式一致。

4. 审计单位

工程总承包模式下，对于部分国有投资、政府投资项目而言，还需要进行工程审计。对于审计单位，在满足相关规定基础上，还要准确把握工程总承包模式的特点，重点对照项目建设需求和最终落实情况，真正做到"按合约审计""按需求审计"，而不是"按量审计"，即项目最终满足建设需求的各项要求下，应予以审计通过，从而鼓励总承包商通过合理可行的设计优化等实现价值创造。

2.3 工程总承包管理关键要素

工程总承包模式下，随着承包范围的进一步拓展，总承包商在传统管理要素基础上，新增了一系列全新的管理要素。同时，原有的管理要素，其内涵和要求也有了本质不同。

2.3.1 实施条件管理

实施条件管理是工程总承包模式最重要的管理要素，也是特有的管理要素。当项目不具备工程总承包的实施条件时，强行实施不仅无法发挥模式优势，还可能起到反作用。现实中，许多项目由于种种原因，在实施条件不具备时强行上马，存在极大隐患。

对总承包商而言，其虽然无法主导项目前期，但在项目启动初期，需要重点关注实施条件情况，必要时需要主动出击，逐一完善并协调相关方正式确认。

2.3.2 市场管理

工程总承包模式下，市场管理的内容和要求发生极大变化。一是从资信来看，投标主体需要有设计、施工双重资质及相应业绩，单一主体无法满足时，往往还要借助联合体形式；二是从报价来看，招标设计文件深度不足，无法准确锁定项目成本，而又面临总价或上限价限制，因此对投标人的无图测算能力要求极高；三是从技术来看，许多工程总承包项目通过方案竞赛、设计优化评比等方式，对投标人的技术实力进行考察，因此投标人的专业优势显得尤为重要；四是从风险来看，工程总承包模式下风险前移，招标阶段基本决定项目全部风险，如不能及时识别风险，后续实施阶段难以处置。

2.3.3 组织管理

工程总承包模式下，对总承包商的组织管理也有新的要求。一是机构设置上，要考虑新设与承包范围延伸相对应的专职机构，如施工单位的设计和设计管理板块；二是跨部门协同上，跨板块、跨部门高效协同是工程总承包管理成功的基础，如何打破传统线性管理藩篱，采用整合部门、矩阵式架构等一系列可行措施，意义重大；三是前后台联动上，在单个项目规模无法支撑完整的业务团队时，如何实现后台资源集中，形成一对多的项目服务格局，对提升项目意义重大；四是考核机制上，对于总承包商同一公司内部，如何平衡总承包管理团队和专业施工团队的考核标准。这些都带来了新的挑战。

2.3.4 策划管理

工程总承包模式下，策划管理的意义更显著。一是总承包商工作范围扩大至设计和施工全过程，且拥有更大的管控自主权，受外部制约较小，前期策划的可执行性更强；二是项目条件前期已基本锁定，过程变动少，前期策划依据更明确，策划准确度更高；三是项目的核心价值创造集中在前期，如限额切分、技术方案选型、合约规划等，必须通过前期策划，明确目标后，有目的地展开工作。

2.3.5 设计管理

对于传统施工单位，设计管理仅局限于施工阶段的深化设计，其对前期设计管理的经验严重不足；对于设计院，其虽然具备较强的设计能力，但与工程总承包设计管理要求还是有一定差距。

工程总承包模式下的设计管理，更加侧重发挥设计的载体作用，即由设计承载商务、招采、施工等板块需求，实现项目的功能、品质、投资、效益、工期、可施工性等综合最优。

2.3.6 合同管理

合同是签订各方行使权利和履行义务的根本依据。尤其是在工程总承包模式下，因传统工作界面和权责大范围转移，更需要通过细致、全面的合同进行约束。对于业主和总承包商之间的主合同，重点要明确业主需求、权责界面、风险分摊机制等，尽可能减少后期争议；对于总承包商与分供商之间的分包合同，重点要关注其与主合同要求的一致性，以及合同义务的传递和转移。

2.3.7 商务管理

商务管理是工程总承包模式的核心，是指引其他板块工作开展的龙头。对于总承包商而言，合理合法取得承包效益是其本质追求。工程总承包模式下，绝大部分情况采用总价包干或上限价控制，超出总价上限的部分无法结算，因此防止超支成为所有工作的首要目标，必须通过商务限额、设计限额，控制目标成本。同时，从价值工程角度来看，选用功效比最优的做法、材料，实现价值创造，也需要商务管理提供基础支持。

2.3.8　招采管理

大多数情况下，工程总承包招采是总承包商效益的最大来源，原因在于：一是传统甲指专业工程向总承包商转移，合同总额扩大，效益来源也随之扩大；二是专业工程效益率一般显著高于土建等传统工程；三是通过与设计、施工的高效融合，进一步将该部分效益放大。

因此，对于总承包商而言，如何做好招采管理意义重大。工程总承包的招采内容也与常规项目有较大差别：从前期来看，需要精准识别总承包工作内容，并合理制定合约招采规划，结合自身情况选择最优的招标方式；从策划来看，需要及时引入主要分包，参与前期设计、商务测算、材料设备摸排等高价值工作；从施工来看，需要选择实力强、履约优的长期稳定合作商。这些工作的开展，往往还需要公司后台长期的资源积累。

2.3.9　计划管理

工程总承包模式下，计划管理的价值更加凸显。一是总工期要求更加紧张，且总承包商基本承担了全部工期风险，需要确保计划执行力；二是不同业务线条相互关联，不同专业工程穿插复杂，需要科学组织、有序实施；三是精益建造、绿色低碳等理念的落地，首要因素是工期的节约高效。

2.3.10　施工管理

工程总承包商是一个管理角色。作为项目实施的主导者，在施工管理中同样需要着眼全局，发挥大管家职能，为所有参建各方提供全面服务。在具体工作中，如何做好公共资源的组织与协调、专业工程过程管控、专业工程接口协同、QHSE（Quality，Health，Safety and Environment 质量，健康，安全和环境）等，也与传统施工总承包有较大差异。

2.3.11　知识管理

传统模式下，总承包商知识管理主要局限在施工阶段，知识成果的传递和再应用效果有限。工程总承包模式下，随着承包范围的扩大，知识的类型极大扩展，新业务范围的知识价值度更高，且不同知识联动后，价值更是呈指数级增长。此外，大量经验数据对于无图投标、商务测算、优化创效也有重要意义。

第3章　工程总承包实施条件管理

近年来，在相关政策文件的大力推广下，采用工程总承包模式实施的项目如雨后春笋般涌现，尤其是国有投资类项目。根据部分优秀施工企业统计，其工程总承包合同额占比已超过25%，并且还在持续增长。

然而，与此同时，许多项目并没有达到工程总承包的预期效果，甚至出现投资"三超"（概算超估算、预算超概算、结算超预算）、交付争议、工期滞后、风险纠纷等现象，项目各方叫苦不迭。

国际通行的工程建设组织模式，为何在部分项目频频失灵？问题的根源还是在于项目实施条件。

3.1　工程总承包适用要求

3.1.1　工程总承包不是万能的

从项目承包模式的发展历程来看，工程总承包属于一种比较"先进"的承包模式，是项目管理水平发展到一定阶段形成的产物。

传统的平行发包、DBB施工总承包模式，虽然存在许多不足，但其"以业主为核心"的特点，使得该模式能够随时根据业主指令灵活调整（尽管业主会付出一些代价），即使不具备某些条件，也能够在项目过程中逐步完善，因而具有广泛的适用性。

在工程总承包模式下，因业主将大部分工作、权责及风险转移至总承包商，项目核心也随之转移至总承包商。工程建设是一种商业行为，如果业主对承包商工作没有明确要求，总承包商交付成果必然会与业主需求产生偏差。而总价包干或上限价，限制了项目通过追加投资而消除偏差的路径。因此，只有在项目前期对相关要求进行准确约定，才能避免后期产生争议，发挥工程总承包的最大价值。

现阶段，在我国房屋建筑和市政工程领域，工程总承包模式还处于快速发展的初期，在模式、经验方面还在逐步探索。在传统模式根深蒂固的影响下，许多项目仍然生搬硬套，不顾工程总承包模式特点，在未明确需求的条件下强行匆匆上马，导致项目后续出现一系列问题。最后，将问题的原因归结于工程总承包模式本身。

当前，我国工程总承包项目常见痛点问题列举如图3-1所示。

归根结底，问题的根源不是工程总承包模式本身，而是在不具备工程总承包模式实施条件的情况下，强行实施工程总承包。例如，许多项目在招标前，未对发包人要求进行详

细描述，项目建设范围、建设标准等关键内容缺
失，导致实施过程中建设范围扩大、标准提高，
最终造成投资失控或交付争议等。

因此，工程总承包不是万能的，有其先天的
实施条件。

图3-1　我国工程总承包项目常见痛点问题

3.1.2　国外相关要求

工程总承包最早起源于国外，经过多年发展
已成为国际工程中的主流模式之一，相关示范性
文件成熟、丰富，常见的有FIDIC系列合同条件、
美国建筑师学会（AIA）系列合同文件等。这些文件均提出与项目实施条件相近的描述和
要求。

1. 菲迪克（FIDIC）系列合同条件

《菲迪克（FIDIC）合同指南》"项目采购"一章提出，招标文件必须仔细起草，特别
是对于由承包商设计的合同中的质量、试验和性能标准。如果招标文件不充分，雇主可能
要为不可接受的工程付出过高的代价。因此必须确保对起草招标文件的技术与商务部分，
以及分析投标人建议书等需要技能的工作，分派充分的力量。该章节特别强调了"质量、
试验和性能标准"即"建设标准"的重要性。

《菲迪克（FIDIC）合同指南》"采购文件的提供和使用"一章提出，应尽量用清楚而
明确的词语说明承包商的义务，不要用还需要鉴定和判断的方式阐述。应该避免使用投标
人可能感到难以理解的估价所需准确度的模糊短语，如规定"使用最新技术"等。如果使
用这些主观短语，投标书可能包括投标人希望确保的、有约束力的详细澄清。该章节特别
强调"明确项目需求"的重要性。

《设计采购施工（EPC）/交钥匙工程合同条件》第2.3条提出，雇主应负责保证在现场
的雇主人员和雇主的其他承包商做到"（a）根据第4.6款[合作]的规定，与承包商的各项
努力进行合作"。该条文强调的是"工作范围管理"的重要性。

2. 美国建筑师学会（AIA）系列合同文件

美国AIA系列合同文件覆盖了所有项目发承包方式的各种标准合同文件，内容涉及工
程承包业各个方面。主要包括业主与承包商、业主与工程管理机构、业主与设计单位、业
主与建筑师、总承包商与分包商等众多标准合同文本。这些标准合同文本适用于不同项目
发承包方式和计价方式，为业主提供了充分选择余地，适用范围广泛、使用灵活。

AIA-A1系列合同协议书的第1条在非常醒目的位置概要列出了一份完整的设计—施
工合同所应包含的合同文件，并在协议书第8条中进一步详细列举了项目具体合同文件的
名称。具体合同文件包括：协议书及附件、补充条件、补遗、业主的项目标准、承包商的
投标书、合同协议书规定的其他文件和上述文件的修订。

AIA-A2系列合同条件中的第A.2.3.2款就明确规定了业主审核承包商提交的文件
之后应该采取的五种反馈方式。如果采用固定总价或者有最高限价的成本加酬金，那
么可以在确定合同总价或最高限价的第4.2.5款和第4.4.3.5款分别规定价格成立的基础
（Assumption），此处也可以对工作范围进行相应的规定。该条文特别提出了"规定工作

范围"。

AIA–A201施工合同通知条件中指出，在编写每个工程项目的合同文件时，应对该项目提出一份"补充条件"，具体写下诸项内容，如工程地点、工作范围、现场勘察、开工、实施及完工、税收、工资、临时设施、施工图纸、支付、保险以及场地清理等具体事项，补充条件是通用条件的具体补充，它们共同组成每项工程的施工合同条件。

3.1.3 国内相关要求

自《关于进一步推进工程总承包发展的若干意见》以及《关于促进建筑业持续健康发展的意见》出台之后，我国工程总承包事业进入高速发展期，国家及地方陆续发布了一系列相关政策文件。本书对部分政策文件具体内容进行梳理，列举了关于工程总承包项目实施条件的内容。

1. 政策文件

（1）《关于进一步推进工程总承包发展的若干意见》（建市〔2016〕93号）

该意见第二条第（四）项中明确提出："工程总承包项目的发包阶段。建设单位可以根据项目特点，在可行性研究、方案设计或者初步设计完成后，按照确定的建设规模、建设标准、投资限额、工程质量和进度要求等进行工程总承包项目发包。"

（2）《关于印发房屋建筑和市政基础设施项目工程总承包管理办法的通知》（建市规〔2019〕12号）

该办法第六条提出："建设单位应当根据项目情况和自身管理能力等，合理选择工程建设组织实施方式。建设内容明确、技术方案成熟的项目，适宜采用工程总承包方式。"

该办法第九条提出："发包人要求，列明项目的目标、范围、设计和其他技术标准，包括对项目的内容、范围、规模、标准、功能、质量、安全、节约能源、生态环境保护、工期、验收等的明确要求。"

该办法第十五条提出："建设单位和工程总承包单位应当加强风险管理，合理分担风险。"

2. 标准规范

《建设项目工程总承包管理规范》GB/T 50358—2017在第4章项目策划第4.1节一般规定中提出：4.1.1项目部应在项目初始阶段开展项目策划工作，并编制项目管理计划和项目实施计划；4.1.2项目策划应结合项目特点，根据合同和工程总承包企业管理的要求，明确项目目标和工作范围，分析项目风险以及采取的应对措施，确定项目各项管理原则、措施和进程。该规范强调项目实施之前项目策划工作的重要性，并明确策划应包括项目目标、工作范围、风险分析等工作内容。

《建设工程项目管理规范》GB/T 50326—2017在第3章基本规定中提出：3.1.1组织应识别项目需求和项目范围，根据自身项目管理能力、相关方约定及项目目标之间的内在联系，确定项目管理目标；3.2.1组织应确定项目范围管理的工作职责和程序；3.2.3组织应把项目管理贯穿于项目的全过程。该规范强调明确项目需求和项目范围在项目管理工作中的重要性。

上海市工程建设规范《建设工程总承包管理规程》DG/TJ 08—2044—2008在第1章总则中规定：1.0.5采用工程总承包方式实施的项目，项目业主应清晰准确地编写业主要求，在描述设计原则和技术要求时，应以功能作为基础。该条强调了明确业主需求的重要性。该规程第4章项目范围管理，对项目范围管理的内容、范围确定、工作结构分析、范围控制进行了规定，强调了项目范围管理的重要性。

3. 示范文本

《建设项目工程总承包合同示范文本（试行）》（GF—2020—0216）与2011年的示范文本相比，增加了"专用合同条件附件"的章节，附件1即为《发包人要求》，其中明确规定："《发包人要求》应尽可能清晰准确，对于可以进行定量评估的工作，《发包人要求》不仅应明确规定其产能、功能、用途、质量、环境、安全，并且要规定偏离的范围和计算方法，以及检验、试验、试运行的具体要求。对于承包人负责提供的有关设备和服务，对发包人人员进行培训和提供一些消耗品等，在《发包人要求》中应一并明确规定。"可见，《发包人要求》应作为专用合同条件的一部分在合同文本中具体体现。

3.2　工程总承包实施条件

3.2.1　实施条件的定义

综合以上国内外相关资料，各文件均强调了工程总承包项目实施前对需求、条件、管控权限等外围环境进行明确的重要性。但是，对于"工程总承包实施条件"的具体定义和内容均未形成统一，且总体细度不够、缺少参考模板，实际工作中难以快速形成符合要求的文件基础。

因此，本书结合国内外现有政策文件、标准规范、合同文本、权威书籍及工程项目实践经验，提出工程总承包项目实施条件的定义：工程总承包项目实施条件是总承包管理活动有效开展的外部基础，是充分发挥工程总承包模式价值的重要前提，包括项目需求、工作范围、建设标准、管控机制、风险分配等五大核心内容，通常在项目招标及合同签订阶段进行锁定，并作为总承包合同附件进行确认。

如定义所述，工程总承包项目实施条件五大核心内容可被进一步细分。项目需求包括功能、工期、费用、品质等需求；工作范围包括工作内容、工作界面、交接条件等；建设标准包括交付标准、系统标准、技术要求、材料品牌等；管控机制包括各方权责、管控流程、沟通制度等；风险分配包括风险内容、分配原则等。

工程总承包实施条件的内容如图3-2所示。

五大核心内容之间的逻辑关系如下：首先，应明确项目需求，即解决项目要什么的问题；其次，为实现需求，应确定需要完成的工作内容，以及与之相应的工作范围，各方工作界面等，并确定各项工作具体的标准要求，解决做什么的问题；再次，为确保项目能够按照项目需求、工作范围、建设标准等妥善、高效落实，需制定并执行一套完善的管控机制，明确各方权责，即明确怎么做的问题。最后，针对部分未来可能存在的风险，要提前明确分配原则，减少可能发生的争议。

实施条件对项目的意义在于，确定工程总承包项目整体运行规则，为总承包商能力的发挥奠定基础。具体如图3-3所示。

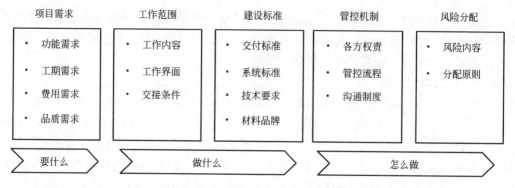

图 3-2　工程总承包实施条件内容

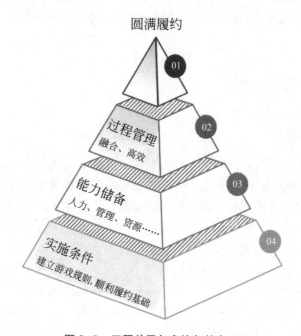

图 3-3　工程总承包实施条件意义

3.2.2　实施条件的内容

1. 项目需求

项目需求是指业主方或使用方对于项目实施及交付后的功能、品质等方面的宏观描述，包括功能需求、工期需求、费用需求、品质需求等，是项目所有管理活动开展的根本目标。各项需求的主要内容如下：

（1）功能需求，主要对项目最终交付时的状态进行描述。既包括显性的描述，如功能用途、规模指标、外观效果、生产规模等，也可能包括隐性的描述，如战略定位、建设意义、经济带动目标等。

（2）工期需求，即对项目建设的总体进度要求，包括最终工期节点和过程中的重要里程碑节点。

（3）费用需求，是指业主方对项目整体和各分项投入费用的预期目标。对于总承包商，主要是与合同内容对应的造价要求；对于业主，除总承包合同费用外，还包括完成项目的所有其他费用，如土地购置费、建设单位管理费、预备费等非实体部分。

（4）品质需求，是对实现功能需求的效率、稳定性、可靠性等方面要求，是程度高低的描述。

在工程总承包项目全过程实施中，明确的项目需求是协助业主和总承包商相互配合、完成项目总控目标、实现价值增值的关键。项目需求的作用，一是通过明确的项目需求，加深各方对项目的理解，提升设计、采购、施工的针对性，确保与最终目标最大程度的一致性；二是锁定最终目标，防止项目实施过程中发生根本性的调整，规避由此导致的重大不利影响。

2．工作范围

工作范围是对项目需求的具体化，包括为实现需求所必须完成的全部工作内容，以及项目相关方的工作界面、工作交接条件等。

（1）工作内容是指全部工作的集合，决定项目成本范围。工程总承包模式下，对项目需求的描述较为容易，但对实现这些需求的具体工作梳理较为困难。尤其是前期投标阶段时间紧，而项目相关信息有限，相关方对其了解不深，除实体工作外，还可能产生大量潜在的隐性工作。如未充分识别，将可能导致工作遗漏，在总价包干或上限价限制下，因工作漏项导致的成本漏项，大多数属于自身失误，难以从业主处获得索赔，最终影响项目整体效益，甚至导致亏损。

（2）工作界面决定项目各方的工作内容和成本范围。工作内容梳理后，哪些属于业主，哪些属于总承包商，哪些属于其他方，还需要进一步明确。尤其是涉及双方协同完成的工作，如建设手续办理、设计报审、市政配套接入等。

（3）交接条件是对项目各方工作界面移交的要求。虽然总承包商承担主要工作，但许多时候仍需要项目各方交替协同完成，这就需要对相互间的移交状态进行准确约定。例如现场移交条件，建设手续移交条件等。

简而言之，工作范围决定了总承包商全部工作内容，间接决定了项目成本、工期等核心要素。

3．建设标准

建设标准是指项目实施及交付的具体要求，明确项目总承包商"应该做什么"的问题。如果说工作范围决定项目成本范围，那么建设标准的高低则决定在这个范围内的成本支出水平。

建设标准是一套系统文件，可按照功能区域、专业、系统等进行分类列举：

（1）交付标准。交付标准广义上是指项目最终交付时的状态，狭义上主要针对影响观感、效果的专业工程，如装饰、幕墙、景观等，包括建筑做法表、工艺表、效果图等。

（2）系统标准。系统标准主要是指涉及项目功能、设备配置等方面的描述，主要针对机电、智能化等专业工程。

（3）技术要求。技术要求是主要针对项目总体的、隐蔽的、过程性的相关要求，例如参考的标准规范、某个工序的工艺要求等。

（4）材料品牌。材料品牌是指构成项目的所有实体的品牌范围或要求，包括所有材料、设备、部品等。

对业主而言，建设标准决定项目最终呈现的状态，必定会受到重点关注。对于总承包商而言，建设标准直接影响项目效益。从建设标准本身来看，每个工作项都有多种可选的标准，因而建设标准成为实施条件中最复杂的内容，也最容易使各方产生争议。

4. 管控机制

建设需求、工作范围、建设标准基本锁定项目各方的全部工作和要求。管控机制则进一步明确了项目各方在推进这些工作时所遵循的原则和流程，即项目的运行规则。

管控机制是指项目各方为实现目标和开展合作而遵循的一套沟通准则，是对各方（包括业主及其咨询顾问）管理活动开展的约束，包括权责界面、流程、时限、会议制度等，与《项目管理知识体系指南》（PMBOK指南）中的管理沟通和监督沟通相对应。

（1）各方权责。即项目相关方各自的权利和责任，如业主和业主委托的咨询方、总承包商、工程师等，在项目实施中具体管理哪些内容，相应的权限、要求有哪些等。

（2）管控流程。即项目各方行使各自权责的工作流程及要求，例如设计成果的报审程序、审核时长、要求等。

（3）沟通制度。沟通管理是项目各方信息传递的途径，包括会议机制、函件往来、电子邮件、信息管理平台等多种方式。

工程总承包模式下，总承包商替代业主成为项目实施的主要责任人。工程总承包模式的优势，也主要依托总承包商充分发挥自身管理水平。制定好管控机制，才能够实现规范项目各方权责及流程，防止项目实施过程中出现管控过度或管控缺位，最大化发挥总承包管理效能。

5. 风险分配

工程总承包模式下，大部分实施阶段风险向总承包商转移。然而，受招标提前影响，项目许多情况还不明确，仍存在大量难以预估的风险。若全部由总承包商承担，业主必然要付出高额的风险溢价；若全部由业主承担，则失去工程总承包模式价值。因此，针对项目可能出现的不可预见风险，需要提前确定分配原则，保证项目的有序实施。

（1）风险内容。主要针对项目前期难以明确且无法控制的风险，例如非正常的涨价、突发事件、极端气候、前期无法探明的地质条件等。需要注意的是，合同中双方明确需承担的风险除外（如可预见的政策执行、正常的价格波动等）。

（2）分配原则。针对可能的风险，明确分配原则及处理方式。

工程总承包模式下，总承包商主要承担自身可控范围内的风险，并通过自身能力高效处置这些风险。但对于自身不可控的风险，则必须通过事先约定合理分摊。

3.2.3　与发包人要求的联系

工程总承包实施条件与发包人要求在内容和目的上有较多共同点，同时也有一定差异，本节对二者联系列举如下。

1. 发包人要求内容

《建设项目工程总承包合同示范文本》（GF—2020—0216）（以下简称"范本"）对"发包人要求"的内容进行列举。总体上，《范本》提出："《发包人要求》应尽可能清晰准确，对于可以进行定量评估的工作，《发包人要求》不仅应明确规定其产能、功能、用途、质量、环境、安全，并且要规定偏离的范围和计算方法，以及检验、试验、试运行的具体要求。"

《范本》中，发包人要求的内容应包括但不限于以下几个方面。

一、功能要求

（一）工程目的。

（二）工程规模。

（三）性能保证指标（性能保证表）。

（四）产能保证指标。

二、工程范围

（一）概述

（二）包括的工作

1. 永久工程的设计、采购、施工范围。

2. 临时工程的设计与施工范围。

3. 竣工验收工作范围。

4. 技术服务工作范围。

5. 培训工作范围。

6. 保修工作范围。

（三）工作界区

（四）发包人提供的现场条件

1. 施工用电。

2. 施工用水。

3. 施工排水。

4. 施工道路。

（五）发包人提供的技术文件

除另有批准外，承包人的工作需要遵照发包人的下列技术文件：

1. 发包人需求任务书。

2. 发包人已完成的设计文件。

三、工艺安排或要求（如有）

四、时间要求

（一）开始工作时间。

（二）设计完成时间。

（三）进度计划。

（四）竣工时间。

（五）缺陷责任期。

（六）其他时间要求。

五、技术要求

（一）设计阶段和设计任务。

（二）设计标准和规范。

（三）技术标准和要求。

（四）质量标准。

（五）设计、施工和设备监造、试验（如有）。

（六）样品。

（七）发包人提供的其他条件，如发包人或其委托的第三人提供的设计、工艺包、用于试验检验的工器具等，以及据此对承包人提出的予以配套的要求。

六、竣工试验

（一）第一阶段，如对单车试验等的要求，包括试验前准备。

（二）第二阶段，如对联动试车、投料试车等的要求，包括人员、设备、材料、燃料、电力、消耗品、工具等必要条件。

（三）第三阶段，如对性能测试及其他竣工试验的要求，包括产能指标、产品质量标准、运营指标、环保指标等。

七、竣工验收

八、竣工后试验（如有）

九、文件要求

（一）设计文件，及其相关审批、核准、备案要求。

（二）沟通计划。

（三）风险管理计划。

（四）竣工文件和工程的其他记录。

（五）操作和维修手册。

（六）其他承包人文件。

十、工程项目管理规定

（一）质量。

（二）进度，包括里程碑进度计划（如有）。

（三）支付。

（四）HSE（健康、安全与环境管理体系）。

（五）沟通。

（六）变更。

十一、其他要求

（一）对承包人的主要人员资格要求。

（二）相关审批、核准和备案手续的办理。

（三）对项目业主人员的操作培训。

（四）分包。

（五）设备供应商。

（六）缺陷责任期的服务要求。

2. 工程总承包实施条件和发包人要求对比

工程总承包实施条件和发包人要求对比分析见表3-1。

表 3-1　工程总承包实施条件与发包人要求对比分析表

对比点	实施条件	发包人要求
相同点	项目需求	一、功能要求 四、时间要求

续表

对比点	实施条件	发包人要求
相同点	工作范围	二、工程范围
	建设标准	三、工艺安排或要求 五、技术要求
	管控机制	九、文件要求 十、工程项目管理规定 十一、其他要求
差异点	未单列，融入工作范围、建设标准	六、竣工试验 七、竣工验收 八、竣工后试验（如有）
	风险分配	未单列，融入合同范本中

（1）从内容来看，实施条件与发包人要求具有较高一致性，实施条件涵盖内容更全面，发包人要求更具体，部分内容互为补充。

（2）从适用条件来看，发包人要求更侧重于描述性能、生产要求，适合工业生产类项目；实施条件更适合描述效果、观感类项目，如建筑、市政类项目。

（3）从思路来看，实施条件编制思路按照"要什么—做什么—怎么做"的线条展开，更符合逻辑，梳理时比发包人要求更系统。

综合来看，实施条件与发包人要求具有较高一致性，也各有侧重。在具体应用时，可结合项目特点将二者结合使用。

3.3　工程总承包实施条件管理要点

3.3.1　项目需求管理

1. 难点分析

（1）需求不明

工程总承包项目需求一般在决策阶段通过项目建议书、可行性研究报告等相关文件确定，并在招标阶段完成锁定。但实际中，许多工程总承包项目存在需求不明、需求遗漏的情况。产生原因包括：

1）前期时间紧，而部分项目业态、功能复杂，且项目相关方众多，难以在短期内确定详细的项目需求；

2）受传统模式思路影响，缺少工作前置意识，习惯在项目实施过程中对需求细节进行完善；

3）项目需求描述偏主观，没有统一格式要求，缺少便捷、客观、规范的方法及工具。

（2）需求变更

部分项目实施过程中需求变更频繁，进而导致一系列连锁调整，造成项目返工甚至拆改等。产生原因包括：

1）前期需求梳理不明确，或需求梳理不充分，未能充分识别项目相关方；

2）对项目实施阶段的预见性不够，缺少预判。

2. 工作流程及要点

（1）前期资料收集

通过对项目相关资料的收集，形成需求梳理的初始依据与参考，具体清单见表3-2。

表3-2 项目前期资料清单

类别	名称
立项可行性研究报告类	项目建议书及批复
	项目可行性研究报告及批复
	相关论证报告
	……
备忘、记录等	会议纪要
	沟通记录、备忘录、承诺等
	……
设计资料	上位规划资料
	概念性方案
	前期设计成果及批复意见
	……
类似项目参考	当地类似项目资料
	对标项目资料
	……
其他	地方性政策、法规等
	……

（2）相关方需求梳理

项目需求是由人产生的，因此正式需求梳理前，应首先对项目相关方充分识别，确保无遗漏；再对各方需求进行梳理。

1）项目相关方识别

项目相关方不仅包括直接相关方，还包括对项目可能造成潜在影响的间接相关方。以品牌酒店为例，酒店运营商往往有自身的产品标准，如项目前期设计未充分考虑运营商需求，将可能导致实施阶段拆改。常见的项目相关方汇总见表3-3。

表3-3 常见项目相关方汇总表

类别	名称
直接相关方	建设单位
	前期设计、咨询单位
	项目管理单位
	……

续表

类别	名称
间接相关方	运营、使用单位
	小业主
	监管机构
	……

2）相关方影响分析

在项目相关方识别的基础上，对相关方的项目影响力、与总承包商的利益相关性等进行分析，识别相关方重要性。相关方影响分析矩阵如图3-4所示。

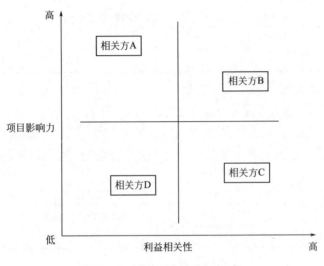

图3-4　相关方影响分析矩阵

3）相关方需求对接

根据相关方分析情况，按重要性从高到低，对相关方需求进行沟通识别，不断修正和逼近其最真实的项目需求，获得精确的项目需求清单。常用的工具或方法见表3-4。

表3-4　项目相关方需求分析方法表

工具或方法	适用情况
相关方利益分析	正式对接前，站在相关方立场，对可能存在的利弊进行分析，提前梳理，提高正式对接效率
会议沟通	组织专题会议，对相关方需求进行沟通、讨论，并形成一致意见
专题汇报	组织专题汇报形式，让相关方进行确认，减少沟通工作
类似项目考察	当相关方需求难以明确，对需求缺少直观认识时，可协调组织类似项目对标参考
问卷调研	以问卷形式，对相关方需求逐步分解、确定

（3）需求清单建立与分析

根据按以上步骤梳理的相关方需求清单，对清单的具体内容进行属性划分，如一般常规项、客户关注项等，客户关注项又可按客户感知等级划分为高、中两个级别。最后，形成各方认可的项目需求清单。

项目需求清单中第一层级的需求，即一级需求，包括时间需求、费用需求和功能需求；第二层级的需求，即二级需求，是对一级需求的细化及进一步描述。本书对项目需求清单的一级二级内容及属性划分进行汇总，见表3-5，可参考表3-5进行项目需求清单的初步建立。

对于时间需求和费用需求，细化至二级需求，即可实现精确清单及属性划分的管理目标。但是，对于功能需求，对二级需求的细化程度与上述不同。特别是性能保证指标，涉及内容较多，工程不同分项、不同部位、不同专业等均会有差异，必须对其进一步细化。细化时可根据业主要求、项目特征等采用不同方式。本书列举某工程案例功能需求清单的细化内容，见表3-6。

表3-5　项目需求清单一级二级内容及属性划分

序号	需求层级		属性划分	客户感知等级
	一级	二级		
1	时间需求	开始工作和竣工日期	客户关注项	高
2		进度计划	客户关注项	中
3		缺陷责任期	一般常规项	低
4	费用需求	签约合同价	客户关注项	高
5		合同价格形式	客户关注项	高
6	功能需求	建设规模	客户关注项	中
7		性能保证指标	在细化清单中具体描述	在细化清单中具体描述
……	……	……	……	……

表3-6　某工程项目功能需求细化清单内容

分项	部位划分	模块划分	属性划分	客户感知等级
单体工程	主体结构	单体土建结构工程（结构类型、混凝土、钢筋、围护等）	一般常规项	低
		单体建筑层高	客户关注项	中
	外立面	外墙饰面工程	客户关注项	高
		栏杆工程	客户关注项	中
		幕墙工程	客户关注项	高
		精装门工程	客户关注项	高
		外装饰构件工程	客户关注项	中
	室内装修	大堂及电梯厅（包括地下室及首层）	客户关注项	高
		标准层电梯厅及走廊	客户关注项	高
		电梯轿厢内装修	客户关注项	高
		标准层功能房（客厅、办公室、洗手间、会议室、餐厅、展示厅、贵宾间等）	客户关注项	高

续表

分项	部位划分	模块划分	属性划分	客户感知等级
单体工程	管线及设备安装	电梯工程	客户关注项	高
		弱电智能化（楼宇、信息、通信、办公、消防）	客户关注项	高
		节能环保	客户关注项	中
		通风空调	客户关注项	中
		泛光照明	客户关注项	中
		照明设备	客户关注项	中
		备用电源	客户关注项	中
		一般水、电、气及消防管线	一般常规项	低

（4）需求锁定与维护

将确定的需求清单，及时通过正式途径与业主及相关方确认，并形成正式需求清单，并随着项目进展及时维护更新。

当业主方需求出现调整时，应通过正式流程进行确认，并将信息传递至相关方，确保对需求调整及时响应。

3.3.2 工作范围管理

1. 难点分析

（1）工作范围不准

PMBOK 提出，范围管理就是为成功完成项目所需要的一系列过程，以确保项目包含且仅仅只包含项目所必须完成的工作。工作范围不准，既包括工作遗漏，还可能包括工作冗余。从影响、出现概率来讲，工作遗漏的后果更为严重。

工程总承包出现工作范围漏项的原因包括：

1）复杂度高，梳理难度大。工程总承包模式下，总体需求与目标描述相对简单，但为实现目标所需要的具体工作组成复杂。随着项目复杂程度提升，梳理难度加大。

2）对部分工作不熟悉。因工作范围大大增加，总承包商对于部分非传统工作熟悉程度不足，从而导致工作漏项，如报批报建、专业分包工程、试运行与验收等。

3）缺少可预见性。工程总承包前期信息有限，而实施阶段不确定因素多，导致过程中可能出现工作内容变动。

（2）工作界面不清

对于梳理出的工作范围，在进行界面划分时，存在描述不清的情况，造成争议。产生原因包括：

1）缺少界面描述。受传统模式思维、前期工作紧等多方面因素影响，未对工作界面进行描述，或对部分隐性工作未描述。

2）界面细度不足。前期工作梳理细度不够，在描述界面时只有宏观描述，细度不足造成争议。

3）界面划分不合理。部分工作界面划分不符合常规，缺乏科学性，不利于工作高效推进。

2. 工作流程及要点

（1）工作任务分解（WBS分解）

工作内容确定的过程就是对项目进行量化管理的过程，通过创建工作任务分解结构得以实现。创建WBS是将项目的全部工作划分成更小、更易管理的工作包，使原本比较笼统的、模糊的项目目标变得更清晰，形成范围基准，为后续项目管理提供依据。项目分解的方法并不唯一，可以按照项目阶段分解也可以按照可交付成果来进行分解，推荐将项目阶段分解作为结构第一层，第二层及以下的结构层可根据项目特征灵活分解。工程总承包工作范围通常可采用工作范围划分清单的形式，按报批报建、设计、合约招采、结算审计、施工、验收交付等主要工作板块进行细化。

图3-5为工作分解结构图的一般样例，可供参考。

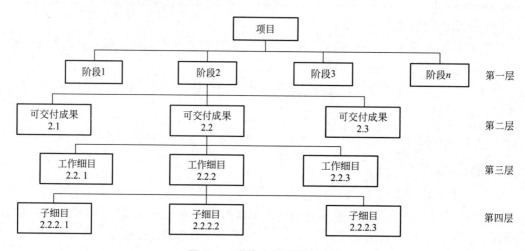

图3-5　工作分解结构图样例

此步骤尤其要关注容易忽视的隐性工作，即项目招标资料和合同等文件中未明确注明，责任应归属于总承包商的相关工作。表3-7列举了部分容易忽视的隐性工作内容，可供参考。

表3-7　容易忽视的隐性工作内容列举

序号	工作类别	隐性工作内容
1	报批报建	地方特殊要求、新政策执行、前期手续不全、规费处理等
2	设计	前期设计缺陷、特殊设计要求如装配式、绿色建筑、太阳能、海绵城市等
3	合约招采	性能指向性、专利产品、市政配套界面等
4	建造	市政现状条件、地基环境、特殊工艺要求等

（2）工作分工明确

根据梳理的工作任务分解情况，结合项目合同、相关政策法规、工作建议等，对项目相关方的分工进行明确。可按照WBS分解框架，如报批报建、设计、合约招采、结算审计、施工、验收交付等主要工作板块进行列举，最终形成相关方工作分工清单。

以某EPC工程为例，列举该工程方案设计阶段的工作分工清单，见表3-8。

表 3-8　某 EPC 项目设计阶段工作分工清单（局部）

序号	阶段	事项	工作界面						成果文件
			业主	前期设计	业主顾问	总承包商	设计院	专项设计	
1	方案设计	编制方案设计任务书	批准	配合	负责	—	—	—	方案设计任务书
2		方案设计	批准	配合	负责	—	—	—	方案设计成果
3		方案设计评审	负责	配合	配合	—	—	—	
4		方案设计修改	批准	配合	负责	—	—	—	
5		方案设计定稿	负责	配合	配合	—	—	—	
6		方案设计报审	负责	配合	配合	配合	—	—	
……	……	……	……	……	……	……	……	……	……

（3）工作内容明确

根据工作任务分解和分工表，对每一项具体工作的内容界面、范围等进行描述，确保各工作项既不出现错漏碰缺，也不出现重叠。同时，组织相关方，从实施便利性、科学性等角度，对工作内容的划分进行分析，确保内容的合理性和可行性。

该项工作可与合约规划及合约界面拟定同步进行。差异在于，工作内容识别侧重业主、总承包商、其他相关方之间的外部关系，合约规划及界面更侧重总承包范围内部。以某 EPC 项目甲指热力工程为例，对工作范围描述样式列举见表 3-9。

表 3-9　某甲指 EPC 项目工作范围描述表（局部）

专业工程	总承包商范围	相关方范围	
热力工程	1. 负责锅炉房、热交换站的除热力系统工程外的施工，包括预留孔洞（含套管）、设备基础、预埋件等； 2. 负责热力系统调试期间的配合工作 ……	建设单位	1. 负责办理热力报装手续，缴纳相关费用； 2. 负责组织热力工程验收 ……
		热力分包	1. 负责二次深化设计； 2. 负责单体外墙 1.5m 以后至供热站外墙范围内的二次管网及与市政管网连接的一次管网（不含车库内），包括但不限于土方开挖与回填、供热管道安装、防腐和保温、构筑物、井室、阀门、热计量表及配件，试压、调试、冲洗等
		……	……

3.3.3　建设标准管理

1. 难点分析

（1）细度不足

建设标准是评价项目最终交付情况的直接依据，必须细化至单个独立评价单元。实践中，因受到项目功能业态复杂、时间紧张、部分功能区域前期难以确定等多方面因素影响，许多项目建设标准细度严重不足，容易引起后期争议。

（2）客观性不足

涉及观感效果、品牌档次等偏主观性描述时，往往忽视不同个体理解差异，引起理解偏差。

（3）理解不透

对于业主梳理的建设标准内容理解不深入、不透彻，导致后续设计、施工造成遗漏。

（4）潜在利益冲突

建设标准是决定造价水平的最后环节，在项目前期进行造价分析时，因缺少图纸，无法准确预估商务指标。因此部分项目倾向于借助建设标准进行最终调节，而不是提前锁定。

2. 工作流程及要点

（1）确定格式

当前，建设标准的编制形式多样，不同业主要求各异。但总体上，最终形成的建设标准系统文件，应按照"功能技术参数化、观感效果可视化、功能档次匹配化"的基本原则，为合同定价及履约交付明确基准。

结合以往项目经验和习惯，本书提出一种可供参考的建设标准，建设标准总体架构图如图3-6所示。

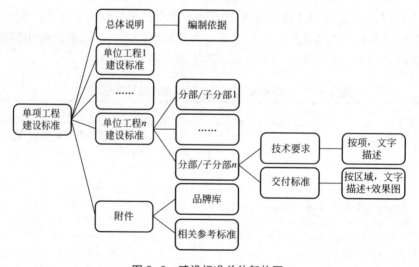

图3-6　建设标准总体架构图

1）以单项工程汇编建设标准，当单位工程功能业态复杂时，也可以单位工程为单位汇编建设标准。

2）总体说明，主要对建设标准的编制依据、参考规范、编制内容等基本信息进行描述。

3）单位工程建设标准，遵照分部或子分部工程划分习惯展开；分部工程描述时，根据分部工程特点，拟定相应的技术要求、交付标准。

对涉及效果类分部工程（如建筑装饰装修），参考格式见表3-10。

表 3-10　某 EPC 项目涉及效果类分部工程交付标准表（局部）

功能区域	部位	技术要求/交付标准	效果意向
车库	坡道	1. 碱性混凝土密封固化剂； 2. 50mm 厚 C25 混凝土面层，内配 $\phi 4@200mm$ 双向钢筋（坡道处划出防滑纹道），遇排水沟或地漏 1% 找坡，4000mm × 4000mm 分割切缝，内嵌油膏； 3. 1.5mm 厚高分子防水涂料； 4. 20mm 厚 1 ：3 水泥砂浆找坡找平层； 5. 水泥浆一道（内掺建筑胶）； 6. 60mm 厚 C15 混凝土垫层，素土夯实（压实系数 ≥ 0.94）	
	车库	1. 碱性混凝土密封固化剂； 2. 50mm 厚 C25 混凝土面层，内配 $\phi 4@200mm$ 双向钢筋（坡道处划出防滑纹道），遇排水沟或地漏 1% 找坡，4000mm × 4000mm 分割切缝，内嵌油膏； 3. 素水泥浆结合层一道； 4. 抗渗钢筋混凝土结构底板（自防水混凝土）	
公共卫生间	顶棚	1. 轻钢龙骨埃特板吊顶面油防水乳胶漆，洗手台上方处暗藏 LED 灯槽； 2.LED 防雾筒灯	
	地面	1. 标高为 $H-0.08m$； 2. 600mm × 600mm 仿石瓷砖 45° 斜拼； 3. 800mm × 800mm 仿玉石切割波打线	
	墙面	1. 400mm × 800mm 仿玉石瓷砖贴至吊顶上 100mm； 2. 洗手台上方石材为马赛克； 3. 蹲位隔断板及门为防木纹板	
	洁具	蹲式马桶，自动感应龙头及小便斗	

对涉及功能类分部工程（如水电气暖等），参考格式见表 3-11。

表 3-11　某 EPC 项目涉及功能类分部工程交付标准表（局部）

系统	子系统	技术要求/交付标准
电气	电气照明系统	1. 普通照明：主要场所照度标准应满足相应规范要求。 2. 局部场所设置电子灭菌灯；单独设置回路；设置医用标识照明。 3. 公共区域采用智能照明控制系统，其他场所采取分区、分组控制。 4. 主要出入口以及人员密集场所设置疏散照明、疏散指示标志灯，最低照度应满足相应规范要求；消防应急照明和疏散指示系统选择集中电源集中控制型系统。消防应急照明和疏散指示的备用电源的连续供电时间不应小于 1.5h（其中消防应急持续工作时间为 1.0h，非火灾状态持续工作时间为 0.5h）。 5. 电源插座不和普通照明灯接在同一分支回路
	电气线路敷设	1. 室内主路由为桥架，分支为金属线槽，保护管。 2. 正常照明、电力、控制线路采用 JDG 管（套接紧定式镀锌钢导管）。 3. 明敷于潮湿场所或埋地敷设的金属导管，应采用 SC 管（焊接钢管）。 4. 普通照明线管预埋采用 PC 管，公共区域、房间科室等普通照明线管采用 JDG 管

4）将材料设备品牌库、其他独立成册的技术要求作为建设标准的附件汇编。材料品牌清单参考格式见表3-12。

表3-12　某 EPC 项目材料品牌清单（局部）

序号	材料名称	推荐品牌范围	备注
1	钢材	××	
2	防火涂料	××	
3	防腐、防锈油漆	××	
4	防水卷材、涂料	××	
5	门窗铝合金型材	××	
6	门窗五金配件	××	
7	玻璃（原厂原片）	××	成品玻璃（原厂原片加工）
8	密封胶、耐候胶、结构胶	××	
9	防盗门	××	
10	防火门	××	
11	指纹密码锁	××	
12	墙、地砖（普通装修）	××	
13	墙、地砖（精装修）	××	
14	内墙装饰涂料	××	
15	外墙装饰涂料	××	
16	硅钙板吊顶	××	
17	铝制吊顶	××	
18	塑钢门窗	××	
……	……	……	

（2）内容填充

精确填充标准内容是建设标准管理工作的关键。从性质来看，建设标准包含通用型和个性化两类。通用型标准，即国家和地方法律法规、规章制度和标准规范等，必须作为底线要求满足；个性化标准，即业主方针对项目本身的个性化标准要求。

在具体标准填充过程中，需要注意以下几点：

1）与前期设计成果的一致性。对于大部分工程总承包项目，在拟定标准时，一般情况下必须与前置设计要求保持一致性。

2）与商务紧密配合。建设标准的高低，应与项目商务造价指标情况相对应，并参考类似项目经验数据。当项目可能存在较大不确定性时，可考虑抓大放小，将关键因素确定；或明确类似对标项目，约定底线标准；或以暂估价形式，对不确定的系统或专业进行二次招标。

3）明确调整机制和流程。在建设标准编制说明，或管控机制文本中，对建设标准的调整程序、条件等进行明确，预留后期调整余地。

（3）评审定稿

建设标准编制完成后，应组织内部相关方进行评审，确保实现项目需求，工作项描述清晰且一致，建设标准要与造价水平相匹配。

3.3.4　管控机制管理

1．难点分析

（1）管控机制缺失

部分项目延续传统模式思路，以业主为实施阶段管理核心。如业主对管控机制认识不足，基本未制定管控机制。

（2）执行性不高

项目管控机制建立后，相关各方未严格按照要求执行，或仅部分执行，导致管控效率大打折扣。

（3）管控分工不合理

对项目各方管控职责分配不合理，部分项目仍延续业主强管控，总承包商自身管控不足，权责不对等，对总承包工作顺利开展造成影响。

2．工作流程及要点

管控机制应对项目相关各方的权责、管控流程、沟通体系等进行准确描述，一般应形成管控机制文本，并正式确认执行。管控机制文本总体上应遵循 SMART 准则，要求各项内容均符合明确性（Specific）、可衡量性（Measurable）、可实现性（Attainable）、相关性（Relevant）和时限性（Time–based）五项基本原则。

（1）各方权责梳理

根据项目相关方的工作界面划分，从有利于项目实施的角度，对各方权责进行梳理。总体上，业主方应具有在项目启动期和交付期的主导力，以及实施期的监督权限；总承包单位应被赋予与管理风险、总承包优势发挥相匹配的自主权限。各方权责可通过工作界面及权责划分表初步确定，并在合同等正式文件中细化列举。具体格式可参考前文中工作分工清单模板。

（2）管控流程梳理

结合项目各方管理权责和工作界面，梳理项目管理活动类别，制定相应的管控流程文本，形成项目管理章程并正式执行。重点对业务流程、权限、业务环节条件、时效等进行约束。以专业工程招标为例，对管控流程梳理如图 3–7 所示。

（3）形成管控机制文本

根据梳理的项目相关方权责界面、工作流程等内容，最终汇总形成项目管控机制文本，经相关方正式确认后执行，作为项目各方后续工作开展的依据，促进项目顺利履约。以某项目为例，对管控机制文本框架目录列举见表 3–13。

表 3-13　某 EPC 项目管控机制文本框架目录

序号	章节	主要内容
1	总体说明	编制目的、编制依据、适用范围、工程概况
2	相关方管理	项目相关方组织架构、人员授权、联系方式等

续表

序号	章节	主要内容
3	沟通机制管理	沟通渠道（函件、公邮、报告等）、会议机制等
4	报批报建管理	各项手续办理流程及分工
5	设计管理	各方设计管理工作内容、流程及分工
6	采购管理	各方采购管理工作内容、流程及分工
7	计划管理	各方计划管理工作内容、流程及分工
8	技术管理	各方技术管理工作内容、流程及分工
9	施工管理	各方施工管理工作内容、流程及分工
10	质安环管理	各方质安环管理工作内容、流程及分工
11	验收与交付管理	各方验收与交付管理工作内容、流程及分工
12	附件	相关工具表单

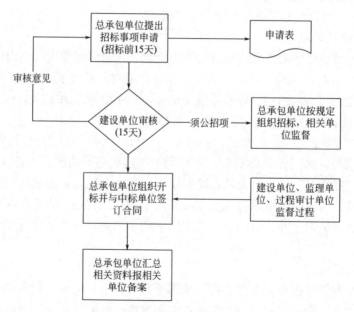

图 3-7　专业工程招标管控流程

3.3.5　风险分配管理

1. 难点分析

（1）主观因素

从风险厌恶角度来讲，项目相关方都有主观转移风险的动机。在工程总承包模式下，风险天然向总承包商转移。对于业主而言，不具备主动分配风险的意愿；对于总承包商而言，有时宁可模糊处理，保留风险出现时的协商空间。

（2）风险信息有限

工程总承包项目前期掌握的信息有限，对部分风险识别困难，尤其是涉及项目自身不可控因素。

（3）经验不足

工程总承包项目实施经验有限，对部分风险认识及经验不足，导致前期出现遗漏。

2. 工作流程及要点

（1）风险识别及评估

风险识别的主要任务是识别项目实施过程可能存在的风险，并形成风险清单。在编制完成风险清单之前，需要收集与项目风险有关的信息并确定风险因素。表3-14为工程总承包项目风险清单的一种类型。该清单将工程总承包项目风险按层级划分为风险源、风险因素和风险事件三级，其中风险源包括项目外部风险和项目内部风险，风险因素是由风险源引起的，项目外部风险分为政治风险、社会风险、经济风险、法律风险、自然风险五类，项目内部风险分为投标风险、设计风险、采购风险、施工风险、竣工验收、合同风险六类。在风险因素基础上，明确每个风险因素可能引发的风险事件。

表 3-14　工程总承包项目风险清单（举例）

风险源	风险因素	风险事件
项目外部风险	政治风险	战争和暴乱、征用和禁运等
	社会风险	治安和社会动乱、宗教和风俗习惯等
	经济风险	汇率变化、通货膨胀、物价波动等
	法律风险	政策和法律变化、政府指导价格信息变化等
	自然风险	新发现的地质施工障碍、恶劣气候条件、施工现场条件不足、不可抗力等
项目内部风险	投标风险	材料设备的询价偏差、业主要求的理解不深、市场价格水平选取不当等
	设计风险	项目基础资料的不准确不及时、设计标准和规范的修改、设计协调和整合、承包商的设计缺陷、业主要求的重大变更、政府审查部门审批造成的设计修改、设计变更等
	采购风险	采购时间及方式、材料设备的质量、供应商供货速度、采购成本的变化等
	施工风险	施工方案、技术的变化，业主原因引起的暂停，业主导致工程延期，承包商导致工程延期，业主未按约定提供进场权，业主未按约定提供满足条件的临时设施，现场内及进出现场途中的道路、桥梁、地下设施的损坏等
	竣工验收	未交付前已完工程的保护工作不到位、业主未能按时参检、参检方未能按时参加、竣工试验的检验和验收的延迟、业主延迟签署质量保修责任书、业主强令接收不符合接收条件的单项工程和工程等
	合同风险	承包商原因造成建筑工程在合理使用期限、设备保证期内的人身和财产损害，业主违约解除合同，承包商违约解除合同等

（2）确定风险分配原则

风险分配应基于权责利对等的原则，按照业主和总承包商之间合理的风险分配方案，划分为完全由业主承担的风险、完全由总承包商承担的风险、业主和总承包商双方共担的风险三类。国内相关政策关于风险分担的相关规定（表3-15），可为业主和总承包商之间合理准确地分配风险提供标准和依据。

表 3-15 国内工程总承包模式相关政策关于风险分担的相关规定（部分）

序号	文件名称（文号或时间）	风险分担相关内容
1	《房屋建筑和市政基础设施项目工程总承包管理办法》（建市规〔2019〕12号）	建设单位和工程总承包单位应当加强风险管理，合理分担风险。建设单位承担的风险主要包括：（一）主要工程材料、设备、人工价格与招标时基准价相比，波动幅度超过合同约定幅度的部分；（二）因国家法律法规政策变化引起的合同价格的变化；（三）不可预见的地质条件造成的工程费用和工期的变化；（四）因建设单位原因产生的工程费用和工期的变化；（五）不可抗力造成的工程费用和工期的变化。具体风险分担内容由双方在合同中约定。鼓励建设单位和工程总承包单位运用保险手段增强防范风险能力
2	《江苏省房屋建筑和市政基础设施项目工程总承包招标投标导则》（苏建招办〔2018〕3号）	第十条 招标人和工程总承包单位应当加强风险管理，在招标文件、工程总承包合同中约定公平、合理的风险分担条款。风险分担可以参照以下因素约定。招标人承担的主要风险一般包括：（一）招标人提出的建设范围、建设规模、建设标准、功能需求、工期或者质量要求的调整；（二）主要工程材料价格和招标时基价相比，波动幅度超过合同约定幅度的部分；（三）因国家法律法规政策变化引起的合同价格的变化；（四）难以预见的地质自然灾害、不可预知的地下溶洞、采空区或者障碍物、有毒气体等重大地质变化，其损失和处置费用（因工程总承包单位施工组织、措施不当等造成的上述问题，其损失和处置费应由工程总承包单位承担）；（五）其他不可抗力所造成的工程费用的增加。除上述招标人承担的风险外，其他风险可以在合同中约定由工程总承包单位承担。招标人要求工程总承包单位出具履约担保的，招标人也应当向工程总承包单位出具支付担保
3	《湖南省房屋建筑和市政基础设施工程总承包招标投标活动管理暂行规定》（湘建监督〔2017〕76号）	招标人承担的风险至少包括：（一）招标人提供的文件，包括环境保护、气象水文、地质条件，初步设计、方案设计等前期工作的相关文件不准确、不及时，造成费用增加和工期延误的风险；（二）在经批复的初步设计或方案设计之外，提出增加建设内容；在初步设计或方案设计之内提出调整或改变工程功能，以及提高建设标准等要求，造成设备材料和人工费用增加的风险；（三）招标人提出的工期调整要求，或其前期工作进度而影响的工程实施进度的风险；（四）主要设备、材料市场价格波动超过合同约定幅度的风险。承包人承担的风险至少包括：（一）未充分理解招标文件要求而产生的人员、设备、费用和工期变化的风险；（二）未充分认识和理解通过查勘现场及周边环境（除招标人提供文件和资料之外）取得的可能对项目实施产生不利影响或作用的风险；（三）投标文件的遗漏和错误，以及含混不清等，引起的成本及工期增加的风险
4	《上海市工程总承包试点项目管理办法》（沪建建管〔2016〕1151号）	建设单位承担的风险包括：（一）建设单位提出的工期或建设标准调整、设计变更、主要工艺标准或者工程规模的调整；（二）因国家政策、法律法规变化引起的工程费变化；（三）主要工程材料价格和招标时基价相比，波动幅度超过总承包合同约定幅度的部分；（四）难以预见的地质自然灾害、不可预知的地下溶洞、采空区或障碍物、有毒气体等重大地质变化，其损失与处置费由建设单位承担；因总承包单位施工组织、措施不当等造成的上述问题，其损失和处置费由工程总承包企业承担；（五）其他不可抗力所造成的工程费的增加。除上述建设单位承担的风险外，其他风险可以在工程总承包合同中约定由工程总承包企业承担
5	《江西省水利建设项目推行工程总承包办法（试行）》（赣水建管字〔2018〕35号）	建设单位和工程总承包单位应当加强风险管理，公平合理分担风险。工程总承包单位按照合同约定向建设单位出具履约担保，建设单位同时向工程总承包单位出具支付担保。工程总承包合同可根据建设项目的风险情况合理设置激励和风险对等分担条款，明确项目主要材料价差的风险额度、调整范围及调整办法。建设单位承担的风险一般包括：（一）建设单位提出的工期调整、重大设计变更、建设标准或者工程规模的调整；（二）因工程征地、移民等发生重大

续表

序号	文件名称（文号或时间）	风险分担相关内容
5	《江西省水利建设项目推行工程总承包办法（试行）》（赣水建管字〔2018〕35号）	变化引起的调整；（三）因国家税收等政策调整引起的税费变化；（四）柴油、汽油、钢筋、水泥、炸药、砂石料等主要工程材料价格与招标时基价相比，波动幅度超过合同约定幅度的部分；（五）工程总承包实施时发现的在前期工作阶段（可行性研究报告或初步设计报告）难以预见的滑坡、泥石流、突泥、涌水、溶洞、断层带、采空区、有毒气体等重大地质变化，其损失与治理费用可以约定由建设单位承担，或者约定建设单位和工程总承包单位的分担比例，因工程施工组织、措施不当造成的上述问题，其损失与治理费用由工程总承包单位承担；（六）发生超过设计标准的洪水及其他不可抗力所造成的工程费用的增加。除建设单位承担的风险外，其他风险可以约定由工程总承包单位承担

风险分配方式确定应基于识别确认后的风险清单，在清单基础上明确每项风险对应的分配方式，并形成风险分配表。风险分配表是风险分配管理的成果文件，应以合同附件或其他正式途径进行确认。

（3）风险责任分配

风险分配是指在项目前期部分条件不确定的情况下，对未来可能发生的风险提前进行合法、合理分配，包括项目地质条件、政策法规变动、不可预见因素、市场价格波动等。风险分配通常由风险分配表进行明确，将未来项目可能出现的风险进行列举，对风险分配的条件、原则和方式进行约定。某工程总承包项目风险分配见表3-16。

表3-16　工程总承包项目风险分配表

风险源	风险因素	风险事件	风险分配方式		
			业主方	总承包商	双方共担
项目外部风险	政治风险	战争和暴乱、征用和禁运	■		
	社会风险	治安和社会动乱、宗教和风俗习惯	■		
	经济风险	汇率变化、通货膨胀	■		
		物价波动			■
	法律风险	政策和法律变化	■		
		政府指导价格信息变化			■
	自然风险	新发现的地质施工障碍、施工现场条件不足、不可抗力			■
		恶劣气候条件	■		
项目内部风险	投标风险	材料设备的询价偏差、业主要求的理解不深、市场价格水平选取不当		■	
	设计风险	项目基础资料的不准确不及时、业主要求的重大变更、业主要求的其他设计变更	■		
		设计标准和规范的修改			■
		设计协调和整合、承包商的设计缺陷		■	
	采购风险	采购时间及方式、材料设备的质量、供应商供货速度、采购成本的变化		■	

065

续表

风险源	风险因素	风险事件	风险分配方式		
			业主方	总承包商	双方共担
项目内部风险	施工风险	施工方案、技术的变化，承包商导致工程延期，现场内及进出现场途中的道路、桥梁、地下设施的损坏，分包商的违约责任		■	
		业主原因引起的暂停、业主未按约定提供进场权、业主未按约定提供满足条件的临时设施	■		
		工程物资报关、清关和商检的延误			■
	竣工验收	未交付前已完工程的保护工作应由业主参检，未经业主现场检验，工程物资已经被覆盖、包装或已运抵启运地点		■	
		业主未能按时参检、参检方未能按时参加、竣工试验的检验和验收的延迟、业主延迟签署质量保修责任书、业主强令接收不符合接收条件的单项工程和工程	■		
	合同风险	承包商原因造成建筑工程在合理使用期限、设备保证期内的人身和财产损害、承包商违约解除合同		■	
		业主违约解除合同	■		

第4章 工程总承包招标投标管理

4.1 工程总承包招标投标概述

4.1.1 建设工程招标投标类型

工程招标投标是指在市场经济条件下，工程的所有者将工程的设计和建设部分提交于市场进行交易的一种方式，通过在招标文件中提出对工程的要求和条件，并通过一定数量的投标人参与投标，并在其中选择合适的承包商，实现竞争性、公平性。

我国建设工程主要招标方式见表4-1。

表4-1 我国建设工程主要招标方式

招标方式	定义、特点	适用条件	应用情况
公开招标	又称无限竞争性招标，指招标人以招标公告的方式邀请不特定的法人或者其他组织投标，通过某种事先确定的标准，从中选定中标供应商的一种采购方式。 国际上采用最多的招标方式，也是政府采购的主要方式	1. 依法依规必须进行公开招标的项目，如国家及地方重点项目、国有资金为主的项目； 2. 具有充足的潜在投标人，通过市场机制充分实现竞争的项目	最多
邀请招标	邀请招标也称选择性招标，是由采购人根据供应商或承包商的资信和业绩，选择一定数目的法人或其他组织（不能少于3家），向其发出投标邀请书，邀请他们参加投标竞争，从中选定中标供应商的一种采购方式	1. 涉及国家安全、国家秘密或者抢险救灾，适宜招标但不宜公开招标的； 2. 项目技术复杂或有特殊要求，或者受自然地域环境限制，只有少量潜在投标人可供选择的； 3. 采用公开招标方式的费用占项目合同金额的比例过大的	较多
议标	谈判性采购，是采购人和被采购人之间通过一对一谈判而最终达到采购目的的一种采购方式，不具有公开性和竞争性。 不属于我国法定招标方式	1. 不属于前两项要求，希望通过议标灵活、快速实施的小型建设项目； 2. 部分难以公开确定、需要谈判的服务招标	较少

对于国有投资为主的工程总承包项目，基本采用公开招标方式。对于部分有特殊工艺、产品等要求的非国有投资工程总承包项目，也会采用邀请招标。

4.1.2 工程总承包招标投标流程

从招标投标工作流程来看，工程总承包与传统施工总承包模式类似，但在具体工作条件、内容、要求等方面存在较大差别。

以公开招标为例，对工程总承包项目招标主要工作流程列举如下。

1. 招标准备

招标工作正式开始前的各项准备工作。工程总承包模式下，招标准备工作至关重要。

（1）招标主体确定

结合项目情况，确定招标实施主体。招标人自行组织的，应向相关主管部门备案；委托代理招标的，应引入有经验的招标代理机构。

（2）确定招标组织形式

根据相关法规及管理要求，确定公开招标或邀请招标。

（3）制定招标策划

根据项目情况，联合招标主体拟定招标策划，重点对招标计划、招标方案、计价模式、工作分工等进行部署。

（4）完善招标条件

根据工程总承包招标要求，对招标前需要完善的条件进行梳理、补充。重点包括前期手续办理、项目实施条件完善（含发包人要求）、前期设计成果及相关要求等。

（5）编制招标文件

编制项目招标文件，包括正文及相关附件。组织相关方评审，并报送相关机构登记备案。

2. 招标发起

（1）发布招标公告或投标邀请书

根据招标方式，在相应公开渠道发布招标公告，或向三个以上符合要求的投标人发送投标邀请书。

（2）资格审查

根据资格审查形式（资格预审或资格后审），编制资格审核标准和细则，对投标申请人的经营情况、资质、财务、业绩等进行综合评审，确定满足要求的潜在投标人。潜在投标人不多时，优先采用资格后审方式。

（3）发售招标文件

将招标文件通过规定渠道，发售至合格投标人。

3. 投标

（1）现场踏勘

投标人根据收到的招标资料，根据招标人安排进行现场踏勘（非必须），并对招标文件和现场踏勘中发现的问题进行梳理，通过规定途径提交至招标人。

（2）投标答疑

招标人针对所有投标人提出的问题进行澄清、解答，并以书面形式反馈至所有投标人。投标答疑属于招标文件的组成部分。

（3）提交投标文件

投标人根据招标文件和投标答疑文件等，合理组织内部投标工作，按招标文件要求格式和方式提交投标文件，并缴纳相应的投标保证金。

4. 评标

（1）组建评标委员会

招标人根据相关法规在开标前组织评标委员会，委员会成员数量、组成应满足相关要求。

（2）开标

招标人及其代理机构，根据招标文件规定的时间、地点主持开标，并要求所有投标人及监督机构参加。

（3）评标

评标委员会根据招标文件要求，对投标人提交的投标文件进行综合评审，并出具评审报告。一般根据综合评审得分，选出前三名为中标候选人。

5. 定标

（1）公示

招标人将中标候选人结果在指定平台进行公示，投标人如有异议，可向招标人或监督部门投诉。

（2）发出中标通知书

招标人根据法规和招标文件要求，按评标委员会推荐的中标候选人及公示结果确定中标人，向中标人发出中标通知书。

（3）签订合同

招标人和中标人在中标通知书发出后的规定时间内，按招标文件和中标文件订立书面合同，并发送至相关机构登记、备案。

4.1.3　工程总承包招标投标特点

工程总承包模式招标投标工作与传统模式对比见表4-2。

表4-2　工程总承包与施工总承包招标投标对比

对比要素	工程总承包	施工总承包
招标条件	建设内容明确、技术方案成熟	建设内容、技术方案完全锁定
招标内容	设计、采购、施工全过程或若干阶段的全专业整体招标	设计、施工等某一阶段或某一专业工程单独招标
招标阶段	可行性研究完成，或方案设计完成，或初步设计完成后	施工图设计完成后
招标资料	在传统模式基础上，增加发包人要求	招标文件、设计图纸、工程量清单（如有）、其他相关要求等
投标资质	同时具有设计及施工资质，或者由具有相应资质的设计单位和施工单位组成联合体	与招标相对应的设计或施工资质
评标方式	设计+技术（如有）+商务	技术（如有）+商务
计价模式	总价包干，或上限价+费率下浮，或上限价+模拟清单	费率下浮，或工程量清单
不确定性	无详细图纸，部分现状资料不足或细度有限，不可预见风险大	有详细图纸，现状资料齐全，不可预见风险小

4.1.4 工程总承包招标投标相关政策文件

1. 相关政策清单

截至2022年12月，对处于有效期内的工程总承包招标投标相关政策文件列举如下（不完全统计）。

（1）国家层面

国家层面政策法规文件见表4-3。

表4-3 工程总承包招标投标相关政策文件（国家）

序号	文件名称	文号	发布日期
1	《中华人民共和国招标投标法》	中华人民共和国主席令第86号	2017.12修订
2	《政府投资条例》	中华人民共和国国务院令第712号	2019.04
3	《房屋建筑和市政基础设施项目工程总承包管理办法》	建市规〔2019〕12号	2019.12
4	建设项目工程总承包合同（示范文本）	建市〔2020〕96号	2020.11

（2）地方层面

地方层面政策法规文件见表4-4。

表4-4 工程总承包招标投标相关政策文件（地方）

序号	文件名称	文号	发布日期
1	深圳市《EPC工程总承包招标工作指导规则（试行）》	深建市场〔2016〕16号	2016.05
2	《广西壮族自治区房屋建筑和市政基础设施工程总承包标准招标文件（2017年版）》	桂建发〔2017〕14号	2017.09
3	北京市《关于在本市装配式建筑工程中实行工程总承包招标投标的若干规定（试行）》	京建法〔2017〕29号	2017.12
4	广州市《关于设计施工总承包招标的指引（试行）》	招标投标指引第77期	2018.08
5	《河北省房屋建筑和市政基础设施工程总承包招标文件示范文本》		2018.11
6	南京市《关于明确工程总承包招标投标等有关问题的通知》		2019.10
7	江苏省《省招标办关于对〈江苏省房屋建筑和市政基础设施项目工程总承包招标投标导则〉等文件相关内容进行调整的通知》	苏建招办〔2019〕2号	2019.02
8	福建省《关于房屋建筑和市政基础设施项目工程总承包招标投标活动有关事项的通知》	闽建办筑〔2019〕9号	2019.11
9	《温州市建筑和市政公用项目工程总承包（EPC）招标文件示范文本（2019年版）》		2019.11
10	《甘肃省房屋建筑和市政基础设施项目工程总承包招标评标定标办法》	甘建建〔2020〕160号	2020.04
11	《济南市房屋建筑和市政基础设施工程施工招标评标管理细则》	济建建管字〔2020〕70号	2020.07

续表

序号	文件名称	文号	发布日期
12	郑州市《房屋建筑和市政基础设施项目工程总承包招标投标实施细则（征求意见稿）》		2021.06
13	《浙江省重点工程建设项目工程总承包招标文件示范文本（2020年版）》	浙招管法规〔2021〕36号	2021.06
14	《湖南省房屋建筑和市政基础设施工程总承包招标评标暂行办法》	湘建监督〔2021〕36号	2021.06
15	上海市建设项目工程总承包招标投标办法	沪住建规范〔2022〕4号	2022.02

2. 政策要点

根据以上政策文件，对工程总承包招标投标政策要点列举如下。

（1）适用条件

建设内容明确、技术方案成熟的项目。鼓励采用装配式等新技术项目采用工程总承包模式。

（2）发包阶段

可行性研究报告批复、方案设计或初步设计完成后，政府投资原则上应完成初步设计。

（3）资质要求

具有与工程规模相适应的工程设计资质和施工资质，或者由具有相应资质的设计单位和施工单位组成联合体。

（4）计价模式

企业投资项目的工程总承包宜采用总价合同，政府投资项目的工程总承包应当合理确定合同价格形式。政府投资宜设置最高限价，最高限价一般不得高于批复的估算、概算。

工程款支付不宜采用传统的按实计量与支付方式，可采用按比例或按月度约定额度的支付方式。

（5）评标办法

采用综合评估法以及法律、法规允许的其他评标办法。综合评估法评审因素包括技术方案、企业资信及履约能力、投标报价。

（6）风险处置

建设单位和工程总承包单位应当加强风险管理，合理分担风险。

（7）其他

招标时间应合理，确保投标人有足够时间对招标文件进行仔细研究。

4.2　工程总承包招标工作要点

4.2.1　招标准备工作

1. 实施条件完善

工程总承包最大的争议来源，在于业主方将责任、风险转移至总承包商后，在总控费用约束下，因事先缺少对工作内容和要求的准确、详细描述，导致双方实际工作依据不一、出现偏差。

工程总承包投标阶段的第一要务，就是完善项目实施条件，为后续工作开展奠定基础。大部分情况下，当实施条件不明时，不建议采用工程总承包模式发包。

本书定义的实施条件包括项目需求、工作范围、建设标准、管控机制、风险分配等。关于实施条件完善的具体工作要求见第3章。

2. 发包阶段

工程总承包发包阶段，对于项目整体实施风险和费用控制具有重要影响。总体而言，发包阶段越靠前，项目造价不确定性越大，且业主自身承担的管理责任和风险越小。不同发包阶段影响对比分析见表4-5。

表4-5　不同发包阶段影响对比

发包类型	工程总承包			施工总承包
发包阶段	可行性研究报告批复	方案设计完成	初步设计完成	施工图设计
不确定性	高	较高	一般	较小
总价波动	高	较高	一般	较小
前期工作量	少	较少	一般	多
业主管理风险	小	一般	较高	高
总承包价值度	高	较高	一般	小

从政策文件来看，企业投资的工程总承包项目，应在完成核准或者备案后发包；政府投资项目，原则上应当在初步设计审批完成后发包，按照国家有关规定简化报批文件和审批程序的，应当在完成投资决策审批后发包。

业主应综合考虑项目情况和自身条件、意愿，合理选择发包阶段。从控制整体风险、发挥总承包商价值的角度来讲，对于实施条件较明确的简单、常规项目，发包时间优先提前；对于实施条件难以明确的复杂项目，发包时间适当后移至初步设计阶段。

3. 前期手续

一般情况下，工程总承包招标时应完成相应的正式手续，如项目投资决策、前期设计及审核、土地规划许可等政府手续。在实际情况中，受到招标阶段整体提前及其他因素影响，部分工程总承包项目也可能在正式手续不完备的条件下进行发包。

对于业主，一方面应尽可能完善项目手续办理，杜绝可能的批复变动影响；另一方面，确实不具备办理正式手续条件时，应保证从技术、规范层面提前审核，同时考虑后续可能的风险应对方案（如新规范执行、正式批复调整等）。

4. 管理模式

根据项目特点（如规模、业态、复杂程度等），以及业主自身条件（如管理团队及能力、管理意愿、是否聘请外部咨询服务等），综合选择合适的项目管理模式，并根据管理模式确定对工程总承包商的管理要求，进而确定招标要求。常见的管理模式有：

（1）完全松散，即业主基本不干预或较少干预实施过程，可考虑完全的EPC模式；

（2）较松散，即业主仅对部分重要环节（如设计、材料设备）进行管控，可考虑EPC

或DB模式；

（3）紧密型，即业主配置完整的管理团队，或引入管理咨询团队，对项目进行较细致管理，可考虑DB模式（如管控程度深，不建议采用工程总承包）。

5. 新技术应用

根据相关政策文件，当项目采用装配式、BIM等新技术时，优先采用工程总承包模式发包。同时，对于部分以新技术工艺、专有设备为主导的项目，也应优先采用工程总承包模式，发挥总承包商专有优势。

4.2.2　评标规则设定

1. 资格条件设置

工程总承包模式能否成功，与总承包商的能力有直接关系，需要通过一定的资质、业绩门槛，筛选满足要求的总承包商。

从政策文件看，工程总承包单位应当同时具有与工程规模相适应的工程设计资质和施工资质。现阶段，因同时具备以上资质的承包商较少，因此也可由具有相应资质的设计单位和施工单位组成联合体。对于联合体，应重点关注联合体各方权责义务与招标要求的一致性，通过较详细的联合体协议，促进联合体有效协同，强化连带责任。

对于业绩，可选择与项目规模、业态相近的设计、施工或者工程总承包业绩。现阶段，因具备完整工程总承包业绩的总承包商较少，应适当降低工程总承包业绩门槛，或认可设计、施工单项业绩；设置业绩加分项及加分上限等。

确定项目前期服务的设计咨询公司能否参与工程总承包投标时，应根据相关政策文件要求具体判断。政策文件无要求时，如参与，必须确保相关前期信息完全公开，防止出现不正当竞争的可能。

2. 评标方法

工程总承包评标规则应体现模式特点，充分考查投标人的综合能力水平。在评价体系中，除传统的技术、商务、资信等评价因素外，还应补充设计能力评价。从评标依据来看，工程总承包常见的评标方法有综合评估法、经评审后的最低价中标（合理低价法）、合理价随机选取。此外，从评标阶段来看，评标可分为直接评标、两阶段评标等。

（1）综合评估法是工程总承包招标最常用的评价方法。通常对投标人的商务报价、设计文件、施工组织设计、资质业绩等进行综合评价，汇总最终评分。

（2）合理低价法和合理价随机选取，是在投标人的技术投标文件满足基本要求的前提下，以投标人的商务报价决定最终中标人，某种意义上弱化对投标人技术能力考察。在工程总承包模式下，投标人的设计能力、总承包管理能力是决定项目履约质量的关键，因此不建议单独采用合理低价法进行考核，尤其是功能复杂或发包阶段较靠前的工程总承包项目。

（3）两阶段评标是指将设计文件和商务文件分为两阶段评价。第一阶段，首先对投标人的设计技术文件进行评审，并择优综合统一，形成一致的设计技术方案，确定入围商务评审环节的投标人名单；第二阶段，主要对投标人商务报价等进行比较，采用合理低价方式中标。此种方式能综合各投标人的专业技术优势，弥补招标文件不足，并节约投资，减少人为干扰，许多时候与综合评估法、合理低价法一起使用。

3. 设计能力评价

设计能力评价是工程总承包模式下特有的评价因素。在设计能力评价上，可考虑以下几种方式：

（1）设计竞赛。招标人设置设计要求，由投标人根据对招标人要求的理解，完成并提交设计成果，由招标人组织专家对设计成果进行打分评价。为充分保证投标人工作积极性，此种方式建议合理考虑未中标补偿。

（2）设计优化评比。要求投标人从招标人利益出发，对招标文件中的设计成果提出合理化建议，以此作为评价投标人设计水平的依据。

（3）设计管理评价。要求投标人提交针对设计管理的思路和内容，或在技术标中体现相关设计管理工作内容。

4. 招标时间

工程总承包招标时，因招标阶段靠前，一方面项目前期设计、技术资料不足，投标人对现场环境未深入了解，另一方面投标人需要消化招标文件要求，提交设计成果文件，因此应合理设置招标时间，以保证投标人有足够时间研究、响应招标文件，组织设计、商务工作开展。

一般情况下，从招标文件发出到投标文件提交截止，不宜少于30天。对于技术要求复杂的特殊项目、国家重点项目等，不宜少于45天。

4.2.3 商务计价设定

1. 计价模式选择

工程总承包常见的计价模式包括固定总价包干（不据实结算）、上限价+费率下浮+据实结算、上限价+模拟清单+据实结算、成本+酬金等。

（1）固定总价包干。从国际惯例来看，为控制投资风险，同时充分发挥总承包商的积极性，工程总承包首选固定总价包干方式计价。但此种模式的前提在于，有清晰、详细的建设需求文件，满足工程总承包的实施条件要求。否则，将导致项目实施过程中出现较大争议。

（2）上限价控制。对于前期实施条件难以明确的项目（无法准确确定总价），以及需结算审计的政府投资类项目，可考虑采用"上限价+费率下浮或模拟清单+据实结算"的计价方式，在规避业主投资超支风险的同时，有效减少过程争议。但此种模式下，要注意对总承包商设计成果进行审核，防止总承包商出现超支后无法继续履约的情况。

（3）成本+酬金。该模式使用较少，一般仅用于简易项目、应急抢险、军事工程等特殊项目。

2. 价款支付

因工程总承包项目前期可能缺少准确的图纸，同时为保持与固定总价包干规则的协调性，减少业主管理工作量，进度款支付应优先采用按形象进度或月度付款的方式，而避免采用据实计量方式。

在具体支付路径上，应结合项目管控、税务筹划等综合考虑。采用联合体模式时，建议考虑统一支付至联合体牵头方，由牵头方再对参与方支付，以保证联合体牵头方的管理效果。

3. 变更规则

工程总承包模式下，变更的原因包括发包人原因、总承包商自身原因、不可预见原因等。在招标时，应针对不同性质变更，明确处理规则。

（1）对于总承包商因自身工作错误、失误等造成的变更（如设计与施工不统一），相关拆改损失、后果应由总承包商自行承担。

（2）对于发包人原因引起的变更（如前期提供的资料错误），应在招标文件中明确责任归属、变更调整规则，以及相应的费用处理原则。许多项目在招标文件中明确提出，招标人不对提供资料的准确性和正确性负责，投标人应针对招标人提供的资料进行复核。

（3）对于不可预见因素引起的变更（如新规范执行、临时突发要求等），应事先明确处理规则，根据处理规则具体应对。

4. 暂估价、暂列金

工程总承包模式下，若部分需求或标准在招标阶段难以准确确定，而又希望对总价有较好的控制，可考虑设置暂估价、暂列金。

（1）暂列金是指招标人在工程量清单中暂定并包括在合同价款中的一笔款项，用于未确定或者不可预见的工作内容，工程变更、工程价款调整，以及发生的索赔、现场签证确认等的费用。对该金额，招标人有权全部使用、部分使用或完全不使用。

（2）暂估价是用于不能确定价格而由招标人在招标文件中暂时估定的工程、货物、服务的金额，例如招标时对装饰标准无法确定时，可考虑将装饰工程列入暂估价，待装饰标准明确后进行详细确定。需要注意的是，属于法律规定必须招标且达到规模的工程，应当依法进行招标，并在合同中明确二次招标主体、合同签订主体等要求。

5. 调价规则

结合项目计价模式、内外部市场环境、政策等多方面因素，设置合理的调价规则。常见的包括材料市场价格波动、相关税率波动、前置工作引起的连带影响等。

6. 文件范本

招标文件范本可参考各地方出台的推荐范本，合同范本建议参考国家层面的工程总承包合同示范文本，或借鉴FIDIC系列合同范本。

4.3　工程总承包投标工作要点

4.3.1　招标文件分析

1. 实施条件

实施条件分析是总承包商充分响应招标需求、识别项目风险、保证后期顺利履约的关键。因此，对招标文件中实施条件相关内容进行分析，是工程总承包投标工作的基础。

针对实施条件的分析要点和应对策略列举见表4-6。

表 4-6　实施条件分析要点及应对策略

实施条件	分析要点	可能影响	投标应对策略
项目需求	项目相关方（含运营方）需求是否完整	需求重大调整	1. 提示招标人明确； 2. 预估风险
	需求是否稳定	后期变更	预估风险
	需求描述是否准确	后期争议、变更	预估风险
	需求重要性分级	投标响应的精准性	优先满足重要需求
工作范围	招标工作内容描述是否完整，是否存在明显遗漏，重点关注报批报建、设计、专业分包招采、验收移交等非常规工作	后期工作归属争议	1. 提示招标人明确； 2. 提前应对，在报价中充分考虑
	是否存在总承包范围内的隐性工作，重点关注地质条件、市政、地方规范等	成本测算漏项	提前应对，在报价中充分考虑
	工作界面描述是否清晰、合理	工作归属争议	1. 提示招标人明确； 2. 提前应对，预估风险
	工作交接条件是否明确	工作配合不畅	1. 提示招标人明确； 2. 提前应对，预估风险
建设标准	描述范围是否完整无遗漏	遗漏区域引起争议	1. 提示招标人明确； 2. 提前应对，预估风险
	描述方式是否客观、准确、无争议	主观理解偏差导致争议	1. 提示招标人明确； 2. 提前应对，预估风险
	建设标准是否合理、匹配	引起后期变更	1. 提示招标人明确； 2. 提前应对，预估风险
	技术参数要求是否有指向性，市场供应是否充足	成本测算失误	1. 提示招标人调整； 2. 在报价中充分考虑
	品牌库档次高低；可选品牌数量能否保证充分竞争	成本测算失误	1. 提前摸排，合理补充； 2. 在报价中充分考虑
	招标文件的不同标准之间是否有冲突或不一致	选用标准失误	1. 提示招标人明确； 2. 按对总承包商不利考虑
管控机制	是否有明确的权责界面	管控界面不明	1. 提示招标人明确； 2. 投标文件补充确认
	是否有明确的管控分工	管控分工不明	1. 提示招标人明确； 2. 投标文件补充确认
	管控分工是否合理	管理权限不足	提示招标人调整
	是否说明主要工作的管控流程	管理混乱	1. 提示招标人明确； 2. 投标文件补充确认
	是否建立沟通渠道及开通权限	缺少管理留痕渠道	1. 提示招标人明确； 2. 投标文件补充确认
风险分配	风险识别是否充分	风险归属争议	提示招标人明确
	风险分配是否合理	风险过大	1. 提示招标人调整； 2. 在报价中充分考虑

2. 计价模式

对总承包商而言，计价模式决定工程总承包项目整体实施思路，且不同的计价模式实施思路下差别较大。因此，在投标前，应重点对项目商务计价模式进行分析。

常见的工程总承包计价模式及总承包管理思路见表4-7。

表 4-7　常见的工程总承包计价模式及总承包管理思路

计价模式	总承包管理思路	投标策略
固定总价包干	在满足招标文件及相关规范要求的前提下，控制经济性，节约成本	1. 分析并掌握招标文件要求； 2. 在满足相关要求的前提下，发挥总承包商自身能力优势，从设计、施工等多个方面合理优化，降低成本
上限价+费率下浮+据实结算	防止超概，开展价值工程	1. 分析上限价合理性； 2. 开展限额设计，确保限额执行； 3. 选用高价值做法
上限价+模拟清单+据实结算	防止超概，开展价值工程	1. 分析上限价合理性； 2. 分析模拟清单完整性； 3. 开展限额设计，确保限额执行； 4. 合理响应清单报价
成本+酬金	充分满足业主要求	1. 分析并掌握招标文件要求； 2. 结合业主要求，合理提升功能品质

3. 风险应对

对招标文件分析发现的各种风险进行汇总，预估风险发生概率和风险影响，制定风险响应策略，并在投标技术和商务文件中进行综合考虑。

必要时，在投标报价中提高不可预见风险预留占比。

4. 评标规则

对评标规则进行分析，重点是评分组成、分值分配、加分条件等。结合总承包商自身情况，考虑应对措施，最大化展现自身优势。例如，自身资质业绩不足时，如招标允许，可寻求优质联合体共同投标，或分析资质及业绩要求是否存在显失公平的情况，向招标人及相关监管机构反馈、寻求调整。

4.3.2　投标资源组织

1. 内部资源

根据招标文件分析情况，对投标需要的内外部资源进行分析，及时引入相关人员团队开展配合。关键的内部资源包括：

（1）设计团队。设计管理是工程总承包模式下最具代表性的职责。投标阶段设计团队的主要任务：一是根据招标文件要求，完成投标所需的设计成果文件；二是对招标文件中的前期设计成果、建设标准等，进行复核、优化，消除设计依据风险；三是配合商务团队开展成本摸排、效益测算等工作。

（2）商务团队。商务管理是工程总承包的核心，投标阶段所有工作都应围绕商务要求展开。商务团队的主要任务：一是根据招标文件要求，采用可行方法准确分析项目成本及效益；二是充分摸排潜在风险，在投标阶段采取相应对策，尽可能降低影响。

（3）招采团队。工程总承包能否顺利实施，与总承包商能否聚集一批优秀的专业分包商直接相关。在投标阶段，需要高效的招采团队，克服项目图纸不全等不利因素，及时引入成熟的专业分包商开展投标配合，并确保后续的可实施性。

2. 外部资源

工程总承包商自身能力是有限的，需要引入外部配合资源。关键的外部资源包括：

（1）联合体合作方。现阶段联合体仍是快速弥补总承包商自身能力短板的最有效手段之一。投标时如果能够快速引入优秀的联合体合作方（如行业或地方龙头设计院），真正实现强强联合，将大大提高投标竞争力。

需要注意的是，为保证联合体各方的立场一致性，在投标阶段应尽可能细化联合体协议，对双方权责义务、管控机制、工作流程、价款及支付等进行详细约定，防止中标后出现争议。

（2）专业分包。优秀的专业分包，能够从设计、商务、施工、手续办理等多个方面提供有力支持。投标阶段常见的核心专业分包有装饰、幕墙、机电安装、智能化、钢结构、装配式、景观等。

（3）咨询顾问。对于总承包商而言，工程总承包模式下的无图成本测算和投标报价是核心痛点，在自身经验有限的情况下，可考虑引入外部咨询公司配合。此外，针对关键专业工程，必要时也可引入专业顾问公司配合。

3. 经验数据收集

工程总承包投标时，因招标文件提供的需求、设计文件细度有限，无法按传统思路准确测算，需要借助相关经验数据。总承包商应重视自身的经验数据库建设，在需要时能够及时提供相关经济技术指标、设计优化点、技术做法等以供参考。

4. 投标策划

投标策划是保证投标工作顺利开展的前提。投标策划的关键内容包括：

（1）计划安排。根据招标文件要求，合理组织各板块投标工作开展，重点是设计成果与商务测算的有序配合。

（2）亮点打造。工程总承包模式下，总承包商投标亮点策划范围更广，为突出自身优势，可着重分析项目需求，迎合招标人痛点打造亮点，常见的亮点包括工期策划、重点功能效果提升、方便后期运营、助力销售去化等。

（3）答疑策划。针对前期发现的招标文件疑问，借助答疑机会开展策划。哪些属于需要业主明确控制风险，哪些属于可以后期策划，可根据情况具体研究。

（4）各板块工作的协同机制，如组织、设计、报批报建、商务、招采、计划等。

4.3.3 技术标编制

工程总承包项目技术标文件，一般可分为设计成果、总承包管理实施方案两部分。工程总承包技术标的常见注意要点如下。

1. 招标要求复核

对招标文件中相关设计及技术要求进行复核，发现隐藏的重大问题和风险，提前做好风险应对。

（1）设计成果复核。重点复核招标文件中设计成果质量，包括是否违反相关标准规范、是否与设计条件（如经济技术指标等）存在冲突、是否存在显著不合理、是否存在设计优化空间等。

（2）技术要求复核。招标文件提出的相关技术要求，是否存在明显错误，是否存在标准过高或过低的情况，是否与市场主流供应相匹配等。

（3）充分掌握标准要求。对于招标文件提出的相关要求，要充分研究每个细节，在确保熟悉掌握的基础上，开展投标设计工作，防止出现偏差。

2. 设计输入条件

根据复核后确定的招标要求，梳理项目定义文件清单，并将相关要求发送至设计团队，确保设计任务的准确性。具体包括：

（1）梳理后的招标文件要求清单；

（2）招标文件未明确，但可能存在潜在影响的要求文件，如地方性政策规范（如装配率、BIM、绿建、人防、海绵城市等）；

（3）总承包商施工、技术、商务等策划要求。如永临结合、精益建造、创优做法、商务限额等。

3. 设计成果审核

针对设计团队提交的投标设计成果，组织各方参与评审，并及时修改完善。评审重点包括：

（1）是否充分响应招标文件及设计输入条件要求；

（2）是否充分融入考虑各板块策划；

（3）是否预留专业工程设计接口等。

4. 计划统筹

编制满足工程总承包要求的总进度计划，对报批报建手续、设计、招采、施工、调试、验收等各板块工作统筹考虑，确保各项工作有序穿插。

对于招标文件中不够明确的前置事项，在计划编制中及时注明前置条件，通过编制说明、备注等多种方式，提前规避相关风险责任，例如业主负责的前置手续完成时间、设计审核流程及周期等。

5. 总承包管理方案

根据投标设计文件和总承包管理思路，编制总承包管理方案（具体名称根据招标要求确定），对工程总承包管理的实施进行总体部署。

4.3.4　商务标编制

1. 资信情况

根据招标文件对投标人资信的相关要求，逐一进行复核，包括但不限于：

（1）资质等级、资质范围是否满足招标文件的要求（含联合体方）；

（2）项目业绩的规模、数量、实施年度是否满足招标文件的要求；

（3）企业注册资本金、社会信誉等是否满足招标文件的要求；

（4）项目经理的资格、业绩是否满足招标文件的要求；

（5）项目管理团队人员的资格、数量是否满足招标文件的要求。

2. 成本测算

依据技术标、招标文件及类似项目经验数据，对项目全成本进行测算，重点包括：

（1）成本组成是否完整、无遗漏，尤其是报批报建、验收、设计、专业分包等非常规内容；

（2）各项成本价格指标是否合理，是否与建设标准相匹配；

（3）专业分包上报的成本及效益是否真实合理；

（4）是否充分考虑各种不可预见风险费用，预留调节空间是否合理；

（5）最终成本总体指标是否与类似项目相匹配。

3. 收入策划

对总承包商而言，投标报价即决定最终潜在收入。在成本测算的基础上，结合项目综合风险、投标竞争力等多方因素，决定最终报价。关注要点包括：

（1）对招标人上限价组成情况、总体投资批复情况进行摸排；

（2）结合类似项目，对各组成项的合理报价范围进行摸排；

（3）对不同专业工程的效益目标进行测算，合理分配各专业造价指标，在总收入限制的条件下，提升整体效益。

第5章 工程总承包组织管理

5.1 工程总承包相关方

工程总承包项目涉及的相关方众多，虽项目最终的目标是统一的，但项目各方代表不同的利益群体，在项目实施过程中必然存在矛盾和冲突。工程总承包相关方管理的主要任务就是识别项目相关方并引导相关方有效参与项目，使相关方能够对项目的开展、推进及目标的实现起到正面且积极的作用。

5.1.1 相关方定义

《项目管理知识体系指南》（PMBOK）对项目管理领域相关方的定义如下：能影响项目、项目集或项目组合的决策、活动或结果的个人、小组或组织，以及会受或自认为会受它们的决策、活动或结果影响的个人、小组或组织。

该定义中，相关方的覆盖范围较为广泛，既包括客观存在的，也包括主观意识的。即如果某个组织或者个人认为自己受到项目影响，则无论影响是否真实存在，均该把组织或者个人认定为项目相关方。

在国内项目干系人和利益相关者这两个提法较多，理论基础和上述一致。国内标准规范首次提到相关方的术语，是在上海市工程建设规范《建设工程总承包管理规程》DG/TJ 08—2044—2008中，术语定义为：项目利害关系人（Project Stakeholders）又称项目干系人，是指参与项目，或其利益与项目有直接或间接关系的人或组织。

本书提到的工程总承包项目相关方的定义，与上海市地方标准术语一致，指参与工程总承包项目，或其利益与项目有直接或间接关系的人或组织。

5.1.2 相关方分类

从总承包方视角出发，工程总承包项目相关方可按照外部相关方和内部相关方进行大类划分。

外部相关方主要包括业主方、行业主管部门、媒体、项目所在地民众等，其中业主方和行业主管部门是总承包方对外协调沟通的关键相关方。业主方主要是指项目业主、投资方、使用方、监理单位、业主委托的各类型咨询机构等代表业主权益的群体。

内部相关方主要包括总承包方的项目管理团队、总承包方企业管理部门、设备材料供应商、分包商等所有工程总承包项目实施范围内的相关方。

主要相关方的定义或解释见表5-1。

表 5-1 主要相关方定义或解释

序号	相关方		定义或解释
1	业主方	项目业主	项目业主又称发包人，是指在工程总承包合同约定的、具有工程发包主体资格和支付工程价款能力的当事人以及取得该当事人资格的合法继承人。在工程总承包招标投标活动中通常称为招标人
		投资方	投资方是指投入资金购买某种资产以期望获取利益或利润的自然人和法人。投资方可能就是项目业主，也可能是与项目业主签订投资协议的出资人
		使用方	指项目建成后的使用方或运营方，对项目需求具有重要影响
		监理方	是指取得监理资质证书，具有法人资格的监理公司、监理事务所和从事监理业务的工程设计、科学研究及工程建设咨询的单位。监理方受项目业主委托对工程建设进行第三方监理，并收取监理费用，同时对其提供的建筑工程监理服务承担经济和技术责任
		工程咨询单位	能够在项目投资决策、建设实施阶段为委托方提供综合咨询服务的独立法人单位或者联合体，也可以是为委托方提供某一专项咨询服务的独立法人单位或其联合体。工程总承包项目中代表业主方的工程咨询单位受项目业主委托，代表业主权益
2	总承包商（工程总承包人）		在工程总承包合同约定的、被项目发包人合法接受的具有工程总承包主体资格的当事人以及取得该当事人资格的合法继承人。在工程总承包招标投标活动中通常称为中标人
3	供应商		供应商，是指可以为企业生产提供原材料、设备、工具及其他资源的企业。供应商，可以是生产企业，也可以是流通企业
4	分包商		分包是指从事工程总承包的单位将所承包的建设工程的一部分依法发包给具有相应资质的承包单位的行为，该总承包人并不退出承包关系，其与第三人就第三人完成的工作成果向发包人承担连带责任。分包方即为上述内容所指的"第三人"

图 5-1 列举了工程总承包项目常见相关方及各相关方之间的关系，供参考。

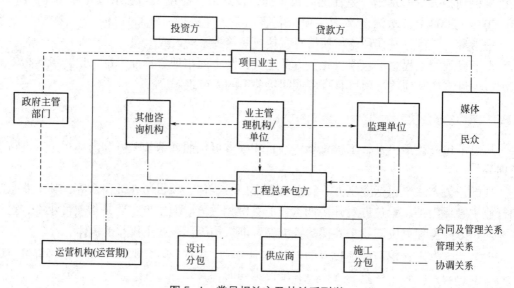

图 5-1 常见相关方及其关系列举

5.1.3　相关方目标和任务

在相关方识别和分类的基础上，梳理和分析相关方在项目中的目标和任务，也可以叫期望和参与度。一般情况下，项目实施会对其产生正向利益的相关方会积极支持项目，会对其产生负向利益的相关方会反对抵制项目，项目实施不会对其利益有任何影响的相关方则对项目持中立态度。因此，相关方在项目中的参与度和期望，一般有积极型、消极型和混合型三类。本书将项目常见相关方的目标和任务梳理汇总见表5-2。

表 5-2　常见相关方目标和任务

序号	相关方	主要目标和任务
1	项目业主	项目的发起人，领导整个项目，是项目各种资源的提供者。其参与项目的目标和任务与项目的整体目标完全一致，属于积极型的相关方
2	监理方	《中华人民共和国建筑法》等法律法规中明确，工程监理是对施工阶段的质量、进度、费用、安全等方面的监督管理。监理方虽由项目业主直接委托，但实际上监理单位应对业主和承包商双方进行双向的监督和控制，应属于混合型的相关方
3	工程咨询方	项目业主根据项目需求选择性委托某类工程咨询机构，在合同范围内执行约定的咨询工作。工程咨询方只有服务于业主的义务，没有对业主实施监管的权利。其参与项目的目标和任务与业主一致，属于积极型的相关方
4	总承包方	负责工程项目的实施过程，直至最终交付使用后功能和质量标准符合合同文件规定的工程目的物。总承包方是项目成败的最大责任者，因此在项目实施过程中，其会积极主动推动项目向成功推进，属于积极型的相关方
5	政府行业主管部门	作为监管方，以国家地方法律法规和标准规范为依据，对项目整个进程施行监督和干涉。政府行业主管部门在整个项目实施过程中，一般持中立的态度，属于混合型的相关方
6	媒体	媒体通常保持客观立场，仅在项目主动需求或项目发生较大影响的时候才会成为项目的相关方。媒体宣传对项目的影响可能是积极的也可能是消极的，因此需要将其设定为必要相关方，在恰当的时候采取合适的方法进行管理
7	当地民众	一般工程项目的实施过程均会对周边民众产生一定的困扰，比如施工产生的噪声、污染、交通等问题，因此，大多数情况下，民众在项目实施过程中一般呈现较为消极的态度，可能出现投诉等纠纷
8	供应商及分包	工程总承包模式下，供应商及分包直接与总承包方产生合约关系。负责合同范围的设备材料供应及设计、施工等实施任务，属于积极型的相关方

5.2　业主方组织管理

5.2.1　主要职责

工程总承包模式下，为充分发挥总承包商在项目实施阶段的管理经验和专业优势，业主方应将管控权责合理地转移至总承包商。总体上，应主导项目的"头"和"尾"，即项目实施准备和验收交付阶段；在具体实施过程中，以监督总承包商执行为主，适当合理授权，确保总承包商专业能力得到充分发挥。

业主的项目管理贯穿于项目决策阶段、实施阶段和使用阶段全生命周期。不同的阶段，业主的主要工作职责存在差异（表5-3）。

表5-3　工程总承包项目各阶段业主工作职责

序号	阶段	主要职责	涉及相关方
1	决策阶段	业主负责实施项目策划、项目建议书、项目可行性研究、项目资金落实、相关报批等所有应在决策阶段完成的工作	业主及其内部的相关部门、业主委托的咨询机构、行业相关主管部门
2	实施准备阶段	业主负责实施包括组建业主方项目管理团队、组织招标投标工作、择优选取合格的工程总承包方等实施准备阶段的工作	业主及其内部的相关部门、业主委托的咨询机构、行业相关主管部门、工程总承包方
3	实施及收尾阶段	工程总承包方负责实施和收尾阶段具体工作，业主的主要工作职责是按合同规定为项目顺利实施提供必要的条件并接收验收通过的工程	代表业主的项目管理机构、监理方（若有）、业主委托的咨询机构（若有）、运维机构、工程总承包方、分包方等
4	使用阶段	在使用阶段，业主一般会委托专业的运维机构对项目进行运营和维护。使用阶段的初期为项目保修期，保修期主要工作由工程总承包方按照合同约定执行，运维机构负责监管。保修期后，运营和维护工作主要由运维机构执行	项目业主、工程总承包方、运维机构

5.2.2　组织架构设置

总体来看，工程总承包模式下，业主方管理职能和风险向总承包商大范围转移，自身定位从实施者转变为监督者，管理力量需求较传统模式大幅减少。因此，在具体组织架构设置上，应结合工程总承包特点和自身参与项目管理模式合理选择组织架构。

工程总承包模式下，根据管控程度和方式不同，可将业主项目管理模式分为以下三种：

（1）自主管理。业主对工程实施全面管理，管理团队完全由业主自有人员组成。

（2）委托管理。业主将自身管理职责全部委托至一家独立的工程咨询公司或者项目管理公司，自身不配置专业管理人员，或仅设置少量监督和决策人员。

（3）联合管理。业主引入专门的工程咨询公司或者项目管理公司，联合自有专业人员共同组成管理团队。

三种类型的管理模式各有优劣势，业主选择哪种方式，没有固定的标准。业主应结合选用的管理模式，合理设置自身组织架构。

1. 自主管理模式

自主管理模式下，业主对项目介入程度最深，必须具备足够数量业务过硬的各类管理和技术人员。因此，与传统模式相比，除人员数量因管理职责转移而适当减少外，在组织架构上与传统模式差别不大。

该种模式下，业主方公司和项目部典型组织架构示意图如图5-2、图5-3所示。

该种管理模式下，业主参与度较高，对项目整体的把控和监管更加全面，更能保障自身目标的实现，因而得到许多项目业主青睐。但是，该种模式下，业主如延续传统模式下过深的管控思路，可能对总承包商能力发挥造成制约，降低工程总承包模式价值。因此，此种模式下业主应抓住关键点，精干高效配置管理团队。

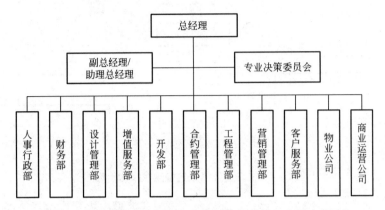

图 5-2　自主管理模式下业主方典型组织架构示意图（公司）

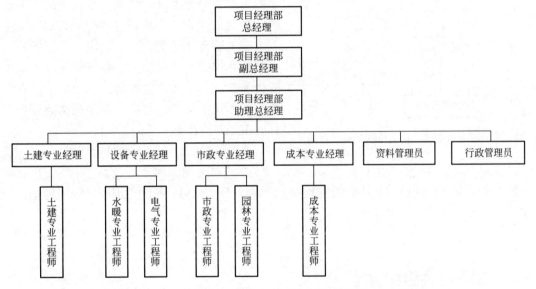

图 5-3　自主管理模式下业主方典型组织架构示意图（项目部）

2. 委托管理模式

委托管理模式下，业主指定一家独立的工程咨询公司或者项目管理公司，全权委托其代为管理项目，业主自身管理投入很少甚至不需要投入。该种模式下，业主组织架构一般仅设置项目代表负责重大决策。

该种模式下业主方典型组织架构示意图如图 5-4 所示。

该种模式下，业主方管理资源投入最少，能最大化发挥咨询公司及总承包商的专业优势，但因业主自身参与度低，对过程的管控力度弱，且咨询公司存在一定监管风险，因而主要由一些非工程开发类业主采用（如医院、学校等）。

3. 联合管理模式

联合管理模式下，业主委托专门的工程咨询公司或者项目管理公司，并派内部专业人员与其共同组成一体化的管理团队，共同实施工程的项目管理。

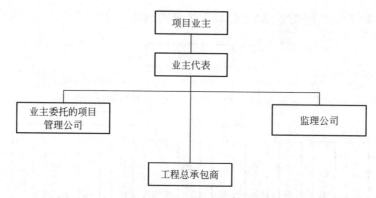

图 5-4 委托管理模式典型组织架构示意图

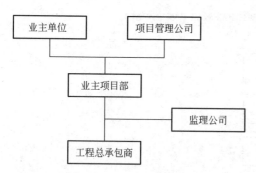

图 5-5 联合管理模式典型组织架构示意图

该模式典型组织架构示意图如图5-5所示。

该类管理模式成功实施的基础是相互信任，手段是职责划分明确，必须在委托合同中明确约定各自的责任、义务及利益分配方案。对于双方进入管理团队的人员，均应"各尽所长"，将其放在最适合的岗位上，并赋予对等的岗位职责和权利。一体化管理模式一般也采用直线性职能型组织架构，与自设管理机构的管理模式的主要差异在于人员岗位的配置。

该管理模式综合以上两种管理模式的优点，可以实现其付出更少的人力，却不会失去对项目的掌控；可以实现有效参与项目管理，却又能够赋予专业管理公司足够权限实现"专业的人干专业的事"的工程项目管理理念，是较容易被业主接受的一种管理模式。

5.3 总承包商组织管理

工程总承包项目实施阶段，总承包商承担主要管理职责，是决定项目成败的关键一方。总承包商的组织架构设置，对项目能否高效运行意义重大。

5.3.1 组织架构设置原则

传统模式下的总承包商组织架构，主要服务现场施工需求，在人员配置上相对统一。工程总承包模式下，总承包商工作重心从传统的施工阶段，向前延伸至设计、采购阶段，价值创造的核心也相应前移。总承包商组织架构，应突出对设计、商务等价值创造期的支撑。这些关键支撑资源，仅依靠项目部自身是难以满足的（受项目规模、人员流动性等限制），需要依托公司后台实现集约化管理。

为满足工程总承包模式要求，总承包商组织架构的设置原则如下：

（1）跨部门融合。工程总承包项目的融合特征，要求总承包商项目组织架构可以迅速实现跨部门、跨专业联动。

（2）扁平化管理。总承包商公司组织机构应实现扁平化，尽可能减少管理层级，缩短管理链条。

（3）动态调整。总承包商项目组织架构应具备随周期动态调整的灵活性，打破单一岗位的局限性。

（4）前后台联动。发挥公司后台资源集中优势，为项目部一线提供设计、招采、商务等关键能力支撑，实现综合效率最大化。

5.3.2　公司组织架构

现阶段，具备成熟能力的工程总承包商较少，大部分还处于传统设计、施工企业转型发展的阶段，受业务占比、人员规模、经验、资源等多方面因素制约，短期内无法完全独立开展工程总承包业务，需要经历一段转型发展期。

向工程总承包商转型的施工企业、设计企业，在设置公司组织架构时，应根据企业自身总承包业务发展规划及发展阶段，结合企业对总承包管理机构的定位和职能要求，合理选择适宜的组织架构。

以施工企业为例，对工程总承包转型发展中较为典型的模式列举如下：

（1）原有部门兼管模式，一般适用于转型初期。以原有组织架构为基础，对工程总承包所需关键职能进行延伸，如技术部门兼任设计管理职能，商务部门兼任估概算管理职能等。

（2）总承包管理部模式，一般用于转型发展期。为促进业务板块融合，对部分关键职能进行汇总，设置新的职能部门，联合传统职能部门共同支持工程总承包业务发展，如增设工程总承包管理部。

（3）总承包事业部模式，一般用于部分公司的发展稳定期。随着工程总承包业务占比进一步提升，考虑将工程总承包业务单独运行，设立独立的事业部或分公司、法人公司等，与原有施工业务形成类似"总包—分包"的互补关系。

1. 原有部门兼管模式

在工程总承包转型初期，因业务占比很小，短期内难以配置充足且满足要求的独立工程总承包管理团队，需要通过原有部门兼职管理的方式，逐步扩充人员、积累经验。

该种模式下，一般通过在原有相近部门设置专职或兼职岗位方式，短期满足工程总承包业务要求。

该模式优点：不影响原有业务开展，能够快速响应工程总承包要求，适合在初始承接工程总承包业务阶段使用。

该模式缺点：对项目专业支撑较浅，且工作重心受传统模式影响，无法满足工程总承包深度融合要求。

2. 总承包管理部模式

随着工程总承包业务、团队、经验的逐步发展，将工程总承包核心职能合并至独立部门管理，提升管理效率。一般考虑在公司层面设置总承包管理部，作为职能部门之一，承担公司工程总承包管理体系建设、工程总承包项目支持、人员团队孵化等职能。下设新业务管理板块（设计管理、报批报建、招采管理等），配合市场营销、优化常规业务管理流程。

总承包管理模式的组织架构示意图如图5-6、图5-7所示。

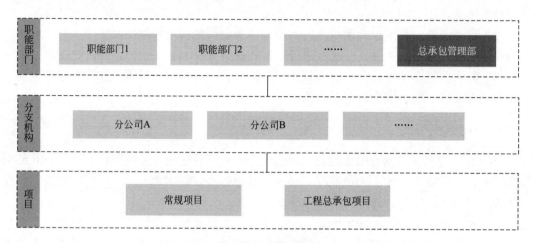

图 5-6　公司总承包管理部组织架构示意图

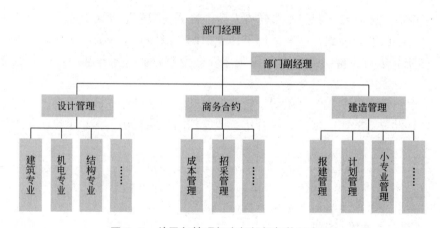

图 5-7　总承包管理部内部组织架构示意图

根据实践经验，总承包管理部岗位配置建议如下：设计管理、商务合约、建造管理人数按1：1：1左右搭配，具体人数根据工程总承包业务规模确定。

该模式优点：工作开展具有一定独立性，能够专注于服务工程总承包项目；各业务板块同属一个部门，融合程度高。

该模式缺点：与原有部门存在业务交叉（如商务、招采等），存在一定沟通成本；工作价值难以衡量。

3. 总承包事业部模式

根据业务发展情况，成立专门从事工程总承包业务的独立经营机构，如事业部、分公司甚至独立法人公司，独立核算并承担经营发展指标。

该机构具体负责经营和管理工程总承包项目，统筹市场营销、设计管理、计划管理、招采管理、报批报建管理、结算管理及项目履约协调等。同时，根据情况承担公司总承包管理体系建设职能。未来，考虑逐步向总承包平台公司发展，即平台公司负责总承包管理，由其他专业公司负责具体施工作业。

总承包事业部模式的组织架构示意图如图 5-8、图 5-9 所示。

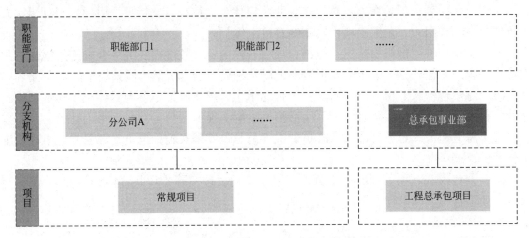

图 5-8　公司总承包事业部组织架构示意图

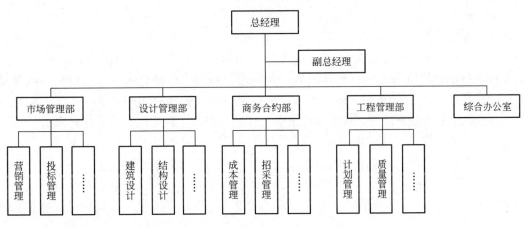

图 5-9　总承包事业部内部组织架构示意图

为减少跨部门沟通壁垒，部门设置上应尽可能简化，将相似业务职能合并至一个核心部门。组织架构按"四部一室"设置，即市场管理部、设计管理部、商务合约部、工程管理部和综合办公室。人员数量根据工程总承包项目数量按需配置。各部门主要职能如下：

（1）市场管理部承担市场营销、投标组织、客户关系维护等核心职能；

（2）设计管理部负责各专业设计及设计管理工作开展；

（3）商务合约部负责商务成本、合约、招采等工作；

（4）工程管理部负责具体实施工作，包括计划、质量、现场协调等；

（5）综合办公室负责行政办公、财务资金、人力资源、报批报建等日常工作开展。

该模式优点：自主独立开展业务，能够最大化满足工程总承包要求。

该模式缺点：与其他业务机构关系协调困难（如市场营销、项目实施、绩效分配等），适合项目集中度高的区域型、专业型业务。

5.3.3 项目部组织架构

工程总承包项目部是在工程总承包企业法定代表人授权、支持下，由项目经理组建并经营的项目管理组织，是工程项目实施的直接主体。

工程总承包项目部组织架构，应结合项目合同内容、管理模式等综合确定。根据总承包商在工程总承包项目中承担的职责范围，对几种典型的组织架构模式列举如下：

（1）总承包模式。项目部团队负责工程总承包管理实施，不参与具体施工作业，施工作业另行委托其他专业团队完成（不违反相关政策法规）。

（2）总分包模式。项目部团队既负责工程总承包管理实施，也负责部分专业工程的施工作业。

（3）分包模式。项目部团队不负责工程总承包管理实施（如联合体参与方），仅参与部分专业工程施工或设计工作。

1. 总承包模式

项目部担任真正的总承包管理角色，不承担具体施工作业，从而可以将重心放到总承包管理。该种模式项目部典型组织架构图如图5-10所示。

该种模式特点如下。

（1）两级分离

总承包管理层与施工作业层完全分离，由不同团队分别负责（同属一个公司），并分别考核。总承包团队负责项目整体统筹，包括报批报建、设计管理、合约招采、商务成本、计划管理、竣工验收等；施工团队负责承担专业工程的具体施工生产组织。简而言之，总承包团队类似于传统模式下的业主管理团队，施工团队类似于专业分包团队。

两级分离的优势：能够有效减少总承包管理层的施工本位主义影响，在进行总体策划、组织协调时，真正立足总承包管理立场，实现项目总体效率最大化。

两级分离的挑战：对总承包管理团队的能力要求更高更全面，能够对各专业分包实行有效管理；针对同属一个公司的不同团队制定合理的考核机制，也是保证项目顺利实施的必要条件。

（2）矩阵式架构

对于总承包管理团队，纵向按职能设置相关部门，横向按业务设置专业小组，专业小组团队成员由各职能部门人员兼任。在具体工作执行时，根据项目所处阶段，对工作重点进行相应调整。强化职能管理时，以职能部门指令为主，专业组为辅；强化业务开展时，以专业组指令为主，部门为辅。

矩阵式架构优势：消除跨部门沟通壁垒，有利于促进设计、招采、施工等各板块工作融合。

矩阵式架构挑战：纵向、横向工作指令同时出现时，需要项目决策层成员协调优先级；如何设置个人考核机制，确保工作积极性。

（3）动态调整

根据项目所处阶段特点，对组织架构进行针对性调整。在项目策划及移交阶段，以各职能部门工作为主，专业内协调工作相对较少，优先强化职能管理；在项目设计及施工阶

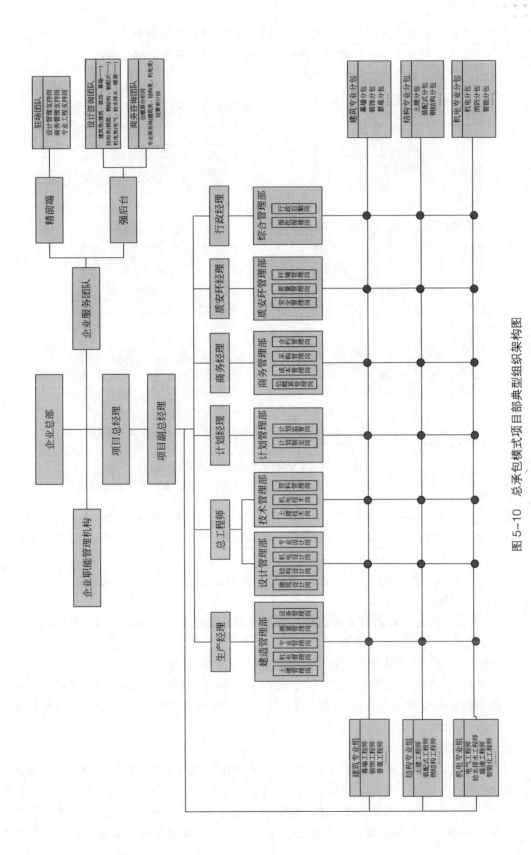

图 5-10　总承包模式项目部典型组织架构图

段，各专业工作全面展开，需要强化跨部门融合，因此以专业组指令为主。在各专业施工全面穿插阶段，还可以将专业组调整为按单体、区域设置，强化最终交付效果。

专业组动态调整示意图如图5-11所示。

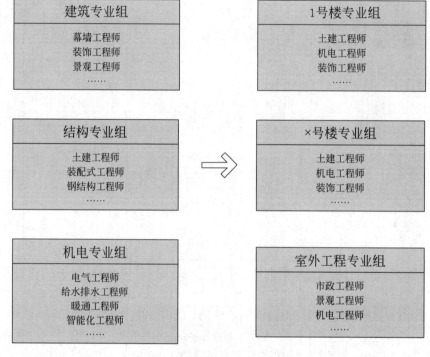

图 5-11　专业组动态调整示意图

（4）前后台联动

因设计、招采、商务估概算等板块管理人员相对稀缺，且主要工作时间集中在前期策划及设计阶段，单个项目部独立配置效率低，所以应优先考虑在公司后台统一配置，根据各项目进展形成有序的"一对多"支撑。

公司服务团队聚焦前期策划、设计、招采等高价值创造期，采用"精前端+强后台"方式，与项目部协同开展工作。

1）精前端：派驻少量具有丰富总承包管理经验人员驻场，联合项目团队共同组建项目部。前端人员负责指导项目部报批报建、设计、招采、商务、计划、专业分包管理等方面工作开展，驻场服务期从项目进场到设计文件定稿，基本锁定项目效益。

2）强后台：以设计和商务人员为主，常驻公司后台，根据项目进展短期组织出差。重点根据项目前端反馈信息，提供专业设计优化、商务成本测算、限额执行等高价值策划，并配合前台团队将策划落地。

2. 总分包模式

与总承包模式相比，总分包模式最大的不同在于项目部既承担总承包管理职能，还要承担部分自有专业的施工作业（通常是土建、机电等专业）。

总分包模式下，项目部既要考虑总承包管理，又要考虑自施部分效益，而二者在许多时候存在一定冲突，在传统施工思维惯性影响下，项目部难以客观全面地统筹总承包管理。常见的情况如，项目部团队将自施部分不合理地盲目放大（如土建结构含钢量），影响整体限额分配，间接影响其他高价值专业，降低整体价值。

因此，该种模式下，虽然总分包同属一个团队，但在职责分工上，还应适当区分、各有侧重，尤其是项目关键岗位人员（项目班子、部门负责人等）更要具备大局观，不可"一叶障目不见泰山"。

3. 分包模式

工程总承包模式下，对于以联合体参与方或专业工程分包角色参与的承包商，一般情况下不直接承担总承包管理职责，因此在机构设置上与传统模式差别不大，主要根据分包合同情况，适当补充相应专业人员。

5.3.4　核心岗位设置

标准岗位及核心职责描述见表5-4、表5-5。

表 5-4　工程总承包项目部标准岗位设置

部门/岗位	标准岗位设置
项目管理层	项目总经理、项目副总经理★、生产经理、总工程师、计划经理、商务经理、质安环经理（安全总监）、行政经理
建造管理部	专业建造岗
	设备管理岗、物资管理岗、测量管理岗
设计管理部	专业设计管理岗
技术管理部	专业技术岗、资料员
质安环管理部	质量管理岗、检测试验岗、安全环保管理岗
计划管理部	计划管理岗
商务管理部	采购管理岗、合约管理岗、成本控制管理岗
综合管理部	报批报建岗、行政后勤岗、法律顾问岗★
其他岗位	劳务管理岗★
	财务岗★
备注	1. 岗位与项目人员编制无关，并非每个岗位都必须设置，项目管理层经理一般兼任对应部门负责人； 2. 标★岗位为选设岗位，原则上只能在特大型项目中设置

表 5-5　标准岗位核心职责概述

部门	标准岗位	岗位职责
项目管理层	项目总经理/书记	负责项目全面管理，项目整体绩效、风险和党群管理第一责任人
	项目副总经理★	负责分管板块管理职责。在项目总经理不在时，代行项目总经理职权
	生产经理	负责项目施工总承包全面协调（施工总体）管理，对工程施工的成本、工期、质量、安全、履约等全面负责
	总工程师	负责项目施工技术、设计协调和深化设计全面管理

续表

部门	标准岗位	岗位职责
项目管理层	计划经理	负责项目计划制定、执行监督
	商务经理	负责项目商务全面管理
	质安环经理（安全总监）	负责项目质量、安全全面管理，对工程质量、工程安全、职业健康、环境保护的监督工作全面负责
	行政经理	负责项目信息沟通、公共关系、行政后勤等事务的全面管理，以及党群管理的具体工作
建造管理部	专业建造岗	负责某一个专业或区段的施工（总包）全面管理，对本建造管理组所管理的施工工作负总责
	设备管理岗	负责项目现场（总包责任范围内）施工、运输设备及临水临电设施的总体管理
	物资管理岗	负责项目现场物资成本管理工作，或主管物资收发工作
	测量工程岗	负责项目责任范围内的测量管理工作
设计管理部	专业设计管理岗	负责相应专业设计管理工作，包括设计审核、设计沟通、设计文件管理、设计会议组织等
技术管理部	专业技术岗	负责相应专业技术管理工作，包括技术方案编写、创优策划与实施、技术研发管理等
	资料员	负责项目文件、资料管理，以及相关信息系统、信息安全管理
质安环管理部	质量管理岗	负责项目施工质量监管，组织对分包商质量管理的整体监督，力求达成总包质量目标，并对接业主、监理、政府相关部门的质量监管
	检测试验管理岗	负责项目材料、半成品和成品的检测试验工作
	安全环保管理岗	负责项目施工安全、环保监管，组织安全教育培训、现场安全管理监督检查，组织分包商现场安全管理状况的监督和统计，策划安全环境应急响应并组织准备，并对接业主、监理、政府相关部门的安全环境监管
计划管理部	计划管理岗	项目工期计划执行情况的监管人，负责项目总体及各区段进度的监控和分析工作
商务管理部	采购管理岗	在项目授权范围内组织开展项目采购工作，并组织监督分包商采购和物资管理工作
	合约管理岗	负责项目合同管理，组织各类分包、采购合同的结算和付款申请，组织向业主报量和申请工程款，并做好商务策划、履约控制和签证索赔工作
	成本控制管理岗	监督项目工程成本严格按预算进行控制
综合管理部	报批报建岗	负责项目报批报建各项手续办理
	行政后勤岗	负责项目党群、行政、劳资、后勤、宣传、安保等综合事务的管理
	法律顾问岗★	负责项目全面风险管理、合同文书管理及法律咨询等工作
其他	劳务管理岗★	负责项目劳务分包商的协调管理工作
	财务岗★	负责项目资金管理

第6章 工程总承包策划管理

6.1 工程总承包策划管理概述

项目策划的作用在于明确项目的管理目标，系统地分解项目各阶段工作重点，有效控制各阶段完成的质量，为项目的各阶段工作实施起到指导和依据作用。

传统工程项目的策划管理是指在项目的决策、设计、实施等各阶段，通过内外环境调查等系统地分析，判断和明确市场态势，运用各种知识手段，科学地分析论证，实现项目增值，达到控制管理项目的目的。传统模式的策划管理中，业主方的策划管理主要集中在项目的决策阶段，同时随着项目的进展，贯穿项目建设的全过程，而设计方、施工方等的策划管理则仅限于项目生命周期的某一阶段，不同阶段的策划主体与策划内容不同，相较于工程总承包项目，各阶段融合度不高。

工程总承包项目的策划是工程总承包管理的一项重要工作，包括了从项目决策前期到形成合同及履约的全过程，主要包括项目需求、条件及目标策划、管理组织策划、合同策划及项目实施管理策划等。在工程总承包模式下，在开展项目策划活动时，必须将项目设计、采购、施工、试运行策划到位，以满足工程总承包项目管理要求。在这个过程中，需要基于项目需求进行管理人员的合理配备，同时进一步明确在工程总承包项目的建设过程中，相关单位和不同部门的主要职责，使其能够有效协调项目进展。

工程总承包项目比传统施工总承包项目工作范围广、界面多、自主度高、责任风险大，因此在工程总承包项目的策划管理中，各个阶段的策划是协同合作的，在管理方面要求更为严格，除此之外工程总承包模式还减轻了业主的策划管理工作量，更大范围地将责任与风险移交给总承包方。

综上，对工程总承包项目进行策划管理有助于减少项目风险、明确各方责任，其工作成果能使项目决策和实施有据可依，顺利实施项目，保证达到项目目标，做好项目策划是项目部在实施项目管理过程中最为重要并具有全局意义的工作，对项目的成败至关重要。

6.2 策划准备

6.2.1 条件分析

条件分析是在项目前期决策阶段前进行的，主要分为项目条件和自身能力条件。

项目条件主要包括项目环境条件、相关方识别、项目需求情况、项目设计条件、项目商务条件、项目管控条件及其他,具体内容如下。

1. 项目环境条件

项目环境主要是指项目的外部环境与内部环境,外部环境包括项目前期环境及项目建设期环境,主要包括了当地政策、现场地形地质地貌、水文、气候等信息,国外项目还要收集当地劳务政策、工作人员签证期限、当地税收政策、治安情况等信息。内部环境包括项目类别、发包模式、项目规模、工期、计价模式、功能使用需求、权责分配、付款情况、招标范围等实施环境因素。

2. 项目相关方识别

项目前期需要识别项目相关方,包括投资方、使用方与总承包方,项目开始后需要识别各分包方——设计方、施工方、咨询方等,明确各方之间的工作关系、各方权责关系和管控支撑依据,尤其是对承包各方的工作界面进行明确,编制项目相关方权责界面表,以对项目的需求有初步了解。

3. 项目需求情况

明确项目相关方需求,站在项目相关方角度,分析各自的建设需求,必要时通过调研等方式进行确定,对各方需求点按关注程度从高到低进行排布,编制项目相关方需求表,不仅可以明确在该需求条件下的建设项目是否可行,也有助于在后续项目建设中充分完成项目需求。

4. 项目商务条件

项目商务条件主要包括外部条件和内部条件,外部条件包括合同形式及文本采用、计价方式、结算方式等;内部条件包括管理人力、分包资源等。

5. 项目设计条件

项目设计条件是对发包人提出的设计工作界面、设计标准以及设计质量指标等的具体明确,包括技术规格书、初步设计文件及说明等数据与资料。

6. 项目管控机制

项目管控机制主要包括了发包方对工期、质量、安全等各个方面的管控以及总承包商对各分包方的招采、报审、日常交流等方面的管控。

除了上述项目条件外,策划准备阶段还需考虑承包方的自身能力条件,可由以下几点反映出来:①合理的组织架构,即将项目和相关方特征与自身的管理组织架构相结合统一,适当调整组织架构以满足需求,并对现有项目人员进行团队组建与分析,根据项目及相关方需求对团队进行优化调整;②具有完善的工程总承包制度与先进的组织模式规范;③充足的外部资源,即工程总承包的部分工作通过分包来完成,对于总承包方来说,是否具有专业分包的资源,专业性强的分包是否可为项目带来收益等,是总包外部资源的重要体现。

6.2.2 目标确定

对于工程项目而言,目标是指对期望项目所达到或取得的成果的描述,项目目标是项目实施所指向的终点,是指引项目开展方向的坐标,所以也就成为项目管理的核心内容,明确目标是启动项目策划的重要前提。

工程总承包项目的目标主要有两类:社会性目标和成果性目标。社会性目标又包括

HSE目标、技术创新、人才培养、社会经济发展与社会和谐；成果性目标包括了质量目标、进度目标及费用目标。

具体目标是由三方确定的：业主、总承包方、其他参与方。首先，需要对总承包项目的基本资料作细致的研究和分析，掌握项目的基本特点；其次，在此基础上，充分了解业主及其他各参与方对于整个项目的要求，可以通过实地调研、座谈会讨论等方式，尽可能多地收集和了解各方需求及期望；再次，与工程总承包企业领导及管理者沟通，了解总承包方自身对于项目各方面的预期；最后，还需要对总承包方以及各分包商和供应商的资源、实力和水平等情况进行分析，结合各方的需求和期望，提炼并制定出项目各项目标，并对各项目标进行细化分解，把目标责任落实到每一个部门和个人。

目标的识别和分解是目标确定的重要步骤，其中目标识别遵循的原则有：①以业主需求为出发点；②以项目情况为基础；③以自身资源为依托。目标分解的原则有：①明确分解标准；②以总体目标为导向；③根据情况动态调整。

6.3　策划实施

6.3.1　主要策划内容及要点

工程总承包项目策划主要包括的内容有：项目概况、项目实施条件分析、项目目标确定、组织管理策划、重大风险识别及防控策略、设计管理策划、合约采购策划、建造管理策划、财务管理策划等。

1. 项目概况

工程总承包项目策划首先要明确项目概况，项目概况主要包括了项目名称、建设单位、建设地点、工程总承包单位、建筑面积、合同价格、项目范围、资金情况、支付情况、建设工期、质量目标等情况的概述。

2. 项目实施条件分析

项目实施条件分析主要包括了合同文件分析、内外部环境分析、各方需求分析以及管控模式分析。其中合同文件需要注意的是成本条件、计价/调差方式、付款/结算方式、工期条件、质量条件、安全/环境条件等方面的情况；内外部环境需要注意现场踏勘情况、工程技术难度、资源供应分析以及周边关系分析等；各方需求主要需要注意业主需求、总承包方需求以及联合体成员需求；管控模式主要包括报批报建、设计管理、招采管理以及建造管理。

3. 项目目标确定

项目目标主要包括了项目战略定位、工期管理目标、质量管理目标、职业健康安全管理目标、环境管理目标、成本及效益目标、资金管理目标、设计（技术）管理目标、物资管控目标等。

4. 组织管理策划

组织管理主要包括了项目组织结构模式、领导班子成员、部门、薪酬管理、绩效考核等方面，项目组织架构要根据实际情况建立。

5. 重大风险识别及防控策略

这部分主要对工程总承包项目各个阶段的重大风险进行初步识别及评估，并进行风险防控计划的制定。

6. 设计管理策划

总承包方应结合项目特点，制定该项目设计管理主要思路和要求，同时结合设计特点，提供必要的设计服务或咨询资源，为项目设计管理提供后台支撑。

7. 合约采购策划

需依据合同文件、投标清单及报价，制定项目合约规划管理思路，合约框架初步拟定、招标方式及计价方式拟定，并为项目提供采购对应分供商资源数据作支撑。

8. 建造管理策划

根据业主招标文件、项目实际情况及总承包商对项目战略定位，对相关业务管理提出管理要求。

9. 财务管理策划

应根据招标文件中有关保证金、预付款、工程款、保修条款等规定及投标测算工程成本与进度安排，分析项目资金流量，形成《项目现金流量分析表》，根据业主招标文件中的税务要求、拟投标项目实际情况、企业对项目的战略定位和管理目标制定税务筹划。

10. 成果总结管理策划

从项目性质、规模、定位及模式等角度出发，分析项目成果总结条件，梳理项目管理成果策划点，形成项目管理成果策划。

11. 验收及移交管理策划

根据业主招标文件中的验收及移交要求、项目验收移交的相关文件及管理制度来编制项目验收及移交管理文件。

6.3.2 策划实施的保障措施

工程总承包项目中的管理策划包括多方面的内容，不仅要考虑成本、技术、进度、质量、安全等内容，还要对外部和内部环境中一些不确定因素进行考虑与分析，实施项目策划对工程总承包项目目标的完成以及按时履约有着重要意义，因此策划实施的保障措施是十分必要的，保障策划实施的主要措施有以下几点。

1. 充分认识项目策划的重要性

要充分意识到项目策划的重要性，将项目管理策划的理念应用到实际的项目中，尤其是工程总承包项目，具有各阶段深度融合的特点，认识到项目策划的重要性方能有效地实施策划方案，从而做好整个过程的策划管理。

2. 做好策划的准备工作

策划的准备工作是项目策划工作的基础，项目管理策划书编制前应对该项目的主要工程量、工程所处环境、水文地质条件、现场的施工条件，当地的市场资源情况，业主、设计、监理及当地政府的政策情况、合同类型、单价水平、索赔条款等一系列事项进行明确，对项目的一些不必要的风险进行规避。

3. 建立策划实施的管控机制

项目管理策划组织机构是项目工程实施的重要组成部分，完善项目策划管控机制，提高项目整体策划水平和技术水平，以保障策划的有效实施。

6.3.3　项目策划书模板

根据工程总承包模式特点，对项目策划书主要内容及参考模板列举如下。

1. 项目概况

根据业主招标文件及合同文件填写工程概况信息。项目概况样表见表6-1。

表 6-1　项目概况样表

序号	名称	内容
1	项目名称	
2	建设地点	××省××市××区
3	工程总承包模式	□EPC　□DB　□PPP+EPC　□F+EPC　□其他_____
4	建设单位	_____名称_____ 性质：政府投资/国企/民企/……
5	总承包单位	_____名称_____ 说明：若为联合体中标，需要明确联合体牵头方和成员方
6	设计单位	_____名称_____
7	设计单位管控	□业主指定　□联合体合作　□承包人选定　□其他
8	勘察单位	_____名称_____
9	监理单位	_____名称_____（含业主指定的项目管理公司）
10	工程类别	□房屋建筑工程　□公路工程　□市政工程　□轨道交通工程　□石油化工工程 □机场工程　□医疗卫生工程　□场馆类建筑工程　□其他
11	工程规模	□特大型　□大型　□中型　□小型
12	建筑面积	总建筑面积×××××m²，其中地上建筑面积×××××m²，地下建筑面积×××××m²。建筑高度×m，地上×层，地下×层
13	总承包范围	总承包范围描述
14	合同总价	总价、设计费、建安费、暂估价、暂列金等情况
15	计价模式	□总价包干合同（含平方米包干） □费率计价　　□定额计价 □模拟清单计价　□其他 合同计价描述：_____
16	结算方式	结算依据、是否结算审计等
17	资金来源	政府投资（地方），100%，已落实；……
18	付款条件	预付款、过程款支付条件
19	设计费支付方式	□建设单位支付　□总承包方支付 □其他
20	奖罚条件	项目奖罚条款
21	合同工期	总工期：_____开工时间：_____竣工时间：_____ 其中设计周期：_____ 其中施工工期：_____ 主要工期节点：

序号	名称	内容	
22	项目目标	工期管理目标	总工期：_____ 计划开工日期：_____ 计划竣工日期：_____
		质量管理目标	
		安全管理目标	
		环境管理目标	
23	其他	自行补充	

2. 项目条件分析

根据项目相关资料，对项目条件进行分析。分析要点包括相关方需求、工作界面、设计与技术条件、管控机制、商务成本、施工条件等。项目条件分析样表见表6-2~表6-7。

表6-2　相关方需求分析样表

序号	分析项	分析要点
1	建设单位	建设单位及其委托的项目管理、监理、咨询公司等的需求
2	使用单位	项目交付后的使用方或运维方及其需求
3	总承包单位	项目总承包方的需求（创效、创优、示范……）
4	分包	拟引入的分包及其承接本项目的需求描述
5	政府方	政府参与方
6	其他方	其他需补充说明的相关方

表6-3　工作界面分析样表

序号	分析项	分析要点
1	报批报建界面	建设单位：负责××、××手续办理 总承包单位：负责××手续办理
2	设计工作界面	建设单位：负责××设计（含估算、概算编制）；参与后续设计审批 总承包单位：负责××设计（含估算、概算编制）
3	招采工作界面（含分包、物资等）	建设单位：负责××分包/设备招采及供应；参与××分包/设备招采审批；负责××设备认样 总承包单位：负责××分包/设备招采及供应
4	施工工作界面	建设单位：负责××施工，现场移交条件为××；过程管理情况 总承包单位：负责××施工
5	验收交付界面	建设单位：参与××验收 总承包单位：负责××验收

表 6-4　设计与技术条件分析样表

序号	分析项	分析要点
1	设计依据	发包人上位设计、设计任务书、建设标准、技术规格书、品牌需求等是否齐全，是否清晰准确
2	设计质量要求	设计质量标准
3	设计工期要求	设计工期节点
4	设计管控要求	设计评审及定稿流程
5	特殊设计要求	如 BIM 应用、绿建、海绵城市、太阳能等
6	技术重难点	技术重难点描述

表 6-5　管控机制分析样表

序号	分析项	分析要点
1	业主方管控	业主方对项目管控要求
2	设计方管控	总承包方对设计院管控要求

表 6-6　商务成本分析样表

序号	分析项		分析要点
1	初始盈亏分析		初始盈亏状况
2	收入条件分析	上限价	结算上限价描述，包括估算、概算、预算报审流程
3		收入确认依据	收入确认方式，如按清单据实结算、按面积结算等
4		调价条件	可调价的情形，如变更、不可抗力、主材涨价等
5		暂估价暂列金	约定的暂估价、暂列金的使用范围和情形
6		支付条件	过程支付条件、过程支付依据
7		结算与审计	最终结算和审计要求
8	成本条件分析	可控成本	总包自主可控分包情况
9		不可控成本	甲指分包、特殊专业分包、单一来源分包等
10		隐性成本	前期投标漏项成本、后续可能新增成本（如投标未识别，但后续可能真实发生的成本）分析
11	奖罚条件		

表 6-7　施工条件分析样表

序号	分析项	分析要点
1	工期	总体及过程节点要求等
2	质量	创优要求等
3	安全/环境	QHSE 要求
4	场地条件	三通一平条件、周边环境
5	其他条件	政府监管（环保等）、民俗等

3. 项目风险分析

根据项目分析情况，对存在的主要风险进行识别，并确定项目风险等级，形成项目风险防控策略。项目风险分析样表见表6-8。

表6-8　项目风险分析样表

序号	风险类别	风险点	风险后果描述	风险应对策略	分级
1	项目实施条件风险	业主需求变动风险	超概、陷入被动	……	常规
		工作界面完整性	成本漏项、争议	……	重大
		对设计院的管控风险	设计费支付不经过总承包商，无法管控设计	……	常规
		不可预见风险	前期投标阶段未识别的成本项	……	常规
2	设计风险	设计经济性分析	概算减×××万，后期施工图设计易超概	……	重大
		设计质量分析	图纸质量差，易造成招采精度度低，施工易返工等	……	重大
		设计工期分析	图纸交付延误，影响招采和建造进度	……	重大
		专项设计界面风险	专项设计缺整体协调	……	常规
3	商务风险	概算复核风险	缺漏项、超概	……	重大
		暂估价部分招采和成本控制风险	暂列金使用不足	……	常规
		审计审减风险	审减审没	……	常规
		招采滞后风险	材料进场晚，影响整体工期	……	常规
4	工期风险	工期风险	各板块工作衔接不畅造成工期延误	……	重大
5	质量风险	施工拆改风险	前期设计各专业需求融合不足，过程中拆改	……	常规
		创优策划风险	创优目标未实现	……	常规
6	其他风险	技术风险等	风险隐患	……	常规

4. 项目目标管理

根据业主招标文件确定项目目标；若业主招标文件中有明确规定，按招标文件要求；若无明确规定，按企业对项目战略定位，结合项目实际情况确定。项目目标策划见表6-9。

表6-9　项目目标策划

序号	分项	目标指标
1	项目战略定位	
2	工期管理目标	
3	质量管理目标	
4	职业健康安全管理目标	
5	环境管理目标	
6	成本、效益目标	

序号	分项	目标指标
7	资金管理目标	
8	设计（技术）管理目标	
9	物资管控目标	
10	其他管理目标	

5. 项目组织管理

根据招标文件、企业管理要求，结合项目实际情况、项目战略定位等，对项目部组织架构设置及人员配备进行描述。一般包括项目组织架构图、项目岗位配置计划、关键岗位人员履历等。

6. 项目计划管理

对项目总体工期及计划编排情况进行描述，一般包括总进度计划（横道图、地铁图等）、关键里程碑一览表等。

7. 项目设计管理

项目设计管理策划内容一般包括设计管理活动、设计优化要点等。项目设计管理、优化策划要点见表6-10、表6-11。

表 6-10　项目设计管理策划要点

序号	管理活动	管理要求	管理成果/工具	责任人
1	标准建立与维护	标准建立：本项目发包人要求粗略不全，约定不明确，应进一步收集整理建设方、使用方的需求和当地的特殊标准要求，并与建设单位通过正式途径确认，形成项目完善的交付标准相关文件	建设标准清单	
2		标准维护：对目前标准冲突、漏项、不合理等及时提出建议，并协调业主予以确认		
3		标准传达：梳理设计标准清单，形成台账，并及时传递至相关方并留痕	共享网盘、公邮、项目管理平台等	
……	……	……	……	……

表 6-11　项目设计优化策划要点

专业	阶段	优化方向	优化要点	价值度
建筑	方案设计	功能提升		高/中/低
		成本创效		
		……		
	初步设计	经济技术指标		
		……		
	施工图设计	施工措施上图		
		……		
……	……	……	……	……

8. 项目招采管理

对项目主要分包及设备供应的招采内容、招采计划、招采方式等进行列举。项目招采管理策划要点见表6-12。

表 6-12　项目招采管理策划要点

序号	分包工程名称	分包内容	拟采用分包模式	拟分标段数量	招标方式	计价模式	采购时间节点				备注
							提报招标计划	定标	合同签订	进场时间	
1											
2											
……											

9. 项目技术管理

对项目主要技术管理内容进行描述，包括总平面布置、主要技术方案编制计划、"四新"技术应用计划、技术成果总结计划等内容。

10. 项目商务管理

对项目商务情况及主要商务策划要点进行描述，重点是收入、成本管控，包括限额指标设置、各专业工程预期收益分析表、合约规划表、目标成本分解等。

11. 项目质安环管理

对质量、安全、环境等管理目标的分解及保障措施描述，包括过程管理计划等。项目安全管理策划要点见表6-13。

表 6-13　项目安全管理策划要点

序号	策划实施内容	计划完成时间	责任部门	责任人
1	组建项目安全生产组织机构			
2	编制危险源识别与风险评价清单			
3	编制项目安全生产费用投入计划			
4	编制项目安全管理制度编制计划			
5	编制项目安全创优实施计划			
6	编制安全技术措施计划			
7	编制安全防护标准化实施计划			
8	编制安全教育培训计划			
9	编制项目监督检查实施计划			
……	……			

12. 项目建造管理

根据业主招标文件、项目实际情况及企业对项目的战略定位，对相关业务管理提出管理要求，相关样表如表6-14所示。

表 6-14　建造管理相关样表

序号	分项	具体要求		责任部门	责任人
1	临建管理	办公临建		工程部 商务部 办公室	生产经理、项目书记、总工程师
		生产临建			
		生活临建			
2	公共资源管理	场平布置		工程部 商务部	生产经理、总工程师
		垂直运输			
		其他公共资源			
3	质量管理	质量管理要求		工程部 质量部	生产经理、质安环经理
		质量创优管理			
4	安全、环境管理	安全监管要求		安全监管部	质安环经理
		环境管理要求			
5	调试管理	设计阶段调试管理		工程部	生产经理
		建造阶段调试管理			
6	收尾与移交管理	合同收尾		商务部 工程部	商务经理、生产经理
		工程资料移交归档		技术部	总工程师
		项目部撤离与撤销		工程部 物资部 综合办	项目经理、生产经理
		维保及运维		工程部	项目经理
7	其他要求	结合本工程合同条件，需针对建造管理提出的其他管理要求，如维修与运维（若有）等		工程部	生产经理

13. 项目资金管理

根据招标文件中有关保证金、预付款、工程款、保修款等规定及投标测算工程成本与进度安排，分析项目资金流量，形成《项目现金流量分析表》。通过项目现金流量分析，针对项目某阶段现金流为负的情况，制定相应的资金平衡保障措施。项目资金策划要点见表 6-15。

表 6-15　项目资金策划要点

序号	分项	具体内容	责任部门	责任人
1	资金计划管理		财务部	项目经理
2	资金管理要求			
3	其他要求			

14. 其他管理

对其他方面的管理工作策划要点见表 6-16。

表 6-16 其他管理工作策划要点

序号	分项	具体内容		责任部门	责任人
1	项目党群工作	党组织建设		办公室	项目经理
		工会建设			
		团组织建设			
2	信息报送管理	工程报表		工程部	生产经理
		技术报表		技术部	总工程师
		商务报表		商务部	商务经理
		……		……	……
3	会议管理	梳理需项目参加的企业层级例会、专题会议等，明确项目参会人员、会议资料准备等相关要求		办公室	项目经理
4	保密管理	项目文件及信息保密工作相关要求		办公室	项目经理
5	办公设备管理	办公设备配置、过程管理相关要求		办公室	项目经理
6	文化风俗禁忌	对当地文化风俗习惯的辨识、应对措施（若无特殊风俗该部分可删除）		办公室	项目经理

第7章　工程总承包设计管理

设计与设计管理有本质不同。设计是一项生产活动，而设计管理是一项管理活动，能力要求上也有差异。设计侧重技术属性，而设计管理侧重管理属性。

7.1　工程总承包设计管理概述

7.1.1　设计

1. 设计工作流程

（1）国内建筑工程设计流程

建筑工程一般应分为方案设计、初步设计和施工图设计三个阶段。对于技术要求相对简单的民用建筑工程，当有关主管部门在初步设计阶段没有审查要求，且合同中没有作初步设计的约定时，可在方案设计审批后直接进入施工图设计。

国内建筑工程设计阶段工作流程图如图7-1所示。

图 7-1　国内建筑工程设计阶段工作流程图

1）方案设计阶段

方案设计（概念设计）是投资决策之后，由咨询单位根据可行性研究提出意见和问题，经与业主协商认可后提出的具体开展建设的设计文件，其深度应当满足编制初步设计文件和控制概算的需要。

2）初步设计阶段

初步设计（基础设计）的内容依项目的类型不同而有所变化，是项目的宏观设计，即项目的总体设计、布局设计、主要的工艺流程、设备的选型和安装设计、土建工程量及费用估算等。初步设计文件应当满足施工招标文件编制、主要设备材料订货和施工图设计文件编制的需要，同时也是下一阶段施工图设计的基础。

初步设计成果应满足设计方案的选择和确定、主要设备及材料订货、土地征用和基本建设投资控制等方面的需要。

3）施工图设计阶段

施工图设计（详细设计）的主要内容是根据批准的初步设计，绘制出正确、完整和尽可能详细的建筑、安装图纸，包括建设项目部分工程的详图、零部件结构明细表、验收标准、方法、施工图预算等。

施工图设计文件成果应当满足设备材料采购、非标准设备制作和施工的需要，并注明建筑工程合理使用年限。

（2）国内市政工程设计流程

市政公用工程包括给水排水、道路、桥梁、隧道、防洪、燃气、热力、环境卫生、园林和景观等新建工程。市政公用工程设计一般分为前期工作和工程设计两部分。

国内市政工程设计阶段工作流程图如图7-2所示。

图7-2　国内市政工程设计阶段工作流程图

1）前期工作

前期工作包括项目建议书、预可行性研究、可行性研究。工程可行性研究应以批准的项目建议书和委托书为依据，其主要任务是在充分调查研究、评价预测和必要的勘察工作基础上，对项目建设的必要性、经济合理性、技术可行性、实施可能性、对环境的影响性，进行综合性的研究和论证，对不同建设方案进行比较，提出推荐方案。

可行性研究的工作成果是可行性研究报告，批准后的可行性研究报告是编制设计任务书和进行初步设计的依据。某些项目的可行性研究，经行业主管部门同意可简化为可行性方案设计。

2）工程设计

工程设计包括初步设计和施工图设计，园林和景观工程设计一般分为方案设计、初步设计和施工图设计三个阶段。

初步设计应根据批准的可行性研究报告或方案设计进行编制，要明确工程规模、建设目的、投资效益、设计原则和标准，深化设计方案，确定拆迁、征地范围和数量，提出设计中存在的问题、注意事项及有关建议，其深度应能控制工程投资，满足编制施工图设计、主要设备订货、招标及施工准备的要求。

施工图设计应根据批准的初步设计进行编制，其设计文件应能满足施工招标、施工安装、材料设备订货、非标设备制作、加工及编制施工图预算的要求。对于技术简单、方案明确的小型建设项目，经主管部门批准，可按阶段直接进行施工图设计。

总体上，建筑工程设计及市政工程设计文件的编制必须贯彻执行国家有关工程建设的政策、法规、工程建设强制性标准和制图标准，遵守设计工作程序，各阶段设计文件应完整齐全，内容深度符合规范的要求。

2. 设计工作特点

（1）设计是决定造价的关键因素

设计费在整体建设工程造价中的占比很小（一般2%左右），但设计成果直接决定项目整体施工内容和技术要求，进而决定了项目整体成本。根据经验统计，设计阶段对工程总体造价的影响可达到80%，而施工阶段对造价影响仅10% ～ 20%。因此，从价值工程角度来看，设计属于典型的高价值工作，必须重点关注。

（2）设计价值随设计阶段递减

不同设计阶段，对造价影响程度不一。设计阶段越靠前，对造价影响越大。根据经验统计，可行性研究、方案设计对造价整体影响可达70% ～ 90%，而深化设计阶段影响一般在10%以内。

项目不同阶段对成本影响示意图如图7-3所示。

前期设计，往往对整体经济技术指标、功能需求、技术方案、主要设备材料等影响成本的关键因素进行决策，因此对造价影响程度大；后期设计，基本在前期设计基础上进行细化、补充，影响范围和程度相对有限。因此，设计价值随着设计深度加深而逐步递减，前期设计的质量更应受到关注。

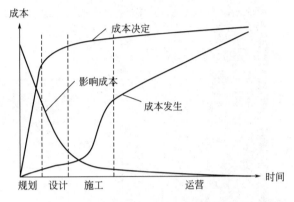

图 7-3　项目不同阶段对成本影响示意图

以结构专业为例，方案阶段主要确定结构形式、结构布置等重要内容，对结构成本影响最大；施工图阶段主要确定主要构件的配筋、混凝土强度等级等性能指标，对经济性有较大影响；深化设计阶段主要确定单个构件的细致节点（如钢构件连接节点、二次构造梁柱等），对成本影响更小。

（3）设计工作复杂程度高

设计工作涉及多板块、多专业交叉关联，整体复杂性高。从相关板块看，设计工作需要商务提供造价限额，需要招采提供主流设备材料规格，还要满足现场施工可行性；从专业来看，建造工程设计涉及的专业包括规划、建筑、结构、电气、暖通、给水排水、消防、智能化、装饰、幕墙、景观等几十个专业，各专业之间存在大量接口协调需求。

（4）设计质量是导致现场拆改的主要因素

从经验统计看，设计变更是造成现场拆改的主要因素，其中大部分设计变更的产生是由多种因素导致的设计质量问题引起的，如设计错误、专业接口不匹配、设计不合理等。控制设计质量，能够有效减少现场拆改，以及拆改带来的工期、成本损失。

7.1.2　设计管理

1. 设计管理的定义

工程总承包模式下，由工程总承包单位负责完成设计工作，并提交设计工作成果文件，作为采购、施工、验收、结算的依据。工程总承包设计管理是指为满足工程总承包项目建设要求，实现项目品质、造价、工期等综合最优，对全过程设计工作进行的一切管理活动的总称。

从实施主体来看，工程总承包设计管理包括业主方设计管理、总承包商设计管理，工程总承包招标前以业主方为主，定标后以总承包商为主。本章后续设计管理内容描述以总承包商视角展开。

2. 设计管理的内容

工程总承包设计管理主要工作内容可以从全周期、全职能两个维度展开，两个维度互为关联，相互支撑。工程总承包设计管理内容示意图如图7-4所示。

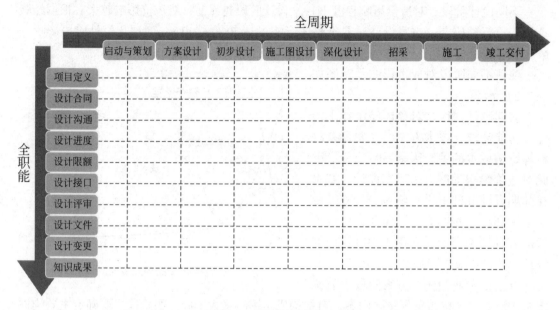

图7-4　设计管理内容示意图

从周期来看，设计管理内容包括：

（1）启动与策划阶段设计管理；

（2）方案设计阶段设计管理；

（3）初步设计阶段设计管理；

（4）施工图设计阶段设计管理；

（5）深化设计阶段设计管理；

（6）招采阶段设计管理；

（7）施工阶段设计管理；

（8）竣工交付阶段设计管理。

从职能来看，设计管理内容包括：

（1）项目定义文件管理；

（2）设计合同管理；

（3）设计沟通管理；

（4）设计进度管理；

（5）设计限额管理；

（6）设计接口管理；

（7）设计评审管理；

（8）设计文件管理；

（9）设计变更管理；

（10）设计成果与总结管理。

7.1.3　设计管理的组织

设计管理是工程总承包管理中最重要的工作之一，是实现工程总承包模式价值的最重要载体。一家成熟的工程总承包公司，必须根据业务需要，合理设置设计生产和设计管理机构。

1. 公司层面

根据设计生产和设计管理业务开展差异，公司层面常见的设计管理机构配置方案有以下几种。

（1）设计生产与设计管理机构分离

设计生产与设计管理机构分离设置，常见架构如图7-5所示。

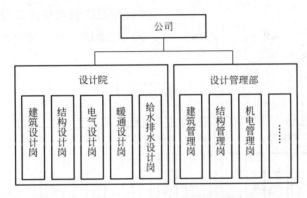

图 7-5　设计生产与设计管理机构分离示意图

设计院职责包括组织设计生产、维护公司资质、设计带动市场营销、培育设计专业人才等；设计管理部职责包括指导项目设计管理、对项目设计生产机构进行管理及审核、指导商务等板块工作融合等。

该架构适合具有一定业务规模、能够独立开展设计业务的总承包商，其一般具有独立法人资质，计划向成熟、综合性的工程总承包商方向发展。

（2）设计生产与设计管理机构并行

设计生产与设计管理机构合并设置，常见架构如图7-6所示。

该种架构下，部门职责以项目设计管理指导与服务为主，同时根据情况承担少量自有的设计生产任务。

该架构适合工程总承包转型初期，设计专业人员、规模较为有限的总承包商，其一般具有独立法人资质，未来计划开展设计生产业务。

（3）单设设计管理机构

不设置设计生产机构，只设置设计管理机构，常见架构如图7-7所示。

该种架构下，部门职责以工程总承包设计管理服务为主，不开展设计生产业务。涉及设

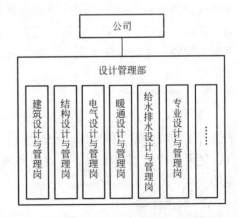

图 7-6　设计生产与设计管理机构并行示意图

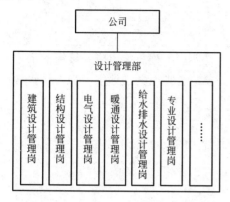

图 7-7　单设设计管理机构示意图

计生产业务时，一般以外部联合、分包等方式进行，由公司设计管理机构对外部设计图纸进行审核把关。

该架构适合向工程总承包转型，但不开展设计业务的总承包商，如非法人分公司等。

2. 项目层面

根据工程总承包管理要求，一般在项目部设置专职的设计管理机构。根据各专业属性，可将部分相近专业合并管理，按建筑、结构、机电三大专业组进行设置，具体架构如图7-8所示。

为提高人力资源效率，部分专业岗位可集中于公司层面，以"后台技术审核+不定期驻场"方式，提供专业设计审核与优化意见，并配合现场团队将策划落地。

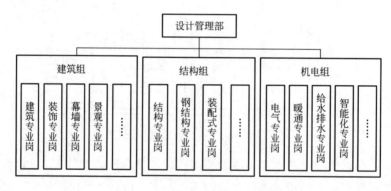

图 7-8　项目设计管理部组织架构图

7.1.4　设计管理的原则

1. 多维融合

工程总承包模式的优势，在于发挥总承包商单一责任主体的能动性，解决设计、施工等板块分离导致的损失。设计作为所有实施工作的直接依据，发挥了天然的载体作用。只有将商务、合约、招采、计划、建造、运维等各个板块需求融入设计过程，在图纸上发现并解决问题，才能保证质量、工期、造价目标的实现，以及施工的便利性、后期运营的效率和经济性。

2. 向前延伸

设计阶段越靠前，对项目造价的影响越大。虽然工程总承包合同对各方工作范围和界面进行了详细约定，但对于工程总承包商而言，不论从控制项目造价风险、保证施工可行性，还是从提升项目价值、实现服务增值角度来讲，设计管理工作都应主动向设计前期延伸。

3. 制度保障

传统施工总承包商，设计管理经验、能力等方面存在先天不足。同时，工程总承包项目设计管理又具有涉及专业范围广且深、天然冲突多、相关执行推动方多、周期长且时间紧张等特点，推动过程中会存在诸多困难。

为保障设计管理工作能够推进顺畅，需要有完善的设计管理制度对整个设计管理工作内容、流程、权限、时限等进行约束，保障设计管理成果能够有效执行。

7.2　设计管理"469"工作法

结合项目实践经验，将工程总承包项目设计管理工作核心要点总结为"469"工作法，具体如图7-9所示。

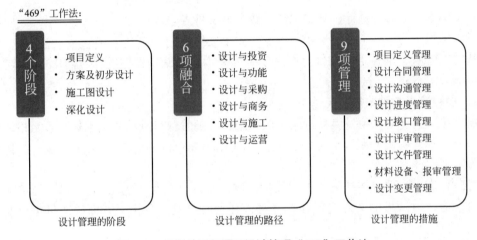

图 7-9　工程总承包项目设计管理"469"工作法

4——设计管理的4个工作阶段，包括项目定义、方案及初步设计、施工图设计、深化设计；
6——设计管理的6条融合路径，包括设计与投资、设计与功能、设计与采购、设计与商务、设计与施工、设计与运营；
9——设计管理的9项具体措施，包括项目定义管理、设计合同管理、设计沟通管理、设计进度管理、设计接口管理、设计评审管理、设计文件管理、材料设备报审管理、设计变更管理。

7.3　四个阶段管理

设计管理的四个阶段包括：项目定义阶段、方案及初设阶段、施工图阶段及深化设计阶段。

对于不同的设计阶段，设计管理的侧重点也有所不同。总体上，设计阶段越靠前，越要关注设计的价值创造；越靠后，越要关注设计的可施工性。

7.3.1　项目定义阶段

1．项目定义文件的内容

项目定义文件是指影响项目最终交付状态的系列文件，包括对项目范围、内容、品质标准、外观效果等进行描述定义的文件，以及项目管理流程中输入或输出的文件。

项目定义文件具体内容包括但不限于以下内容：

（1）项目立项批复、规划设计条件、环评报告、交通评价报告等规划要求及条件；

（2）勘测定界图、现状地形图等现场基础资料；

（3）控制性详细规划、修建性详细规划、方案设计文件、勘察报告、初步设计文件、施工图设计文件等设计成果文件；

（4）项目招标文件、招标投标答疑文件、中标通知书、工程总承包合同、补充协议书、变更指令通知单等合约商务文件；

（5）建设用地规划许可证、建设工程规划许可证、施工图审查合格证、施工许可证等过程手续文件；

（6）工程总承包实施条件中的项目需求、工作范围、建设标准等相关文件，如交付标准、工作界面、设计任务书、技术规格书、材料品牌清单等文件；

（7）国家及地方的设计标准、规范、政策性文件等要求；

（8）项目实施过程中各类形式的指令、要求文件等。

从内容来看，项目定义文件范围大于工程总承包实施条件中的项目需求、工作范围、建设标准等。

2. 项目定义文件收集与完善

项目定义文件应从项目启动阶段开始收集，并随着项目进展持续维护，直至最终竣工交付。项目部应明确专职人员（一般是设计管理部），建立定义文件清单台账，收集并维护相关定义文件。

当项目定义文件存在缺失（如建设标准缺失或深度不足等），且对项目实施造成潜在影响时，应针对缺失的文件进行补充完善，并及时与业主及相关方确认，防止后期出现争议。

3. 项目定义文件分析与传递

项目部对于收集的定义文件，应及时作好分析和对比。对于不同定义文件要求不一致的，应及时通过正式途径向相关方确认；对于部分可能产生重大影响的定义文件，应及时提醒相关方重点关注。必要时，可根据原始定义文件总结梳理相关要求文件（如设计任务书等）。

项目相关方（如设计院、专业分包、咨询公司）进场或工作启动时，应第一时间将相关定义文件要求通过正式途径传递至相关方，并对重点工作要求进行提醒，防止出现遗漏或偏差。定义文件出现重大调整时，也应及时传递至相关各方。

项目定义文件传递时，应做到留痕管理，确保文件的收发传递都有迹可循。必要时，应组织项目定义文件交底会，提醒项目各方充分响应。

7.3.2 方案及初步设计阶段

方案及初步设计是提升项目价值的关键阶段，应重点把握造价与功能需求的平衡，即满足项目定义要求的前提下，实现价值最大化。

方案及初步设计管理主体一般情况下是业主，但由于工程总承包发包界面不同，有时也可能是总承包商。下文以总承包商负责方案设计的情况为例，对该阶段管理流程和重点进行列举。

1. 设计准备

方案设计开始前，总承包商应组织设计单位现场踏勘，熟悉场地条件和周边环境。必要时，可协调业主对标同类项目，组织实地调研，确定设计思路和意向。设计单位应根据方案设计要求，梳理必要的设计依据文件清单，由总承包商负责整理、提交。

方案设计开始前，总承包商应组织设计单位召开方案设计启动会，以阶段性项目定义文件为依据对设计方进行交底，解答设计单位疑问，制定并确认设计进度计划。

2. 设计实施

设计过程中，设计单位应结合项目需求、成本、工期等因素，针对重大技术选型开展多方案比选，经总承包商确认后继续进行后续设计。设计单位提交的方案设计成果，除包括满足当地设计审核和业主相关要求的文件外，还应包括商务估算文件。

3. 设计评审

设计评审是控制设计成果质量的关键。方案设计初稿完成后，设计单位应通过正式途径向总承包商提交成果文件。总承包商在收到设计单位提交的方案设计成果后，应组织开展方案设计评审，并将设计成果同步发送至相关方审核，明确审核重点及时间要求。

根据各方审核情况，总承包商应组织召开方案设计专题评审会，会上由设计单位进行方案设计汇报，并由参会方提出评审修改意见，最终形成会议纪要发送设计单位落实。

设计单位应根据评审意见，对设计文件进行修改。总承包商应组织各方对修改后的设计成果进行二次评审，直至无意见。一般情况下，在完成内部评审后，方可进行外部送审。

对方案设计阶段常见审核要点列举如下：

（1）是否充分满足项目定义文件要求。

（2）方案设计估算是否完整，主要专业造价指标是否合理。

（3）各专业设计重大选型是否最优，如：建筑专业主要关注建筑外形、单体效果、平立剖、总体经济技术指标、功能布局等；结构专业主要关注结构体系、荷载取值、计算指标、基础形式、底板顶板形式等；设备专业主要关注工艺路径、系统选择、大型设备选型、参数标准选择等；景观专业主要关注现状地形的结合度、总体风格、平面布局、铺装比例、植物选配等。

不同专业方案设计阶段常见审核要点如图7-10所示。

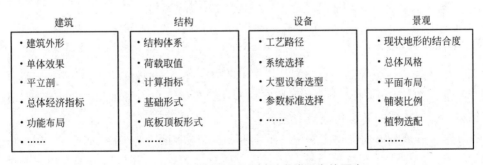

图 7-10　不同专业方案设计阶段常见审核要点

4. 设计定稿

方案设计完成内部评审后，应按规定进行第三方审查。根据总承包合同范围，确定方案报规责任方。

总承包商应督促设计单位核实当地第三方审查要求，按要求准备报审资料，并按责任分工推进第三方审查工作。第三方审查提出的意见，应经总承包商确认后再组织修改。修改后的设计成果，应经总承包商及业主等相关方确认后再发送第三方审核。第三方审查提出的意见，如与定义文件等产生冲突，应由业主方正式确认处理原则。

方案设计定稿后，总承包商应将其整理至项目定义文件台账，并通过正式渠道发送至项目相关方存档。

7.3.3 施工图设计阶段

施工图设计是控制设计质量的关键阶段，在方案及初步设计基础上，应重点保证设计内容完整、专业接口协调统一、设计经济性合理、具备较强的可建造性。

工程总承包模式下，施工图设计一般由总承包商负责完成。该阶段的管理流程与方案阶段类似，在具体要求上有差异。

1. 设计准备

制定设计计划时，应考虑现场要求分阶段出图，优先完成场平、土方、支护、基础等图纸，保证现场开工，并利用前期土方及基础作业时间，合理组织后续施工图设计。

此外，在施工图设计开始前，应协调相关专业分包提交本专业接口需求，保证设计接口的协调统一。

2. 设计实施

设计单位提交的施工图设计成果，除包括满足当地施工图报审和业主相关要求的资料外，还应包括计算模型、计算书等配套资料。条件允许时，应采用BIM正向设计。

3. 设计评审

施工图设计评审时，应重点关注设计范围完整性、专业间协调统一性、设计成果经济性、设计成果可建造性，常见包括：建筑空间与设备尺寸间协调统一、结构与施工措施布置协调统一、幕墙埋件与结构间协调统一、建筑细部布局合理性、结构含钢量合理性、材料和设备选型合理性等。

4. 设计定稿

因手续原因导致无法进行第三方正式审查时，应提前与图纸审查机构沟通，先进行技术审查，后续补充正式审查意见。

7.3.4 深化设计阶段

深化设计是指在施工图设计基础上，对部分专业设计进行细化，用于指导现场施工、设备产品加工等，是国内设计体系下特有的设计阶段。深化设计的目标是保证现场施工、实现精益建造，一般由总承包商负责完成。

在具体工程流程方面，重点解决图纸细度和接口协调问题。图纸细度应达到与最终交付状态一致，一般采用BIM等新技术，实现"所见即所得"。在接口管理方面，要重点协调不同专业的一致性，如机电综合管线排布精细化设计；机房、廊道、管井等机电管线密集区的管线综合排布；精装修的综合点位布置；顶棚、功能墙面等装饰面的点位美化布置。

某项目深化设计阶段精装综合点位排布优化如图7-11所示。

图 7-11　深化设计阶段精装综合点位排布优化

7.4　六个融合管理

六个融合管理，并不是实体的管理动作，而是提供设计管理的方向和路径。工程总承包项目设计管理需要与投资、功能、采购、商务、施工、运营进行充分融合，才能够最大程度发挥工程总承包模式的优势。

7.4.1　设计与投资融合

对于业主而言，工程总承包模式的核心价值之一在于固定总价。不论是FIDIC合同条款推荐的固定总价包干，还是国内政府投资项目采用的上限价，都能够对建安费进行有效控制，进而实现对总体投资的控制。特别地，对于部分投资带动的工程总承包（PPP+EPC、F+EPC等），总承包商还承担融、投资风险，更需要通过设计严格控制投资。

设计与投资融合，可以从限额和效率两个维度展开。

从限额来看，应在总体造价控制目标下，依靠限额设计方法，在各阶段设计启动前，结合投资目标及业主方需求，对主要专业限额进行合理划分，并对各阶段设计成果与相应的"三算"（估算、概算、预算）严格复核、统一，逐步细化并层层受控，从而实现投资控制目标。

从效率来看，在控制投资总额的同时，还应考虑投资的价值，即"好钢用在刀刃上"。

在进行投资额分配时，应结合项目具体功能需求差异，开展价值工程，使投资取得最大收益。

具体内容详见第8章。

7.4.2 设计与功能融合

项目功能是业主最为关注的重点之一。对于总承包商，如何站在业主角度思考，提升项目功能，对于提高业主满意度、实现多方共赢意义重大。

设计决定项目各项功能的实现。因此，在整个设计周期应充分识别业主方的使用需求，结合项目定位、业态、投资等需求开展项目功能性策划，识别并重点提升高敏感度功能。在各项条件允许的情况下，可结合项目情况对项目应具备的功能开展调研，对交房标准作出优化调整，针对缺失但必要的功能进行补充完善。

某项目功能分析见表7-1。

表7-1　项目功能分析表

序号	功能类别		业主敏感度
	一级	二级	
1	建筑	……	高
2		……	中
3		……	低
4	结构	……	……
5		……	
6	智能化	……	……
7		……	
8	装饰	……	……
9		……	
……	……	……	……

在设计评审过程中，应考虑从功能角度出发提出优化审核调整意见，发挥工程总承包设计与功能融合的优势，为业主方带来功能价值提升。

某项目价值分析见表7-2。

表7-2　项目价值分析表

功能描述	敏感度打分	成本投入	相对价值度
室内精装修	10	8	1.25
示范区园林景观	8	4	2
入户门	6	3	2
电梯间	5	2	2.5
外墙装饰	3	4	0.75
……	……	……	……

7.4.3 设计与采购融合

一般情况下，工程总承包项目的设计与采购工作均由总承包商负责实施。对业主而言，采购直接决定项目最终交付品质；对总承包商而言，采购决定项目能否按合同要求顺利交付，并实现总承包效益目标。为保证整体目标的实现，必须将采购需求融入设计中，在满足建设标准的前提下，选择品质、功能、成本等综合最优的方案。

从材料设备选型来看，应提前对市场供应情况进行摸排，在满足规范及建设标准的前提下，选用成熟、主流的材料设备，降低采购成本。涉及的大型设备主要性能参数等，由设计院提出基本要求后，应经采购复核确定，将最终采用的实际参数反馈上图等。

从专业分包配合来看，应根据设计进度计划梳理对分包资源的需求，提出采购需求计划，并在采购工作开展前，向采购板块提出相关技术要求，保证专业分包及时进场配合设计评审及专项设计工作开展。

图7-12所示为某项目在设计阶段充分考虑提前预留大型设备运输通道。

图 7-12　提前预留大型设备运输通道

7.4.4 设计与商务融合

设计与投资融合，主要目的是站在业主角度，控制整体投入风险；设计与商务融合，则主要是立足于总承包商视角，在满足项目需求的前提下，最终实现工程总承包整体收入和成本目标。

从收入角度来看，需要在满足投资限额的前提下，将合理合法的收入工作内容融入设计，尽可能实现收入和价值最大化；从成本角度看，在满足合同约定的内容和标准下，尽可能减少无效成本、浪费成本，实现成本控制目标，确保成本综合最优。

设计与商务融合具体内容见第8章。

7.4.5 设计与施工融合

设计与施工融合是工程总承包最直观的特征。传统施工总承包项目发包阶段已完成施工图设计工作，施工单位进场后仅对蓝图进行图纸会审，施工图对建造板块需求的考虑往往不够充分，造成拆改和浪费。工程总承包项目在设计阶段，可充分收集建造阶段需求，如材料堆场及交通运输路线、结构荷载、施工电梯、塔式起重机基础等，将建造阶段需求传递至设计院，使其在设计阶段对合理性建造需求进行考虑。同时，在施工图定稿前，组织施工单位在设计评审阶段对施工图可建造性进行充分审核，以保证最终设计成果的可建造性、施工便捷性、经济性，有利于建造阶段减少拆改、节约工期。

设计与施工融合常见工作要点包括：

（1）从现场施工便捷性、施工部署及总体安排等角度将施工经验融入设计图纸，避免现场返工；

（2）设计与施工进度合理有序衔接，保证现场实施并充分预留设计周期；

（3）将永临结合、精益建造等需求融入设计，提升施工效率；

（4）结合项目创优评奖等提前开展策划，将典型做法融入设计。

图7-13所示为塔式起重机布置需求融入结构设计。

图 7-13　塔式起重机布置需求融入结构设计

7.4.6　设计与运营融合

从时间来看，因项目运营期占据全生命周期的绝大部分，设计应实现全周期综合效益最大化，而不仅是建造阶段。对于项目的业主及使用方，以及部分承担运营工作的工程总承包商，需要考虑项目交付后的运营需求，将运营需求融入设计，降低运营成本，提升运营效率，尤其是针对运营功能复杂的大型公共建筑、生产厂房、市政基础设施工程等。

工程总承包项目设计与运营融合，可重点从以下方面展开：

（1）运营价值综合最优，如一次成本投入大，但全生命周期均摊成本低，或运营回报高；

（2）预留后期运营阶段潜在的接口需求（如充电桩等）；

（3）增加运营收入，如提升运营占比、增加室外广告位等。

图7-14所示为项目设计阶段融合后期运营需求（LED广告牌、运营商户）。

图 7-14 项目设计阶段融合后期运营需求

7.5 九项措施管理

7.5.1 项目定义管理

工程总承包项目定义管理是设计管理的基础工作之一。项目定义管理是指对项目定义文件进行收集、完善、传递等全过程管理维护工作，其目的在于准确、完整地梳理设计工作的依据，防止过程中出现偏差或争议，保证目标与结果的一致性。

项目定义管理相关内容和要求详见第 3 章工程总承包实施条件管理，和本章第 7.3.1 节相关内容。

7.5.2 设计合同管理

设计合同是设计工作开展的直接依据。工程总承包设计合同管理，主要是指对总承包商管理范围内的设计合同管理，包括对设计分包的合同管理，或对联合体中的设计单位的合同管理。设计合同管理的目的，是确保设计工作按工程总承包要求推进，保证设计管理乃至总承包管理的顺利实施。

设计合同管理的主要关注条款包括：

（1）设计范围要求，根据设计合约规划，对工程总承包主合同的设计工作进行合理分配，保证各设计分包间不重复、不漏项并有序衔接；

（2）设计时间要求，包括为满足现场施工需求的分阶段出图计划，设计出图及修改时限等；

（3）设计付款要求，包括设计费取费标准、支付比例、支付路径、支付流程，设计修改的费用补偿机制，设计优化的奖励机制，设计错误的处罚机制等；

（4）设计修改义务，在满足相关要求的前提下，设计方应根据总承包商合理要求配合修改等；

（5）其他相关要求，如设计驻场服务、设计图审、模型及计算书提交、新技术应用（BIM 正向设计等）、限额设计要求等。

特别地，以联合体方式实施的工程总承包项目，联合体之间除投标阶段签订联合体协议外，在中标后应补充签订设计合同，对双方权责细节作进一步明确。

7.5.3 设计沟通管理

设计沟通机制是指项目各方为实现目标、开展合作而遵循的一套沟通准则，是对各方（包括业主及其咨询顾问）设计相关管理活动开展的约束，包括权责界面、流程、时限、会议制度等。设计沟通机制是工程总承包实施条件中管控机制的重要组成部分。

工程总承包模式下业主和总承包商的权责范围与传统施工总承包相比发生了转移。在此情况下，许多项目业主方存在对设计管理工作过度干预或完全放手的极端现象。加上部分总承包商缺少对设计方及专业分包的管控经验，导致工程总承包模式实施效果大打折扣。为避免工程总承包项目实施过程中的管控混乱，需建立有效的沟通机制。

设计沟通管理要点如下：

（1）沟通机制应明确总承包商作为对外（业主方）和对内（联合体、分包）沟通唯一节点的权威性。

（2）在项目启动阶段，总承包方应主动梳理合约文件中关于管控的内容，就合约文件中不合理、不完整、过度干预的内容积极同业主方沟通，言明权责利害关系。编制完整、合理、有效的沟通机制文本，同相关单位进行书面确认或在中标后工程总承包合同签订阶段，将其补充至合同内。

（3）在各个设计阶段，严格按照沟通机制文本执行。如过程中发现沟通机制文本内容存在缺陷，可由总承包单位向业主方及相关方提出修订意见，各方达成一致后，以正式书面文件形式进行确认。

7.5.4 设计进度管理

工程总承包项目设计进度管理是指对设计各项工作成果的时间节点完成情况进行管理，旨在满足业主方对项目整体周期及设计周期的要求，并且满足各板块协同工作的进展。工程总承包项目涉及的设计协同专业多，为有效控制设计进度，需要建立有效的设计计划体系进行保障，对设计进度计划进行严格审批、对设计进度计划执行情况进行监控及调整。

1. 设计计划体系建立

设计计划需要根据项目总体进度计划、合同工期节点要求，结合当地政策环境的影响，并考虑报批报建、合约招采、施工建造的协同匹配性，综合分析建立。

设计计划可按层级划分为总体设计进度计划、专项设计进度计划及设计需求计划：

（1）总体设计进度计划是指根据项目总进度计划对项目整体设计内容设置里程碑节点。

（2）专项计划可分为方案及初步设计计划、施工图设计计划、深化设计计划、材料报审计划，在专项设计计划中细化专业设计完成时间、审核时间频次、设计调整修改时间及该项工作最终完成节点，最终节点应与里程碑节点匹配。

（3）设计需求是指为顺利开展设计工作，实现设计管理目标，在设计工作开展过程中明确其他板块资料、信息、分包专业力量资源等需求。为及时满足设计板块需求，应建立设计需求计划，明确需求内容及要求、划分需提供配合的责任板块、明确需求时间，并说明提出需求的缘由，以便于板块间的沟通配合能够更加有针对性。

材料设备报审计划参考模板见表7-3。

表 7-3　材料设备报审计划模板

序号	专业分包	采购方式	使用位置	产品名称	深化设计开始时间	深化设计完成时间	市场摸排开始时间	市场摸排完成时间	对外报审开始时间	对外报审完成时间	招标开始时间	招标完成时间	最早订货时间	生产及运输周期	最早进场时间	最早施工开始时间	最早施工完成时间	备注

为保证设计计划的可执行性，设计计划应制定内控、外控版本，外控版本应满足项目底线要求，内控版本应在外控版本基础上合理提前，预留调整余量。

所有计划应配备编制说明，对计划执行的前提条件进行明确，重点是非可控因素（如新政策、不可预见因素、需求调整等）。

2. 设计进度计划执行

为保障设计计划准确执行，应提前做好监控及纠偏策划。可采用专业负责人定期检查、填写进度监控记录表、召开设计周例会等形式，在执行过程中对设计计划展开监控，一旦发现实际设计进展偏离原定计划，应及时督促提醒。出现较大偏差时，应采取有效措施纠偏。可通过工作联系函、召开专题会、对滞后分包约谈等形式，并将相关记录形成书面材料存档。当项目条件发生较大变更，无法实现原计划时，需要对设计计划进行调整，并执行原审批流程进行审定。

7.5.5　设计接口管理

工程总承包项目设计专业多，牵涉大量专业间信息传递、接口协调、提资传递等工作。设计接口管理是设计专业间信息一致、准确、高效协同的保障，是确保设计质量、设计进度的重要措施。

1. 专业接口识别

在项目启动阶段，设计板块应首先根据项目合约文件梳理项目整体合约界面，并根据项目规模体量、专业要求、设计资质要求、主体设计能力等情况，酌情对项目非主体部分进行梳理划分。根据合约划分情况，对不同责任主体的接口进行识别。

设计阶段各专业设计需其他专业提供资料支撑，如施工图设计阶段机电专业管线布置及机房布置等需建筑、结构图纸；深化及专项设计阶段，精装单位出具点位图需要机电专业施工图纸等。完成设计进度计划后，应组织各专业设计单位结合项目设计资料对项目接口进行充分识别，建立接口识别清单，并组织各家设计单位进行综合评审，并进行书面确认。

某专业工程设计接口识别清单见表7-4。

表 7-4　某专业工程设计接口识别清单

设计阶段	需求专业	需求描述	提供方	提供形式	提供时间	其他要求
方案设计	设计依据	工程设计有关的依据性文件、建设单位设计任务书、政府有关主管部门对项目设计提出的要求	建设单位提供，总包负责汇总	图纸、文件	方案设计启动前	
深化设计	幕墙	设计说明、平面图、立面图、剖面图	幕墙分包	图纸	深化设计启动前	

2. 接口需求传递

接口识别清单建立后，应组织各家设计单位对接口需求进行明确，并结合项目各阶段设计进度计划，编制接口需求表，明确接口需求内容及要求，明确需求目的及需求时间、需求资料格式等。工程总承包单位应组织相关单位对各分包单位提供的接口需求计划的合理性进行评审，并与需求方进行沟通，确定合理的提资时间，最终根据接口需求表编制提资计划表，明确提资责任主体、提资内容与要求、提资格式、提资时间等。提资计划确定后，同责任方进行书面确认，下发并执行。

某专业工程设计接口提资表见表7-5。

表 7-5　某专业工程设计接口提资表

序号	提交的资料清单	提交方	用途	资料类型	提交资料的具体情况
1	精装修吊顶区域灯具	精装	灯具安装	图纸	明确各区域顶棚做法及灯具位置，以便灯具配线施工。详见附件（略）

3. 提资文件传递

实施过程中，工程总承包单位应根据提资计划督促责任方按要求及时提资至总包单位，明确总包单位为唯一传递枢纽。总包单位接收提资文件后，组织分包单位共同审核，确定提资资料能够满足需求方设计要求后，正式传递下发执行。

7.5.6　设计评审管理

设计评审管理为设计管理过程中把控设计成果质量及经济性的关键环节，应在相关方管控机制及设计进度计划中明确设计评审流程及原则、设计评审时限及频次。

1. 设计评审要点

工程总承包单位应组织各部门及专业分包共同参与设计评审，对设计标准进行对比性审核、对规范性进行审核、对各专业匹配性进行审核、对设计成果经济性进行审核、对可建造性等施工措施类策划点落实情况进行审核。设计审核过程应分清主次，重点针对量大、价格高、满足交付性及策划点落实情况的部分，对照前期建立的设计审核提示清单进行审核。

某专业设计审查要点提示清单示意见表7-6。

表 7-6　某专业设计审查要点提示清单示意

序号	阶段	分项	审查要点	类别	审查意见	修改反馈
1	方案及初设	结构体系选型	对于多层结构，一般采用框架；对于高层住宅，优先考虑剪力墙；对于高层办公建筑，一般考虑框剪或框筒结构。复杂或高烈度区结构应试算确定	经济性优化		

针对专业性强、技术力量不充足的情况，可聘请专业技术顾问或审查中心进行审核，形成审核意见后，以工程总承包单位为唯一枢纽向设计单位传递输出。审核过程要做到所有设计必须评审、所有评审必须留有痕迹（书面确认），并要求设计单位对于合理意见必须落实修改，最终出具设计审查书，经审核方签字后由总包单位留存并下发设计单位执行。

2. 设计评审流程

针对工程总承包项目设计的一审意见，设计单位应按照计划时间对设计文件进行修改，修改完成后将其反馈至总包单位，总包单位组织各审核方共同对设计评审意见修改落实情况进行二审复核，保证修改落实到位。总包内部审定完成后，按要求提交业主方进行审核，业主方审核并最后修改完成后，提交确定的图审公司审核。工程总承包单位可提前同图审单位对接，沟通设计审核的要点，以保证设计文件能够顺利通过图审单位审核，并出具施工图审核合格证。

7.5.7　设计文件管理

设计文件管理是指在工程总承包项目实施管理过程中，执行业主、总承包、专业分包约定的设计文件管理程序，包括设计文件收发、存档及移交、建立有效图纸清单目录、设置信息管理平台、建立各类信息数据库等工作。应建立信息传递平台，保证信息传递高效且能够留存凭证依据，并建立该平台传递相关设计文件的管理制度：

（1）设计文件传递过程中做好收发文记录台账，并及时进行更新维护；

（2）建立有效图纸清单目录，定期发布，保证图纸时效性；

（3）建立信息类数据库，包括设计文件审核提示清单数据库、设计概算数据库、安全与可建造性设计风险数据库等。

可将设计文件（报告书、计算书、图纸等）进行分类管理：

（1）必须经业主方批准方可出版；

（2）提供给业主方审阅的，业主方有意见修改后出版，无意见直接出版；

（3）提供给业主方浏览、参考的，可直接进行出版。

设计文件是工程总承包单位管理传递文件及过程管控的依据，应在管理过程中予以充分重视，并注重依据留存、签发确认、时效明确等原则，实现项目设计文件全程受控，保证管理痕迹留存，确保可追溯性及文件来源的唯一性。

7.5.8　材料设备报审管理

工程总承包项目涉及专业范围较广、材料设备种类相对较多，可编制材料报审流程及制度，明确报审材料设备种类范围、报审资料要求、审核责任人、审核时限、流程及频次。

1. 建立材料设备报审、封样清单

应根据项目合约文件规定，结合项目情况梳理编制材料设备报审清单。应组织意向分包单位将涉及外观效果及品牌清单要求的主要材料设备纳入报审清单范围，同时针对材料设备进行封样，以规避后期交付风险。封样清单应根据材料设备种类确定封样形式，可进行实物封样、图片封样等，总承包商内部确定后提交业主方审核确认，留存书面确认依据并下发分包单位执行。

2. 编制材料设备报审计划

根据项目总进度计划及设计进度计划，组织分包编制材料设备报审计划。计划应充分考虑报审时限及供货方进场准备时间，以满足现场施工进度要求及设计要求。材料设备报审通过后，设计可将选定材料和设备的参数落实上图，避免因信息不准确造成拆改或设计冗余。

3. 材料设备审核

总承包商应按拟订材料设备报审、封样清单及报审计划，组织分包单位按照材料设备报审表提交资料。按照拟定的审核流程，总承包商和业主方对报审及封样文件进行审核后签字确定。应设置专门材料设备封样间，收纳封样材料设备，以供材料设备进场及交付验收核对。

7.5.9 设计变更管理

工程总承包模式下，根据性质不同，设计变更可分为业主方变更和总承包商变更：

（1）业主方变更是指由业主方在其权限范围内通过正式途径发出（含总承包商提出、业主方确认，或由业主方直接提出），对已正式确认的项目定义文件（包括合同等事先约定，或实施过程中正式确认）等进行调整，并可能产生工期、费用索赔的变更。

（2）总承包商变更是指在总承包工作范围内、不涉及业主方相关要求调整的变更，无法向业主方进行工期、费用索赔。总承包商设计变更应作为设计管理质量评价的关键指标之一，尽可能减少，防止造成拆改等损失。

总承包商应根据项目合同等相关要求，梳理设计变更流程，并整合到项目管控机制文本中。

针对业主方变更，总承包商应按照项目管控机制文本要求，完善变更程序及指令文件等，并及时存档；在收到业主方正式变更指令后，总承包商应督促相关方在合同规定时间内通过正式流程统一反馈变更影响，并协调业主正式确认；设计变更完成后，项目部应按照设计文件传递程序将其发放至相关方，并督促相关方在规定时间内正式反馈变更影响资料，配合办理后续商务事宜。

总承包商变更应按合同等要求程序将其发出，对业主方无影响的，应争取通过总承包商内部程序进行传递；总承包商应根据变更情况，督促相关分包反馈变更影响，并确定变更责任归属，配合商务部办理后续商务事宜。

第8章　工程总承包商务管理

8.1　工程总承包商务管理概述

8.1.1　商务管理的内容

建设项目商务管理，是指对项目实施过程中所有经济活动的管理，并利用一定商业策略和技巧实现项目成本和利润目标的管理活动。商务管理的核心目的，在于通过合法合规的方式，在满足项目合同等要求的前提下，实现项目效益最大化。

商务管理贯穿建设项目管理的全过程。从性质来看，可主要分为收入管理、成本管理两个维度；从阶段来看，可分为投标策划与报价、合同评审及谈判、商务策划、成本预算与控制、变更与索赔管理、资金计划与回款、项目结算等。

8.1.2　工程总承包商务管理特点

工程总承包项目具有发包阶段早、承包范围广、权责界面清晰等特点，因此工程总承包项目商务管理与传统施工总承包模式也有较大区别，具体对比分析如下。

1. 从效益来源看

施工总承包模式下，效益来源核心是自施范围的施工效益，以及部分变更签证索赔。

工程总承包模式下，效益来源除施工效益外，还有范围扩大后的专业分包招采效益，以及设计优化带来的提质增效部分。

2. 从工作范围看

施工总承包模式下，商务管理主要局限于传统土建、机电等自施专业，对甲指专业分包管理有限。

工程总承包模式下，商务管理一般包括项目全专业，对部分非传统的专业商务管控难度及风险加大。

3. 从投标报价看

施工总承包模式下，投标阶段有详细施工图及工程量清单，成本计算准确，可靠性高。

工程总承包模式下，投标阶段设计深度一般在方案设计或初步设计深度，没有详细施工图，需要在无图无清单条件下借助历史经验进行成本测算及投标报价，可靠性低。

4. 从成本管控看

施工总承包模式下，主要管控施工阶段实施成本。

工程总承包模式下，除施工阶段实施成本外，更多从设计质量、招采成本等方面进行源头控制。

5. 从结算风险看

施工总承包模式下，结算流程清晰，需要资料明确，不存在超总价风险，总体审减风险较小。

工程总承包模式下，一般有上限价约束，且存在最终结算审减风险。

施工总承包与工程总承包商务管理内容对比分析见表8-1。

表 8-1　施工总承包与工程总承包商务管理内容对比分析表

对比维度	施工总承包	工程总承包
效益来源	施工效益+变更索赔	招采效益+优化效益+施工效益
工作范围	传统土建、机电等自施专业	全专业
投标报价	有图算量套价，可靠性高	无图组价，可靠性低
成本管控	施工阶段实施成本	设计、招采源头控制+施工阶段实施成本
结算风险	过程资料完善，审减风险小	审减风险大

8.1.3　工程总承包项目合同计价模式

工程总承包项目常采用的合同计价模式包括固定总价、费率下浮、模拟清单、成本加酬金等，不同的合同计价模式直接影响发承包双方的权益、风险、策略等。因此，工程总承包商务管理的首要工作，就是要结合合同计价模式的特点，梳理项目的商务管理思路及方法，再开展具体的管理工作。

1. 固定总价合同

固定价格合同又分为固定总价和固定单价合同，履行合同的承包人必须承担完成工作的责任而不管完成工作的成本是多少。除合同约定的情况外，总价一般不予调整，且总价认定以满足合同约定的要求为准，不需要按实际工程量结算或审计。

这种模式下，发包人通常在招标阶段把各种风险尽量转移给承包人，而承包方则必须发挥更多的主动性，依靠专业能力进行方案优化，增强管理能力，规避或降低风险事项的发生，实现项目成本最优，让自身利润最大化。

总价包干能够充分发挥总承包商自身专业优势，通过设计优化合理实现项目价值最大化，因此该模式也是诸多工程总承包合同范本所推荐的计价模式。但对项目的实施条件要求更高、更准确，以减少后期争议。

（1）FIDIC合同条件

FIDIC《设计采购施工（EPC）/交钥匙工程合同条件》，即常说的"银皮书"中规定"工程款的支付应以总额合同价格为基础，按照合同进行调整"，承包商确信合同价格的正确性和充分性，包括根据合同所承担的全部义务，以及为正确设计、实施和完成工程并修补缺陷所需的全部有关事项的费用。在《生产设备和设计—施工合同条件》（2017版）（俗称"FIDIC黄皮书"）中则规定"合同价格应为总额中标合同金额，并应按照合同进行调整"，承包商确信中标合同金额的正确性和充分性，但同时强调，中标合同额是建立在现场数据以及承包商设计的基础上。可见，"银皮书"更倾向于将项目风险尽量多地转移给承包商，合同价格为固定总价；"FIDIC黄皮书"下，对合同价格的调整及价格补偿是有可能的，即该合同为可调总价合同。

（2）国内合同条件

2019年12月23日，住房和城乡建设部、国家发展改革委联合印发了《房屋建筑和市政基础设施项目工程总承包管理办法》，其中第十六条规定"企业投资项目的工程总承包宜采用总价合同，政府投资项目的工程总承包应当合理确定合同价格形式。采用总价合同的，除合同约定可以调整的情形外，合同总价一般不予调整"。

此规定明确了工程总承包项目中建设单位应承担的风险，优化了发承包双方的风险分配，即工、料、机等价格变化将可能被纳入合同约定可以调整的情形中，避免本应由建设单位承担的风险被转移给工程总承包商的情况出现，对工程建设组织模式自传统施工总承包向工程总承包转型的过渡阶段中的合同行为予以规范。

2. 费率下浮合同

主要在国有投资项目中采用，一般采用"上限价+费率下浮+最终结算为准"的方式进行多重控制。该种模式典型特点如下：

（1）上限价在招标文件或合同中进行明确。无论何种情况，承包商不得突破，若突破仍按上限价结算，超出风险由承包商承担。

（2）过程结算以定额计价原则为基础，以实际完成的工程量和承包商投标时承诺的固定费率据实结算。往往在合同中会约定主要材料价格根据当地造价信息公布的预算价格认定，没有相关预算价格的主要材料与设备价格应由业主认定。

（3）项目最终实际结算额以最终结算或审计为准，如超出上限价，按上限价结算；如低于上限价，以最终确认金额为准。

该种模式对项目实施条件的准确度要求相对弱化，更适合自身需求描述不足、细度有限的情况。

3. 模拟清单计价

在建筑市场中，为了缩短招标工期、加快施工进度和快速回收资金，发包方通常在初步设计阶段采用模拟工程量清单计价方式进行招标。

模拟清单计价是一种特殊的工程量清单计价方式，实质是单价合同，与正常清单计价并没有区别，区别在于正常工程量清单是按照实际施工图进行编制，而模拟工程量清单是在没有施工图的情况下进行编制，设计深度无法达到编制完整的工程量清单的要求，清单编制依据的是发包人的要求及概念设计，参考既往的经验或类似项目的工程量清单进行编制，投标人根据发包人提供的模拟工程量进行投标，正式施工图完成后工程量据实结算。

但是在实践中，模拟清单计价也显现了自身的不足。首先，对于发包人来说，模拟清单适用范围比较有限，即需要大量类似项目的工程量清单和技术指标。其次，清单编制质量对相关人员的经验及素养依赖较高，同时模拟清单招标对投标人的相关经验要求也很高，否则极易造成缺漏项的问题，为日后的成本控制埋下隐患。

4. 成本加酬金

成本加酬金合同形式就是以项目实际执行后的项目成本为基数，加上约定的酬金计取方式，形成最终的合同价。除少数特殊项目外，一般较少采用。

酬金的形式有以下几种：

（1）固定酬金，针对某项目双方确定一个固定数，不随项目执行的最终实际成本变动；

（2）以项目直接实施成本为基数按比例提成；

（3）以约定的项目暂估成本为基数加奖罚，也就是说成本在项目设定的目标以下，按结余部分提成，超限担责。

前两种情况，对工程总承包方而言没有成本风险，不用担心由于前期对项目成本核算不准导致亏损，只要做好专业项目管理，按既定的项目目标（工期、质量、安全等）完成，即可拿到约定的酬金。第三种情况有些类似总价包死的方式，设定目标成本，超额有罚、结余有奖，不同的是发包人在项目实施过程中对成本参与更多一些。

《建设工程工程量清单计价规范》GB 50500—2013中对成本加酬金适用条件作了这样的说明：紧急抢险、救灾，以及施工技术特别复杂的建设工程可采用成本加酬金合同。实践中采用这种形式的主要有两类客户。

外资客户：选择这种形式的外资客户，一般是对拟投资建设的项目有非常丰富的经验，并且自身建设团队实力较强，人员配备齐全，项目管理体系完善，项目建设的技术规格资料较清晰明确。因此，对于承包方提供的各种实施方案（设计、施工等），他们有较强的审核评判能力，并且外资客户对项目管控的执行力较强。

以赶工为目的的、项目需要尽快启动的内资客户：国内客户选择这种模式，一种是出于发承包双方彼此信任，一种是出于工期紧张。尤其是国有资金投资项目，资金如何使用、使用是否合理都要经过专业审计审核，在前期方案阶段（还没有施工图情况下）一次固定包死的计价方式无法满足这种事后审计的要求，而项目又要快速推进，选择成本加酬金模式较为合适。成本加酬金模式既可确保在项目前期让总承包商之间有适当竞争（技术方案、酬金等），又能尽快确定中标人快速向前推进项目，让发包人全过程了解每项成本的发生，起到监控过程成本的作用。只要在招标阶段把审计对成本核算的原则加进去，以约定项目成本的确认方式和原则，就可以在某种程度上避免事后审计发现存在投资偏离的不确定性风险。

8.1.4 工程总承包项目商务管理思路

工程总承包项目商务管理的内容在不同的计价方式下基本一致，但根据计价方式的特点，商务管理的整体思路又各有不同。

1. 固定总价合同

固定总价合同是最能激发工程总承包商管理能动性的模式。在此模式下，总承包商在满足合同及相关规范要求的前提下，借助价值工程理念，合理控制经济性，减少不必要的成本，从而实现总体成本降低，提高建设效率。各阶段的主要管理思路如下：

（1）投标阶段，对项目实施条件进行细致分析，重点是工作范围、建设标准、潜在风险等，结合经验充分研判后，合理确定总报价，确定收入。

（2）项目中标后，根据合同约定，梳理项目总承包范围，包括外部实施范围和内部实施责任划分，明确工作任务分解（WBS分解），确定成本清单。

（3）由于固定价格合同中大部分的风险都由发包人转移给了承包人，所以承包人要在合同之初进行项目风险识别与梳理，制定相应的风险管控措施，并合理预留不可预见风险成本。

（4）设计阶段，在满足合同及规范条件下，严格控制经济性，通过招采竞价及限额设计等手段进行成本优化。

（5）实施阶段，根据合同条件、设计图纸等，确定项目成本目标，并进行动态管控，确保成本目标落地；过程中，在适当情况下合理开源，提高总价上限。

2. 费率下浮合同

与固定总价合同相比，费率下浮合同的最大特点在于，对设计经济性优化的效益并不能直接转化为总承包商效益，而需站在项目整体角度，合理切分总造价，实现整体价值更优。各阶段的主要管理思路如下：

（1）投标阶段，与固定总价类似，在充分分析项目实施条件的基础上，合理确定下浮费率。

（2）项目中标后，根据项目总承包工作范围，确定成本清单，预留不可预见风险调节量后，结合总体定位、价值产出和经验数据，制定各专业成本限额指标。

（3）设计阶段，按专业限额指标开展设计，考虑经济性、合理性，对各技术方案的效益进行逐项分析，在满足项目合同及规范要求的前提下，合理降低低效的成本支出，将"好钢用在刀刃上"；同时，根据详细设计图纸，复核实际成本，根据复核情况，对各专业限额进行二次调配，直至最终确定。

（4）实施阶段，根据确定的设计图纸和成本目标，合理组织招采及施工，保证成本目标最终落地。

（5）结算阶段，重点关注二次认质认价清单，保障结算合法合规，在最终结算审计阶段无审减。

3. 模拟清单计价

模拟清单计价，实质是一种单价合同。承包人在投标阶段就要参考类似项目经验进行对比分析，避免投标错漏项。中标后应对原合同清单项逐项进行成本利润分析，并与可行的清单替代项进行盈利对比，找出高效益的做法替代原合同方案。随后，将新方案调入施工图进行确认，就新的分项与发包方重新认质认价，提高项目利润。

4. 商务管理流程图

工程总承包项目商务管理流程图如图8-1所示。

8.2 投标阶段商务管理

投标阶段的商务工作，主要是根据招标阶段获得的相关资料进行项目成本测算，进而确定最终投标报价。然而，工程总承包项目不同于传统的施工总承包项目，投标阶段商务工作面临以下挑战。

一是工程总承包项目基本条件（工作界面、权责风险、建设标准等）在招标文件中被锁定，除少数情况外（如业主主动调整等），后期基本无变动。换言之，投标阶段基本确定项目最终结果。

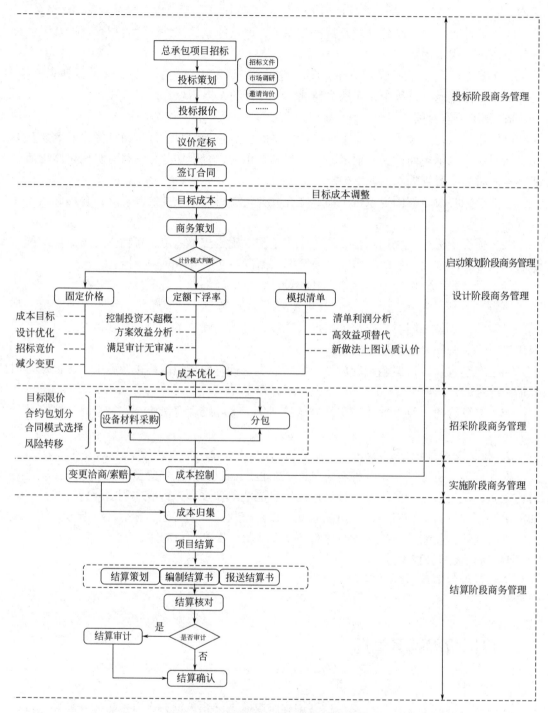

图 8-1　工程总承包项目商务管理流程图

二是招标阶段设计图纸深度有限，难以核实准确的成本数据，同时总价上限相对固定，投标报价风险大。

三是总承包商工作范围扩大至全专业，且设计深度有限，部分专业工程需要依靠成熟的分包商从投标阶段介入配合。

工程总承包项目投标商务管理分四个主要阶段展开：投标准备、成本测算、投标报价、合同谈判。

8.2.1　投标准备阶段

1. 研究招标文件

研究招标文件是工程总承包项目商务管理的第一步，也是后续所有工作的基础。在此阶段，要重点关注工程总承包模式下特有的相关要求，如实施条件（项目需求、工作范围、建设标准、管控机制、风险分配）、设计文件、计价方式、评标规则等，确定投标总体思路，并梳理需进一步明确的问题和潜在风险。

具体工作要点见第4章相关内容。

2. 制定投标策略

基于招标文件分析情况，以中标为目的、以盈利为原则，制定相应的投标工作策略，形成一致意见。核心要点包括：

（1）内、外部资源的组织与协调，如设计单位的选择、专业分包资源介入、资信业绩团队等；

（2）投标工作计划安排，尽可能充分预留设计细化、成本复核、市场摸排等关键工作时间；

（3）风险因素识别及应对措施，对可能存在的风险因素进行识别，评估影响可能并制定应对策略，并在投标报价中充分考虑该部分影响；

（4）明确投标报价策略，重点包括类似项目经验指标、收入与成本目标分解与汇总、风险调节预留等。

3. 组织投标资源

投标核心资源包括设计单位、专业工程分包等。

设计资源组织上，与高水平的设计配合单位（联合体或分包商）合作，不仅有利于保证设计成果质量、协助成本测算，还能够大大提升投标技术竞争力。

分包资源组织上，对于成本占比较大的设备供应或专业分包，总承包商应在投标早期阶段邀请其介入并进行专项技术及报价配合。同时，总承包商通过对市场及历史价格的摸排，掌握其成本利润情况，这样才能在成本测算时"心中有数"。

在此阶段，要重点关注双方权责义务的细化与约束，必要时通过标前协议、战略合作等方式，确保投标阶段与实施阶段的延续性与一致性，防止中标后出现争议等情况。

4. 现场考察及标前会

参加发包人组织或自主进行的现场踏勘，对影响工程施工的现场和周围环境情况进行全面考察，初步判断施工方案、施工难度，充分考虑施工措施费；同时还可以针对招标文件中提到的规定和数据，通过现场踏勘进行详细核对，将现场情况与招标文件不符的内容以书面形式向发包人提出。

参加发包人组织的标前会，对踏勘过程中的疑问及其他招标文件问题进行澄清，发包人的解答应以会议记录的形式送达所有获得招标文件的投标人。

5. 摸排市场调研

市场调研分为两个方面。一是对当地主流材料设备供应情况进行调研，二是对材料设备价格成本情况进行调研。

在主流材料设备供应方面，在满足招标要求的前提下，尽可能选用当地成熟、稳定的供应资源，尽可能避免单一来源，为后续招采实施奠定基础。同时，将相关技术要求融入设计成果文件，保证满足最大范围要求。

在成本摸排方面，搜集工程所在地的政策法规及同类工程的成本及结算数据，对材料、人工、机械设备及物流运输等与报价有关的市场价格进行调查，对重点设备的供应商及专业分包进行配合询价。汇总各资料，分析主要信息，判断施工风险点，充分考虑风险费。

8.2.2 成本测算阶段

1. 成本科目分解

工程总承包项目由于承包范围扩大，其投标报价的组成与传统施工项目有较大不同。住房和城乡建设部办公厅2018年12月12日《房屋建筑和市政基础设施项目工程总承包计价计量规范（征求意见稿）》第2.0.30条关于签约合同价（合同价款）的规定为："发承包双方在工程合同中约定的工程造价，包括勘察费、设计费、建筑安装工程费、设备购置费、总承包其他费和暂列金额。"

根据成本归集习惯，可将工程总承包项目成本科目分为设备及材料采购费用、建安施工费用（土建施工分包、安装施工分包或其他专业分包）、技术服务类费用（设计合同、勘察合同、图纸审查费、工程保险费、各项检测验收费、配合试运行费、调试费等）、管理费用（项目管理费、公司管理费）、其他费用（不可预见费或风险费）。

对于工程总承包项目，因权责归属明确，要特别关注招标文件未列明，但实际属于总承包工作范围内的隐性工程成本，以及部分非常规的专业工程成本。对于该部分成本，在避免漏项的同时，还应对成本范围充分预估，防止出现重大失误。

常见的隐性工程分析详见第3章相关内容。

2. 成本测算

对工程总承包主要成本科目的测算方式和策略列举见表8-2。

表 8-2 工程总承包主要成本科目测算方式和策略

序号	主要科目	测算方式	测算策略
1	建安施工费用	按图按量，据实测算	1. 编制与图纸深度相对应的工程量清单，按对应价格指标范围，测算成本范围，确定目标值； 2. 参考类似项目经验数据指标； 3. 引入专业分包配合； 4. 复核设计文件，预估可行的优化空间
2	材料设备采购费用	按图按量，据实测算	1. 确定采购量，市场摸排价格范围，确定采购成本范围； 2. 引入专业分包配合
3	技术服务费用	按比例计取	1. 按单价及面积计取，如设计费、图审费等； 2. 按固定比例计取，如保险费、各类规费等
4	管理费用	按比例计取	根据项目特点及公司管理要求，按固定比例计取
5	不可预见费用	按比例计取	根据不可预见风险项，逐项按比例列举汇总

对建安费用编制的一般步骤简要列举如下：

（1）复核工程量清单。根据招标文件及相应设计成果文件，梳理错漏项，形成与设计文件深度相对应的完整、准确、清晰、合理的投标工程量清单。

（2）根据招标设计文件及自身设计细化文件，核算工程量及人工、材料和机械的消耗量。

（3）核准价格，包括人工单价，材料预算及机械台班单价。重点审核大型设备供应商及专业分包报价，要根据经验数据或市场同期价格，核实其技术方面是否满足招标要求及报价合理性。制定相应分包策略，与主要供应商及分包商进行初步商谈，进行价格摸底。

（4）选择和确定施工方案，进行措施成本核算。

（5）估算设计优化额及风险费用。

（6）综合考虑成本浮动范围，形成最终该项成本范围。

3. 成本汇总

在各成本科目测算的基础上，逐级汇总形成项目总成本。可根据各项成本上限、下限范围，确定总成本波动范围，并结合类似项目总体造价指标，确定最不利、最有利、最可能成本（预期成本）等，作为后续投标报价基础依据。

4. 现金流分析

现金流分析是在投标成本测算的基础上，根据项目进度安排和工程款支付条件，预测项目全周期的资金收入和支出情况，进而确定不同时间节点（一般按月）的资金需求情况，提前作好资金需求计划，保证项目的顺利推进，并合理预估相应的资金成本，特别是对于部分投融资带动的工程总承包项目。

8.2.3　投标报价阶段

1. 编制投标报价

在项目成本测算的基础上，结合项目评标方法，考虑项目价值、竞争环境、盈利水平及项目风险等情况，确定合理的标高金，确保以合适的价格提高项目中标率和经济效益。

标高金由管理费、利润和风险费构成。管理费属于公司的日常开支在该项目上的摊销，由总承包商自行决定。利润是指总承包商应记取的合理报酬，对每个投标项目而言，应该因工程制宜，具有一定的伸缩性。风险费的确定需要对风险项进行分析及评估，确定合理的风险成本和费率。

2. 递交商务标

根据招标文件对投标文件格式、提交方式、评标方法等的要求，对投标文件进行梳理调整校对，确保充分响应发包人及招标文件的要求，同时做好标书保密工作。具体内容包括：

（1）整理投标报价书。对投标报价进行校对复核，充分理解招标文件对投标报价的要求和范围，对招标文件提出的报价要求作出全面响应。

（2）报价调整。针对答疑回复或答疑会更新的招标信息，根据企业决策对投标报价进行及时修正和调整。

（3）呈递标书。在招标规定时限内呈递标书。

8.2.4　合同谈判阶段

1.　定标谈判的要点

投标人经过激烈的竞争终于获得中标资格，接下来便进入极为艰苦的合同谈判阶段。许多在招标、投标时无法说清或定量的内容和价格，都要在合同谈判时准确陈述。合同的谈判，是企业取得理想经济效益的关键一环，工程总承包项目的定标谈判需要注意以下内容。

（1）明确项目实施条件

针对招标阶段仍存在的实施条件不明确等情况，中标人应借助合同谈判，主动配合业主完善相关实施条件内容，清晰准确描述双方权责界面、工作标准等，并将其作为合同附件予以确认。

在帮助业主完善项目实施条件时，中标人要把握合理适度原则，并考虑自身工作能力及报价情况，确保与合同额相匹配，保障自身合理权益。

（2）明确支付条款

总承包商要对合同约定的付款条件进行分析，如果认为不合理，应在谈判阶段与发包人协商修改；将现金形式的履约担保及质保金担保协商修改为保函，预付款保函额度按进度递减，减少财务费用支出，提高总承包商整体授信额度或保函额度；可协商要求发包人提供支付担保，降低延期收款风险。

2.　定标谈判的策略

（1）建设性谈判贯穿始终

中标人要坚持建设性谈判为主的原则，对业主关心的问题和事项尽可能给予合理的解答，根据业主要求就相关合同内容进行补充和完善，充分体现工程总承包商的专业素养，增强业主对自身的信任度。

（2）竞争性谈判策略要用在关键问题上

与建设性谈判策略相反，竞争性谈判策略主要是针对对于业主提出的谈判议题丝毫不作让步，中标人坚持自己提出的相关议题的情况。根据谈判的进程，在总承包商基本确定业主对中标人的信任度和依赖程度后，可以适时采用竞争性谈判策略，在关系自身切身利益的问题上不让步。一般在整个谈判过程中，中标人要确定两三项不让步的谈判事宜，并提前准备好应对方案。

（3）在恰当时机准确使用授权有限原则

工程总承包项目的合同谈判，一般由相关的商务负责人和技术人员参与。在合同谈判过程中，经常会遇到业主就合同价格或实施条件进行变更的谈判内容。在遇到关系项目经济利益或使整个项目产生颠覆性变化的谈判内容时，承包商谈判代表要不失时机地使用授权有限的谈判原则。

此时，要明确告知业主，作为承包商的谈判代表，谈判人员的授权有限，业主提出的某些问题待向总部或公司汇报后才能给出答复。合理利用授权有限原则，可以将业主提出的对项目有重大影响的谈判议题暂时搁置，继续其他议题的谈判。

8.3 启动策划阶段商务管理

启动策划阶段是承上启下的关键阶段，对后续项目整体实施具有决定性作用。该阶段商务管理的主要工作是梳理工作项、制定商务管理策划。

具体工作要求见第6章。

8.4 设计阶段商务管理

设计阶段是影响项目整体造价水平的关键阶段。根据统计，设计阶段的工作将影响整个项目80%左右的成本。工程总承包模式下，对造价影响极为重要的"设计"环节被纳入承包范围。因此设计阶段商务管理，对项目整体成本控制及创效尤为重要。

以建筑工程为例，根据工程总承包项目发包阶段不同，总承包商进行设计工作时可能从方案设计或初步设计介入，也可能从施工图设计介入。在不同的阶段介入，虽然在商务管理工作深度和细度上有所差异，但在总体工作流程上具有相似性，即充分发挥限额设计和价值工程理念，在功能和造价上实现价值最大化。在具体实施时，较典型的工作循环路径图如图8-2所示。

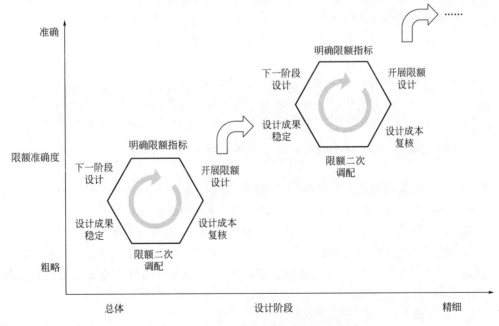

图 8-2 工程总承包项目工作循环路径图

此外，由于项目的合约计价模式不同，工作重心也各有不同。对于总价包干类项目，更多考虑通过合理的设计优化控制经济性；对于"上限价"模式，除合理控制经济性外，还要考虑将造价空间向高价值专业侧重。

8.4.1 "上限价"模式

"上限价"模式是指项目有一个明确的总价"天花板"，同时最终金额以实际结算或审计为准，且不得超过上限，常见分类包括费率下浮和模拟清单。针对"上限价"模式，设计阶段商务管理工作可总结为"商务限额六步工作法"，具体如图8-3所示。

图8-3 商务限额六步工作法

1. 理界面

理界面，即根据工程总承包合同等的相关要求，梳理总承包商工作范围，为后续商务工作奠定基础。理界面的核心意义在于明确商务限额分配范围，防止出现缺漏项，导致成本失控。

界面梳理过程中，要重点关注工程总承包模式下容易出现的隐性工作，具体见第3章相关内容。

2. 定标准

定标准，即在确定总承包商工作范围的基础上，确定各项工作的具体完成标准，包括交付标准、技术要求、材料设备品牌等。该工作是锁定项目收入及成本的基础。

理论上，典型的工程总承包项目应在招标时对建设标准进行明确，防止实施过程中因各方立场差异而出现争议。但实际工作中，许多工程总承包项目存在建设标准缺失或不明确的情况。因此，对总承包商而言，需要对建设标准进行补充或完善，具体见第3章相关内容。

需要注意的是，部分建设标准（如装饰、景观等）应结合总体造价情况进行动态确定，保证造价受控且最大化利用。在具体工作时，可遵循"由俭入奢"的原则，先按经济性原则制定初版标准，控制造价不超"上限价"；再根据设计成果复核成本情况，有造价富余时，对部分高价值工作合理提升标准，实现项目价值最大化。

3. 扩上限

扩上限，即在满足项目投资及相关法规的前提下，对工程总承包合同上限价进行合理扩大，为保证项目品质、提升收入上限、提升投资效率创造条件。

工程总承包模式下，总承包合同上限价与项目总投资在范围上存在一定差异：总承包合同费用一般包括绝大部分工程费用、部分工程建设其他费，占项目总投资比例可达80%以上；还有一部分属于项目总投资范围，但不属于总承包合同范围的费用组成，如预备费、部分工程建设其他费等。

建设项目投资组成示意图如图8-4所示。

对于部分由总承包商负责初步设计的工程总承包项目，项目概算编制工作也由总承包商负责完成，并经业主审核后报送相关机构审批。同时，许多情况下，工程总承包合同上

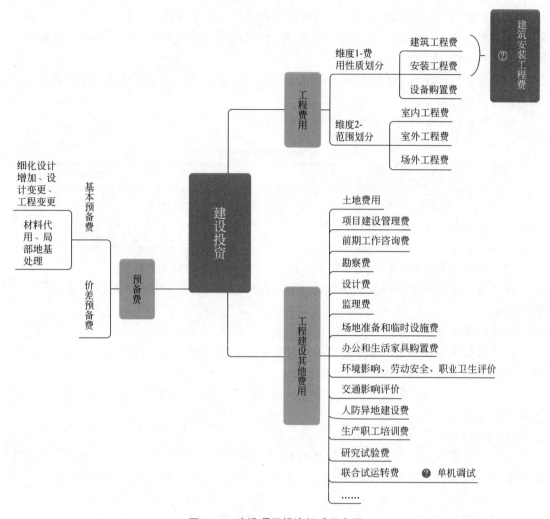

图 8-4　建设项目投资组成示意图

限价往往与概算相挂钩。因此，应充分借助概算编制，对项目整体投资进行有效分配。

对于总承包商而言，扩上限可从以下两个方面着手：

（1）扩大总投资上限。根据相关政策法规，当因国家政策调整、价格上涨、地质条件发生重大变化等确需增加投资概算的，可按程序进行调整。对于部分发包阶段靠前、项目条件发生重大变化的工程总承包项目，可实事求是按规定程序对上限进行调整。

（2）总投资内部调配。在总投资上限确定后，在进行总投资分配时，适当向总承包合同范围内的费用进行侧重。例如，对于部分工程建设其他费，实际费用较相关取费标准有较大折扣，可根据实际情况进行取费；还有预备费取用，可根据项目实际情况，合理选择取费比例，避免浪费。

4. 控总价

控总价，即在工作范围、投资上限确定后，按规定的上限价对项目总造价进行限额控制，防止超出上限。该项工作是规避项目造价超支风险的关键。

对于总承包商，该项工作可重点从以下方面着手：

（1）根据项目工作范围和界面，梳理成本清单项，防止出现缺漏项。

（2）根据项目实施条件分析情况，对项目整体风险进行评估，合理预留风险调节空间，确定初步限额总价。

（3）根据初步限额总价，明确各专业造价限额指标，部分专业可根据造价限额进一步确定设计指标限额。

项目限额指标划分表见表8-3。

表8-3　项目限额指标划分表

序号	专业工程/限额子项	计量方式			特征描述			拟分配限额指标	
		计量指标	单位	数量	工作范围	典型做法	品牌档次	单位造价（元）	合计（万元）

（4）将各专业限额指标发送至设计单位，要求按限额开展设计工作。

（5）将各专业限额指标发送至专业分包，要求按现有图纸和建设标准等，复核限额指标情况。

（6）根据设计单位按限额完成的设计成果，进行实际成本测算。

（7）根据成本测算情况和专业分包反馈意见，对专业限额进行合理调配，并合理组织设计优化，保证限额落地性。

（8）经过多次迭代后，实现专业限额与设计成果的固化，并预留一定的调节空间，基本实现控总价的目标。

5. 保总价

保总价，即在实现控总价目标的基础上，对剩余的造价调节量进行二次调配，保证最终结算价尽可能靠近上限价，即用足上限价。该项工作是提升项目价值的关键工作。

保总价应在控总价目标实现的基础上，将剩余的造价调节量向部分专业工程进行追加，以提升建设标准与整体档次。追加的专业一般是装饰、智能化、景观等，这些专业对总承包商而言，具有较高的收益率；对于业主而言，也能够显著提升项目功能品质。因此，通过该项工作，能够实现项目多方共赢，显著提升项目价值。

根据追加投资情况，对设计文件、建设标准进行修改，并按流程取得业主认可。需要注意的是，在进行二次调配时，应充分考虑结算审计要求，遵循实事求是的原则，确保最终结算无审减。

6. 固成本

固成本，即根据按限额设计要求最终完成的设计成果、建设标准，确定各专业目标成本，并在实施过程中确保成本目标实现。

该项工作应结合合约规划、目标成本等确定，在项目实施过程中进行动态管控，确保最终成本目标落地。

8.4.2　固定总价模式

与"上限价"模式的限额管理流程相比，固定总价模式限额管理更简单，主要原因在于最终结算总价不需要经过据实结算或审计，只根据对合同约定的工作内容、建设标准的完成情况决定。

具体工作流程可分为以下步骤：

（1）理界面，与"上限价"模式要求类似。

（2）定标准，采用固定总价包干模式的工程总承包项目，一般有详细的建设标准，因此此阶段主要对建设标准中有潜在争议的内容进行明确。

（3）扩上限，与"上限价"模式要求类似。

（4）控总价，即根据总价情况，合理制定各专业限额成本目标，要求设计执行。在对设计成果进行审核时，在满足合同等相关要求的前提下，按经济性原则控制，合理降低建造成本。

（5）固成本，与"上限价"模式要求类似。

需要特别注意的是，固定总价模式下，虽然控制经济性是第一原则，但要保证项目合理的功能性及安全性目标，并充分考虑未来全生命期内的运营需求，切不可以设计优化牺牲项目基本的功能和安全需求。

8.5　招采阶段商务管理

从招采性质来看，工程总承包招采可分为专业工程招标、材料设备招标、技术服务招标等。招采阶段商务管理，主要是在目标成本要求下，完成项目招采工作，并确保项目实施落地。

招采阶段商务管理主要内容包括合约规划、招采策划、招采组织与执行等，具体要求见第10章内容。

8.6　实施阶段商务管理

工程总承包实施阶段主要是指实体工程施工阶段，是项目主要成本的发生阶段。此阶段商务管理工作重点在于对实际施工成本的控制，即在满足目标成本要求的前提下，完成合同等约定的工作内容。

实施阶段商务管理的主要内容有目标成本动态控制、工程收付款管理及变更索赔管理等内容。

8.6.1　目标成本管控

1. 动态成本控制

目标成本管控，是指在给定的目标成本下，对实际发生成本进行管理的过程。目标成本，主要依据前期各专业限额成本和确定的设计文件确定。在实际发生过程中，受各种因素影响，需要实时监控实际成本发生情况，并与完成工作占比及目标成本情况进行对比，根据差异情况提前采取相关措施，确保工作最终完成时的实际成本与目标成本相匹配。

成本动态控制包括根据工程运行情况对成本进行实时监控，加强对分供合同的控制，对施工过程中存在的问题进行严格管理，按照合同规定开展工作，减少不必要的施工损失等内容。

动态成本控制过程示意图如图8-5所示。

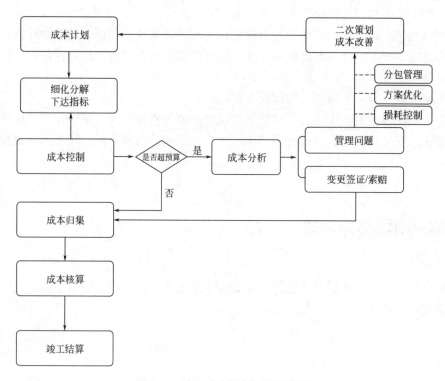

图 8-5　动态成本控制过程示意图

动态成本管控通常用表8-4格式进行分析。

表 8-4　项目动态成本管控分析表

| 序号 | 合约成本科目 | 规划目标成本 | 动态成本 | | | | 剩余可用成本 | 预警情况 | 备注 |
			已发生金额	待发生金额	已确认变更金额	总动态成本			

2. 动态成本控制措施

（1）成本收集

按照成本要素划分进行跟踪与成本归集、核定合同收入。

（2）成本分析

将目标成本和实际成本进行对比分析，编制项目成本分析表，分析盈亏原因及责任人，进行成本趋势预测。

（3）二次策划

对超目标成本的部分，分两种情况进行处理：对于非承包商原因造成的成本超支，可采取变更签证或索赔的方式挽回损失；对于承包商内部原因造成的成本超支，超过的部分需要在目标成本总额中"内部消化"，费用控制人员需联合各部门进行下一阶段的成本策划及实施，降低超预算风险。

3. 目标成本的动态调整

项目实施过程中，成本发生变化时需要根据实际情况对目标成本进行调整，以制定下一步的成本策划方案，保证项目的总体目标处于可控状态。当实际成本价格超过目标成本时，应由总承包商对超出情况进行分析，确定应对措施。需要调整时，应出具调整报告，根据总承包商内部流程进行审批后方可调整。经审批调整的目标成本作为项目成本分析和考核的依据。

目标成本可调的范围包括：

（1）由招标确定的人、材、机、分包单价，根据合同单价据实调整；

（2）签字确认的设计变更、现场签证、技术核定单等，按照目标成本测算原则和水平予以调整；

（3）经过核定的其他非自身原因导致的成本变化。

需要注意的是，目标成本调整时，应保证不突破总体限额，利用预留的调整空间，或在其他专业进行总额匹配。

8.6.2　变更管理

变更管理是进行变更识别、变更分析、制定变更策略的管理过程。变更管理工作包括确定变更管理职责，为项目的变更管理提供完整的行动纲领，确定如何在项目中进行变更管理活动，制定项目变更管理计划等内容。

1. 变更的外部控制

变更的外部控制是指总承包合同的变更控制。总承包合同的变更主要因设计图与原合同条件或业主需求产生了变化或实际实施条件变化导致。承包商要在收集资料和调查研究的基础上，运用各种方法对尚未发生的潜在变更以及客观存在的变更进行归类和识别。

2. 变更的内部控制

项目施工阶段还需要对内部分供商的变更签证进行控制。总承包单位应设置严格的设计变更及签证的审批程序，对设计变更及签证的工程量及内容进行审核。

对分供商提出的变更及签证，总承包商首先要对照分包合同条件进行审核，并分析费用变化的原因，找出费用承担者并向其转移成本，确实应增加的费用应与分包商确定价格后再进行施工。

8.6.3 工程收付款

1. 合同价款的支付

工程款一般包括预付款、进度款和最终结算款，对于总承包合同的支付而言，有按照里程碑付款或者按照实际形象进度付款等不同付款方式。针对不同的项目，上述两种付款方式各有利弊。从总承包方风险控制角度出发，能够尽可能早地拿到合同款为更有利的付款方式。

2. 价款支付程序

合同价款的支付程序主要包括工程量核算和总承包商报表两个环节，具体程序如下。

（1）工程量核算

原始工程量清单只是对工程量的初始估计和罗列，不能够直接作为总承包进行合同价款支付申请或进度款申请的依据，只有经过按照实际施工进度进行测量和详细核实的工程量清单，才能作为进度款的结算凭证，也就是要以科学的真实数据作为付款依据。由于总承包合同报价方式的不同，工程量清单的计算方法也不尽相同，对于总价合同应依照图纸工程量进行计算，而单价合同则可以按照施工工程量进行计算。

（2）总承包商报表

总承包商报表提出的时间应该在每个分期的期终，具体格式可以参照相关的支付申请格式要求。

3. 分供商付款

（1）分包请款审批

分包工程款的实际支付需要以每个节点完成的工程量为依据进行结算。分包请款后，需要按照分项工程内容逐一统计当月完成的各类工程量，仔细核对各类工程量，将统计好的当月分部分项工程量计量验收单交相关部门负责人及项目经理等审核后签字确认，确认后将计量验收单递交给分包商，由分包商进行确认。

总承包商务部门根据当月工程量完成情况、签订的关于早期工程款的合同条款及合同规定的分包进度款结算条款申报付款计划，项目经理再对工程量、工程进度款结算进行审核后，给出批示并完成工程款的支付。

（2）工程款支付凭证管理

分包单位应由专人负责工程款的领取。分包单位领取人需要做好备案，同时工程款领取人需要提供相关的资料，比如分包公司的开户行及账号、领款人本人的个人身份证原件及复印件、分包单位的介绍信和公司法人签字的委托函等，确保工程款支付期间由专人负责。领取负责人更换的则需要重新备案，领取人在领取工程款时，需要携带工程款支付登记本并规范记录。

8.7 结算阶段商务管理

项目结算包括施工过程定期结算、项目的分部分项结算及项目的最终竣工结算等。项目竣工结算是实现项目经济目标的重要保障。

8.7.1　结算流程

1. 确定完工成本与收入

（1）收集资料

结算资料包括但不限于：招标投标文件及答疑资料、工程施工合同及补充协议、与经济有关的会议纪要、竣工图纸、设计变更、技术核定单、现场签证索赔、各种验收资料、发包方对材料设备核价的资料、施工方案、政府部门发布的政策性调价文件及有关造价信息等。

（2）成本锁定

工程完工后及时对项目成本进行清理，全面完成内部结算工作，全面核实项目发生的实际成本，锁定工程的最终成本，锁定后的工程成本不得以任何理由增加。

（3）收入核定

根据工程结算资料计算合同收入，进行收入核定，确定项目结算确保金额。

2. 结算阶段商务策划

结算策划是指总承包方以合同或协议条款为依据设定结算的营收和利润目标，制定的一系列措施。

结算商务策划的内容包括：

（1）针对承包人在工程工期、质量方面的履约情况分析利弊，制定结算对策；

（2）分析合同条款对结算的利弊，制定对策；

（3）从工程量计算的角度出发，制定合理的计算方向；

（4）分析现行的政策法规，结合建设方审批的施工组织设计、设计变更、签证等，确定可行的套价方法与计价程序；

（5）检查索赔资料的完整性与说服力，确定索赔的谈判方式；

（6）针对结算中可能存在的争议问题制定对策；

（7）研究与结算初审、复审、审计等审核经办人的沟通方式，保持与相关方沟通顺畅；

（8）明确工程结算策划书的落实部门与责任人；

（9）确定结算目标。

8.7.2　过程结算

1. 过程结算的方式和内容

过程结算是业主与承包商之间对经审核确认后无质量问题的已完成工程量进行结算的一种工程款支付方式。与一次性支付方式不同，进度款结算是依据依法签订的施工合同所约定的结算周期（时间或进度节点）内完成的工程内容（包括现场签证、工程变更、索赔等）实施工程价款计算、调整、确认及支付等的活动。过程结算文件经发承包双方签署认可后，将作为竣工结算文件的组成部分，不再重复审核。过程结算是确保承包商按时收取进度款的一种方式。

各地普遍强调了施工过程结算审核的时效性，明确发包人逾期审核即为认同。另外为保障施工单位按时收取进度款，各地还对进度款最低付款比例作出了规定，如山西和重庆要求发包人按照合同约定足额支付工程进度款，贵州和云南则要求发包单位按照不低于已完工程价款的60%、不高于已完工程价款的90%向承包单位支付工程进度款。

2. 过程结算的管控要点

（1）报送要保证时效性

一般情况下超过约定时限不报送，视为放弃。

（2）过程结算应加强界面管理

清单计价模式下的分部分项工程列项是基于项目特征描述进行的工作结构分解，没有体现项目进度，与过程结算不相吻合；工程量清单中的一个分部分项工程，在过程结算时则需要按照进度划分成多个部分计算。为避免重复和遗漏工程量，各个部分之间需要清晰界定界面。实践中可以按照实际进度，运用WBS分解结构这一工具，提前界定清晰描述过程结算的界面，力求做到不重不漏。

（3）加强质量过程控制和资料管理

工程质量合格及工程资料的完备是施工过程结算的前提，因此承包商需要对工程质量与工程资料给予足够重视。施工过程中应对工程质量的控制及工程资料的收集工作高标准要求，避免因质量问题或资料缺失而无法结算。

8.7.3　工程造价审计

工程结算时，发包方可依据合同对总承包方的结算书进行审计。并且承包商经常会面临多重审核、审计，从发包方的造价管理部门、审计部门，到发包方的上级工程审计部门或其委托的造价咨询公司，要经过层层审计才能最终结算。工程造价审计一般是对单项、单位工程的造价进行审核，其审计过程与乙方的决算编制过程基本相同，即按照工程量套定额。

项目审计风险有以下几种。

1. 定额的套用问题

变更或结算金额套用定额得出，但审计在进行审核时可能会对定额套用的合理性提出质疑，结算扯皮情况较多。

2. 材料设备认价

对于新材料和新工艺出现后的材料和设备价格的调整情况，审计认为不合理的价格可能会被调减。

3. 结算资料问题

对于有些变更签证或索赔内容，结算中所附资料不交圈，导致审计无法认价。

对于以上问题，总承包商一定要在结算策划阶段对上报结算的资料及分项内容进行梳理，对可能产生的问题提前预判并进行预演，将问题在上报结算前解决。

8.7.4　结算后评价

结算后评价是指总承包商在工程竣工交付或结算完成后对项目实际成本进行还原，审定项目实际利润，评价项目的管理运营得失，总结经验教训，以改进提高项目管理水平的一种方式。

1. 成本还原

成本还原就是对项目实际发生的收入和支出，包括人工费、材料费、机械费、措施费、现场管理费等实际成本进行核定，与目标成本进行对比分析，鉴定项目实际成本管理成果并进行分析的过程。

（1）时间节点

工程竣工交付或结算完成后，项目部完成商务工作总结，并对项目实际成本进行还原，通过成本还原的方式核定项目部实际成本及利润，考核项目部成本管理绩效。

（2）成本还原内容

成本还原包括项目整体成本核定、分包结算汇总核定、项目预算收入核定、项目管理费用核定、材料损耗控制核定及改进成本控制措施核定共六项内容。通过以上六个方面最终确定项目实际盈亏情况。

成本还原体现了项目管理的真实水平和项目的实际情况，应及时将相应的数据录入成本数据库系统，作为未来项目的指标参考依据。

2. 管理评价

管理评价是依据项目资料对项目团队表现及管理水平等进行评价，总结项目管理中的主要问题、主要经验教训和对策建议等。

第9章　工程总承包合同管理

9.1　工程总承包合同管理概述

9.1.1　建设工程合同概述

1. 建设工程合同概念与特征

《中华人民共和国民法典》第二百六十九条中对建设合同作出定义："建设工程合同是承包人进行工程建设，发包人支付价款的合同。建设工程合同包括工程勘察、设计、施工合同。"

建设工程合同的特征有以下几点。

（1）合同主体的严格性

建设工程合同主体一般只能是法人。发包人及承包人均需具备相应的条件及法人资格才能参与建设工程活动。

（2）合同标的的特殊性

建设工程合同的标的是各类建筑产品。建筑产品本身具有特异性和固定性，因此建筑工程合同标的也具有特殊性。

（3）合同履行期限的长期性

由于建设工程具有结构复杂、工程量大、生产周期较长等特点，因此建设工程合同的履行期限也很长。

（4）投资和程序上的严格性

国家对工程建设的投资和程序有着严格的管理制度，合同的订立和履行必须遵守国家基本建设程序的规定。

2. 建设工程合同分类

（1）按计价方式

可分为单价合同、总价合同及成本加酬金合同。

（2）按工作范围

可分为工程总承包合同、施工承包合同及分包合同。

（3）按照承包内容

可分为勘察合同、设计合同、施工合同、监理合同、咨询服务合同等。

（4）按合同主体

可分为联合体合同、独立合同等。

3. 建设工程合同管理的内容和意义

合同管理不仅包括合同从签订到履行全过程的控制和管理，还包括合同筹划过程的管理。合同管理主要包括确定合同结构及合同文本，确定合同计价方法和支付方法，在合同履行过程中进行管理与控制以及合同变更及索赔等内容。

建设工程合同对项目的进度控制、质量管理、成本管理起到总控制和总协调的作用。合同管理的重要意义在于通过全过程、体系化、动态性的管理，准确、按时履行自身的责任和义务，保证自身权益的同时监督其他方的履约责任，加强沟通与合作，保证合同顺利完成，达成项目目标。

9.1.2　工程总承包合同关系体系

工程总承包项目包含专业较多，从总承包方角度，合同管理可分为两个层次。第一层次是总承包方与业主间的合同管理，即主合同管理；第二层次是总承包方与分包单位间的合同管理，即分包合同管理。按照工程项目实施过程，合同管理可分为招标投标阶段、履约阶段、收尾阶段等。

在工程实践中，由于企业自身资质及能力的限制，工程总承包项目常由两个或两个以上承包商组成的联合体共同承接。联合体与业主签订工程总承包合同，而联合体内部则需要就相关的责任及利益分配签订联合体协议。因此，对于联合体承接的工程总承包项目，还需要关注联合体协议的合同管理内容。

工程总承包项目较典型的合同框架示意图如图 9-1 所示。

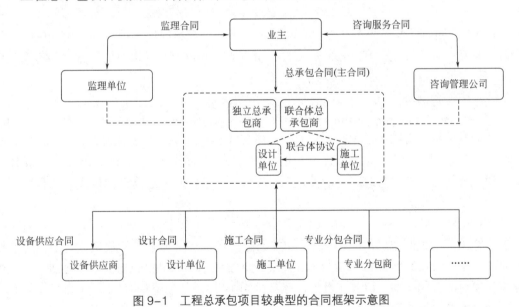

图 9-1　工程总承包项目较典型的合同框架示意图

9.1.3　工程总承包合同示范文本

工程总承包是国际工程企业项目管理的主流模式，是一种公认有效的管理模式，也是我国政府近年积极推行的一种承包模式。工程总承包项目的合同管理也随着工程总承包项目的普及得以完善和发展。对目前国际、国内常用的工程总承包项目合同范本简要介绍如下。

1. 国内范本

我国政府从20世纪80年代开始进行工程总承包管理体制改革，提出"要有步骤地调整改组施工企业，逐步建立以智力密集型的工程总承包公司（集团）为龙头"，意在提高工程建设管理水平，规范建筑市场秩序，然而改革过程中一直未有配套的合同范本出台。

直到2011年9月，住房和城乡建设部联合国家工商行政管理总局发布了《建设项目工程总承包合同示范文本（试行）》（GF–2011–0216）。此范本适用于建设项目工程EPC或其他总承包模式。范本的推出结束了我国工程总承包三十多年来无合同范本可依的状况。

2015年以来，国家及各地方政府密集修订或新出台了多项大力推进工程总承包的规范和文件，相关重大政策也陆续发布，工程总承包管理体系进一步发展完善。2020年5月28日，住房和城乡建设部下发了《建设项目工程总承包合同（示范文本）》，进一步明确了工程总承包的内涵，并在内容上与总承包新政策趋势进行了融合，为推动我国工程总承包体系全面快速发展，提高工程总承包合同管理水平奠定了良好基础。

2. 国际范本

（1）FIDIC合同条件

FIDIC是国际咨询工程师联合会的法文缩写，其编著的《生产设备和设计—施工合同条件》（FIDIC黄皮书）第二版、《设计采购施工（EPC）/交钥匙合同条件》（银皮书）第二版以及《设计—建造—运营合同条件》第一版适用于不同类型的工程总承包项目的合同条件。

FIDIC合同条件兼顾业主和承包商间的风险平衡，是目前使用得最为普遍的国际工程合同，其对各类工程建设有极强的适应性，世界银行和亚洲开发银行的贷款项目都明文规定采用该合同条件。

（2）NEC合同条件

NEC（New Engineering Contract）是由英国土木工程师协会ICE编制的工程标准合同族。与现有的其他标准合同条件相比，NEC合同条件简明清晰，具有很好的灵活性，能够更好地为项目管理提供动力。最新版本为2017年的NEC4合同系列，与2005年的NEC3相比增加了两种合同，其一即为适用于工程总承包项目的《设计施工运营合同格式》（DBO）。

（3）JCT合同范本

JCT全称是Joint Contract Tribunal（联合合同委员会），是一个由十几家与建筑有关的英国协会组成的民间组织。时至今日，JCT已经制定了多种为全世界建筑业普遍使用的标准合同文本。最新的2016版《设计和施工合同》（Design and Build Contract）是适用于工程总承包项目的合同文本，包含《设计—施工合同》《设计—施工合同指南》《设计—施工分包合同协议书》等共计8种文本。

（4）AIA合同体系

AIA全称为The American Institute of Architects（美国建筑师学会）。AIA合同体系包含A～G六个合同系列，A系列为业主/承包商合同，其中的A141–2014（业主/设计建造标准合同）、A142–2014（设计建造分包合同）及A145–2015（业主/设计建造标准合同，1～2个家庭住宅项目）都是适用于工程总承包项目的标准合同文本。

（5）DBIA合同格式

DBIA全称为Design–Build Institute of American（美国设计建造协会）。DBIA合同格式

的#525、#530及#535合同文件都是适用于业主/设计建造承包商的标准合同文件。#525是用于总价包干条件下的标准合同协议书，#530是用于成本加最高保证价格合同（GMP）下的标准合同协议书，而#535则是设计建造合同通用条款。

9.2　主合同管理

9.2.1　主合同管理内容

主合同指工程总承包实施主体与建设单位签订的合同，是所有合同管理的基础。按照工程总承包项目实施过程，主合同管理可分为招标投标阶段的合同管理（包括合同风险评估、招标文件审核、合同谈判与签订）、履约阶段的合同管理（包括合同交底、合同管理制度制定、合同索赔等）及收尾阶段的合同管理（包括文件归档、合同后评价等）。

9.2.2　投标阶段合同管理

1.　招标文件分析

（1）实施条件分析

实施条件分析是合同管理的基础，是总承包合同签署的前提。在投标阶段总承包商首先应对招标文件进行细致的研究，对项目需求、工作界面、建设标准、合同风险内容和分配原则以及沟通管控机制等招标条件进行研究分析。对于不明确的标准或界面应向业主尽快澄清确认，并落实在补充文件中。其次，应对施工现场进行调查并通过对比招标文件进行分类归纳，以便在合同管理的各个阶段给予相应的重视。

实施条件分析的具体内容详见第3章。

（2）价格条款分析

总承包商应对合同的计价方式、合同价款的调整办法、支付条款、结算条款以及罚款情况进行审核，作好风险识别和分析，在成本测算及投标报价中规避这些风险或适当考虑风险金的投入。

（3）文件顺序

总承包合同要明确规定合同的解释顺序，因为构成合同的文件是相互解释的。其基本原则是要体现发包人的真正意图和需要，对于错漏、含糊不清、不合理或不公平的内容，承包商可在答疑中提出澄清或修改意见，降低总承包方的实施风险和防止后期争端的产生。

2.　谈判与签约合同管理

在这一阶段，合同双方就工作范围、工期、价格等具体问题进行澄清、磋商。在此过程中，总承包方应仔细研究合同草稿，灵活运用谈判策略和方法，力争在合同谈判中适当修改对自身不利的条款，维护自身的合法权益。总承包方还应要求业主逐项列明具体工作内容，确保所有的工作内容都在总承包方报价的范围之内，如果有漏项，则应重新报价。

达成共识后，总承包方应查验最终交付的合同文件是否将过程中的疑问澄清，补充文件以及商务谈判中双方达成一致的内容是否全部列入合同文件，并检查修改的文字是否为符合双方意愿的表达。

9.2.3 履约阶段合同管理

1. 明确合同管理目标

明确主合同管理目标就是在总承包项目开展的初期，对发承包双方各自的责任和义务、合同界面划分、合同实施风险、违约责任、合同变更索赔、工程验收方法、争议解决方式、项目市场情况及资源情况等关键内容进行分析，通过分析形成主合同管理目标的活动。明确主合同管理目标是项目管理的起点。

主合同管理目标形成后，要进行进一步的目标分解工作，将管理任务细化落实到具体的工程活动中，使项目能够按计划、按合约顺利进行。

2. 合同交底

合同交底是合同执行的重要环节，工程总承包项目的合同管理实施周期长，合同风险大，因此更要重视合同交底工作。

合同管理小组要对投标及合同情况进行逐条梳理并组织召开合同交底会议，对影响合同执行的重点问题及风险向管理人员进行交底，并将项目管理目标分解下达，提醒管理人员必须严格履行合同职责和义务。合同交底后需形成书面交底文案，使得项目管理团队都能全面、准确地理解合同要求，明晰合同责任义务及合同风险点，使工程严格按约实施。

3. 合同控制

合同管理不是一次性的管理活动，它贯穿项目管理的始终，而合同控制是实现项目目标的重要工作，它包括以下几个内容。

（1）合同条款研究

对合同条款的分析和研究不仅仅是签订合同之前的事，应贯穿整个合同履行的始终。不管合同签订得多么完善，都难免存在一些漏洞，而且在工程的实施过程中不可避免会发生一些变更。在合同执行的不同阶段，对合同中的某些条款的认识可能会有不同。对合同条款不断进行研究分析，可提前发现可能产生争议的内容，提前采取行动，通过双方协调、变更等方式弥补漏洞。

（2）合同跟踪

对合同进行定期跟踪，能够帮助项目管理层清晰地把握合同实时进展、合同执行情况、重点事项及风险的执行程度等，能够对合同的发展走向和预期结果有清醒的认识。管理人员定期跟踪和监督合同实施及风险管控等完成情况，具体工作可包含以下三个方面。

1）设立归档系统，进行文件管理

合同跟踪管理过程会产生大量的文件资料，设立合同文件系统能够对合同文件进行科学、系统的收集，并且进行文件的整理与保存，有用信息便会得到妥善保存及有效利用。

2）在监督过程中执行报告文件与行文制度

总承包方、业主、监理和分包方之间涉及的各种状况与问题，都要在书面上体现出来，并以书面文件作为最终依据。在合同实施过程中，任何涉及合同的改动，都需要由专职合同管理人员提出并传达，并需要进行书面归档，做到管理行为留痕。要注重查阅定期工程报告，报告按时间可分为日报、周报、旬报和月报。另外，还需查阅施工过程中遇到的特殊事件的处理报告。

3）重要事项及风险跟踪

对重点合同事项及合同风险的跟踪是对具体事件的跟踪活动，主要包括跟踪具体工作完成情况、执行力度和偏差情况。当遇到异常状况时，要对其进行深度分析，找出与既定目标相偏离的原因。

（3）合同实施情况偏差分析与处理

合同实施情况偏差分析即分析合同实施完成情况及其偏差，预测其发展趋势与偏差影响的过程。通过对执行偏差的分析，找到影响管理落实的原因并及时纠偏或制定未来的调整措施，避免对合同实施目标的影响。

4. 变更和索赔

（1）变更

任何对原合同内容的修改和变化都可能涉及变更，重大的变更可能会打乱整个工程部署，同时变更也是引起双方争议的主要原因，所以工程变更必须引起双方的高度重视，这是合同管理的重要内容。对于工程总承包合同来说，总承包方承担项目的大部分实施内容，与发包方之间的责权利关系也与传统项目不同，不能以传统承包商视角来对待变更问题，而要转变角色定位，以"按约交付"的思路，严谨对待每一个变更。

（2）索赔

工程总承包项目建设规模大、周期长、参与单位多、环节繁多，因此合同实施过程经常受到外界干扰，如不可预见的事件、政治局势及法令变化、物价上涨等，这些情况均会影响工程成本和工期；另一方面，随着工程项目的推进，业主可能会有新的要求，合同本身也在不断变化中。因此，做好索赔管理，是总承包方避免损失获取收益的重要途径，索赔管理应注意的问题如下。

1）索赔机会分析

总承包方应对合同文件进行全面、完善、详细的分析，深入了解合同规定的双方责任、权利和义务，预测合同风险，分析合同变更和索赔的可能性，及时地从中发现索赔的机会并合理地提出索赔要求，潜在索赔机会的识别是有效的合同索赔管理的前提和基础。

2）制定索赔策略

对于重大的索赔，总承包方必须进行策略研究，制定索赔计划，确定索赔目标，要结合自身的外部合作关系、业主对索赔的估计、双方索赔要求以及谈判过程中可能发生的问题进行方案对比分析，以实现索赔的最终目的。制定索赔策略是承包商保障自身利益和获取利润的重要手段。

3）反索赔

反索赔即为发包人向总承包人提出的索赔。项目发包人在承包合同中往往处于优势地位，来自发包人的反索赔也屡见不鲜。对于总承包方来讲，做好反索赔管理与进行索赔管理一样，都可以防止和减少自身损失，提高自身项目管理水平，提高自身主动性，还可以有效遏制业主的恶意索赔。如发生实际违约，首先应积极地采取补救措施，降低违约影响，其次要做好资料及合同的准备工作，以应对业主的反索赔。如双方都有过失，可适时地先于发包人提出索赔，在博弈中争取占据有利地位。

9.2.4 收尾阶段合同管理

1. 合同文件归档

项目相关资料是项目各项工程技术活动实施和执行，项目参与各方履行义务、享有权利、处理项目实施过程中各种纠纷和异议的法律依据。

工程总承包项目建设周期长，涉及专业多，面临情况复杂，文件数量庞大。在合同的收尾阶段，应及时对合同文件进行归档和逐一清理，这对整个工程验收、结算和维保等工作都发挥着重要作用。

2. 合同后评价

合同后评价是对合同管理的经验教训进行全过程总结、提高总承包企业整体合同管理水平的重要工作，主要包括以下三个内容。

（1）合同签订情况评价

重点是通过合同目标与完成情况的对比、投标报价与实际工程价款的对比以及测定成本目标与实际成本的对比，总结出所选择的合同文本的优劣，合同条款的制定对后续合同管理的影响，以及以后签订类似合同的重点关注方面。

（2）合同履行情况评价

重点是评价合同执行中风险与应对能力的高低程度，合同执行过程中索赔成功效率的高低情况以及合同执行过程中根据合同文本无法解决问题的原因。通过对以上问题的分析评价，找出企业或项目管理流程与制度的不足，并提出改进的办法。

（3）合同管理情况评价

对项目全过程中的合同实施情况进行问题总结与分析，对管理重难点进行归纳总结，用以指导今后的合同管理工作。

9.3 联合体合同管理

9.3.1 联合体的分类

1. 公司型联合体

公司型联合体又称法人型联合体，指两个或者两个以上的组织为了共同开展业务通过成立公司组成的联合体。双方通过共同出资建立一家新的公司，联合体成员拥有股份，根据股份比例分享收益、分担支出，共同管理经营。这类联合体有自己的正式管理规则，如公司章程、股东协议等。公司型联合体可以是只为了某一个特定的项目设立（项目结束后就解散公司），也可以是长期存续的。

2. 合伙型联合体

合伙型联合体是指两个或者两个以上的组织为了共同开展业务通过合同设立的非公司形式的法人实体。合伙的法律构成在各个司法辖区各有不同，在某些司法辖区，合伙组成的实体拥有自己的法律人格（如同一个公司实体），通常成员承担无限责任；但在某些司法辖区，有限责任合伙是可行的。

3. 合同型联合体

合同型联合体是指两个或两个以上的组织为了共同参与某个项目或者为了整合资源去实现某个共同目标，通过合同组成的联合体，双方的权利义务关系是通过合同设立的。各成员原有的法律地位不受影响，联合体对各成员的影响和管理只局限于该联合体的工作范围，尤其体现在利润的分配。这样的联合体通过合同建立，并通过合同规定每个成员的权利和责任。在合同型联合体中，除特殊情形外，联合体成员对外往往需要向业主承担连带责任。根据联合体内部牵头单位的不同又可分为设计牵头联合体及施工承包商牵头联合体。

工程总承包模式下，联合体形式主要是合同型联合体。

9.3.2 合同型联合体的合同特点

1. 合同特点

合同型联合体不需要创建独立的法人实体，组建、管理以及解散这类联合体没有固定形式及费用，程序简单、税费透明，各个联合体成员对其自己的资源和人员保持管理上的独立，尤其适合当前国内具备完整工程总承包能力的承包商不足的情况。

2. 合同签订与付款

工程总承包联合体签订合同，有三种形式：第一种是联合体成员共同与建设单位签订；第二种是根据授权由联合体牵头方与建设单位签订；第三种是联合体成员分别与建设单位签订。现行工程总承包联合体模式较多采用第一种合同签订形式。

工程总承包联合体模式付款方式有三种。第一种是建设单位直接将工程款支付给联合体牵头方，再由牵头方支付给联合体伙伴；第二种是建设单位直接将工程款付至联合体成员共同设立的银行账户；第三种是建设单位分别向联合体成员支付工程款。合同签订与付款方式直接决定着联合体合同管理的侧重点。

9.3.3 联合体合同关注要点及主要条款建议

联合体内部组织结构庞杂，合同管理内容增加，组织内部决策易产生争议，对于争端解决机制以及工程分包等问题都需要进行明确。

1. 投标阶段

联合体投标比一般项目的投标更加复杂，耗时更长，协调难度大，需要统筹内部的设计、采购和施工各个方面的技术、人力和资源。为提高中标概率，总承包方在联合体投标中应重视以下几个问题：

（1）重视对联合体成员的考察和选择，尽量选择实力雄厚的合作单位；

（2）签订标签协议，协议应包括联合体各方在项目实施中的基本权责、投标阶段各方的职责以及投标费用的承担方式；

（3）确定联合体实施的牵头方，以便能有效地协调分歧和纠纷，发挥领导、组织与控制职能，有利于项目推进。

2. 合同签约阶段

项目中标后，联合体内部应签订详细的联合体协议，通过合同条款的设置从多方面降低联合体项目的实施风险。重点内容包括：制定详细的组织架构及分工，明确利益分配方式、业主付款路径、责任分担方式与比例，以及确定争端解决方式等。其他还需要注意的重点问题如下。

（1）合理的绩效考核与激励机制

对联合体项目进行管理，必须坚持正确的绩效考核与激励措施，不能厚此薄彼。要按照一个项目的原则，坚持公开的绩效考核激励机制，调动联合体所有参与员工的积极性；打破公司界限，加强沟通协调；加强团队建设，形成共同理念。在项目推进过程中，设置合理的绩效指标，让贡献多的人得到应有的奖励。

（2）联合体项目中的分包合同

分包合同应明确联合体及分包方各方的职责、权利和义务，在发挥分包方作用的同时制约分包方，保证工程合同的顺利履行。对于联合体成员的内部分包管理，可约定"对于联合体成员与其分包商、供应商之间的纠纷，由联合体成员自行承担责任"。

（3）联合体协议的支付条款

应做到付款路径明晰，合理分担业主延期支付或未能支付的风险，尽量避免联合体各方在获得合同款项方面存在矛盾。

（4）联合体的责任及违约

可约定"对项目发包人承担完连带责任后，联合体成员之间可就非己方责任向联合体成员责任方进行追偿"，以减少无过错方在项目实施中的风险。

3. 履约阶段

（1）建立合同管理机构，制定合同管理制度。设置联合体合同管理部，负责联合体项目全过程合同管理工作，包括主合同管理，联合体协议管理及分包管理。

（2）合同交底，使各方都对工程进行明确了解。

（3）分析合同内容并追踪各方履约情况。由合同管理部门牵头进行主合同及联合体协议分析，尽早协商确定界定模糊及责任不清的条款，清除合同盲点。同时，合同管理部门需要定期对主合同及联合体协议的执行情况进行盘点追踪。

（4）索赔与反索赔管理。建立签证索赔资料档案，确保索赔与反索赔资料的有效搜集和保管。对于业主的索赔，应以联合体利益为出发点，一致对外；对于分包方的索赔，需要经过严格的审批并得到联合体各方的共同确认。

4. 结算阶段

根据联合体协议进行合同清算及利润分配。

9.4 分供合同管理

9.4.1 分供合同管理意义与内容

1. 分供合同管理的意义

通常情况下，除了部分工作由总承包方自行承担外，其他工作必须委托专业分包来完成。分供合同涉及项目的多个方面，如技术服务、设备采购及施工等，类别繁杂。从某种意义上说，分包工作的完成度决定了项目实际交付的水平。做好分包合同管理是控制项目目标成本、保障项目成功交付的有力支撑。

2. 分供合同分类

按照实施内容，分供合同可分为设计合同、设备材料供应合同、劳务分包合同、专业分包合同、物流服务合同、保险服务合同、管理服务合同及其他服务合同等。

3. 分供合同管理的内容

分供合同管理，也分为招标阶段、履约阶段及结算阶段的管理工作。主要内容包括：

（1）招标阶段对分包合同进行整体管理规划，明确分包接口及界面划分，做好分包的分标规划，筛选分包商，确定合适的合同类型。

（2）履约管理控制。围绕合同控制目标对分包实施动态监控，并就实施过程中产生的变更和争议进行处理和解决。

（3）收尾阶段管理。包括索赔和反索赔处理及结算付款。

9.4.2　分供合同管理程序

1. 合同管理策划

分供合同管理策划是要分解出项目成本范围和周期内的全部合同，并且对每个合同的承包范围进行初步划分，作为以后项目进度管理和成本管理的基础。分供合同管理策划是分供合同管理的龙头和关键，好的策划不仅可以顺利推进项目履约，也可以有效地控制分包成本。分供合同管理策划的过程如下。

（1）确定合同框架

将主合同目标分解成不同层级的合同包，确定哪些工作内容需要进行分包。确定分包范围后，可以整理出合同列表，根据初步明确的每个分包合同的承包范围和计价方式，再结合项目总进度控制计划，提出分包交付目标及接口界面。为了对合同进行统一、规范的管理，分包划分应进行归类合并，尽量减少合同包的数量，减轻合同管理负担。

（2）合同规划协调

由于合同间的界限存在模糊性的特点，在合同执行过程中可能会发生争议和纠纷，因此总承包方需要做好合同规划和协调。进行合同规划协调时，要做好内容界定，进行总分协调和时空协调。内容界定清晰完善可以减少合同履行过程中的争议。合同规划完成之后，要对合同进行仔细的检查，检查合同中是否存在遗漏。各专业人员要对分包合同与总包合同之间的关系进行检查，确保总包合同与分包合同连贯统一。

（3）合同内容策划

合同内容策划主要包括制定合同条件、制定主要条款和选择标准合同条件等方面。在选择合同条款时，通常以标准合同条件作为基本合同条款。

2. 分供商招标

（1）招标计划

招标计划是根据项目实施条件、目标成本、工期计划及市场供应等情况明确招标范围与接口、划分合约界限、确认招标需求、选择合同形式等工作的过程。项目的分供招标计划必须围绕项目策划、设计管理开展。

（2）筛选分供商

工程总承包方应综合考虑分供商的品牌实力、供货与设计实力、配合意识及资源配置等情况，邀请实力强、配合度高、在特殊专业上具备良好社会信誉与资源的供货商参与项目投标。对于成本影响重大的大宗材料、大型设备或重点专业工程，应将其招标计划前移，邀请意向分供商配合设计工作，将其参数和配置在设计阶段进行锁定以控制目标成本。

（3）选择合同计价方式

由于单个的分包合同内容比较简单，涉及的工程内容较单一，因此在合同价格的确定上较总承包合同简单得多。劳务分包多采用固定单价合同，专业分包一般采用总价合同。

（4）风险分担

总承包方可将自身的项目风险通过合同手段转移给分供方。但总承包方在本质上与分供方是利益共同体，要慎用"背靠背"条款。"背靠背"条款本质上是一种风险负担条款，是分供方就分供部分与总承包方一同向发包人承担连带责任。但"背靠背"条款的滥用，容易导致总承包方与分供方之间的利益失衡。总承包方要考虑到，风险分担是与价格补偿相伴随的。

（5）整理招标文件

招标文件分为技术和商务两个部分，应综合考虑设计和施工需求、预算目标及供货时间计划等。技术部分需要把项目的基本条件、招标需求等要求描述清楚，并附上所有必要的附件。商务部分应结合招标策划详述合同条款（计价模式、付款方式、交付节点等）。招标文件拟好后应组织对招标文件的合同条款、技术条款和图纸进行评审，以免造成不必要的经济损失。

3. 分供合同签订

在分供合同签订中应重点关注以下几点：

（1）明确各分供方工作范围及交付界面要求，并列明清单，严控招标风险；

（2）按照项目实施条件中的标准及技术要求组织设备材料的技术文件，无法进行文字表述的内容可借用图表、照片等形式明确，减少合同中的模糊歧义；

（3）重点合同条款应该与主合同保持一致，尤其是付款条件、技术要求等内容，签订前应该组织进行内部合同评审；

（4）合同终稿应补充投标澄清阶段的内容及谈判过程中双方达成一致的内容，与招标投标文件共同形成正式的合同，保障合同文件的完整性；

（5）分供方在分包合同签订前必须缴纳履约保证金，履约保证金可以是现金，也可为履约保函。

4. 履约过程监控

（1）合同交底

合同签订后，总承包方应将分包合同中的主要条款、合同执行计划、施工的工期、质量、安全及涉及的工作范围，对项目部各部门及施工管理人员进行详细的交底，以便各部门人员及现场负责人能充分理解合同的内容，了解双方应履行的权利和义务，最后形成书面交底文件。

（2）合同控制

1）工期进度

在合同中明确节点工期或阶段性目标来加强设计过程管控，监控设计进度计划执行情况。根据现场总体施工计划的动态进展，及时调整设计进度计划，确保完成的设计文件能够充分满足施工需求。还可以利用工期违约的条款及履约保函，来保障设计分包工期满足总承包要求。

2）变更及签证

严格按照合同约定办理分包工程签证确认手续；执行分层审核会签制度，联合多部门共同审核分包商签证，最终由合同约定的确认人签认；制定妥善的签证变更管理办法，在开工之初就应明确分包商签证和变更工作的办理流程及相关要求，要求每份分包工程签证都要附带对应的支撑文件，这样更有利于提醒总承包单位的非经营人员审慎核定分包工程签证。

3）沟通管理

对外沟通由总承包单位牵头进行，业主提出的设计变更应通过总承包方下达给设计单位；内部应加强过程沟通，包括总承包方与设计分包、设计分包与其他分包间的沟通。

4）加强合同信息管理

建立分供商档案，对其履约行为进行动态考核，为后续可能产生的变更索赔提供依据。

5. 结算管理

结算审核是分供商结算当中确定结算价款的最后一个环节，是分供合同结算价款确定的关键环节，总承包单位必须严格按照合同约定的结算条款办理结算审核手续，才能确保企业利益不流失。在审核结算的过程中，应建立陪审制度，以便于及时协助分包结算审核人员更加清晰地掌握相关的工程实际情况，提出更为合理公允的结算审核意见。

总承包方与分供方进行结算时，要签署结算协议，协议中应申明：工程数量已结清；工程价款已全部结算完毕；对工程数量、价款结算及其他合同内容双方无异议等类似的内容，避免后续产生纠纷。

9.4.3　设计分包合同

对于施工单位牵头的总承包合同，设计工作可以委托有资质的设计单位来完成。设计费用在总建设费用中所占的比例一般不超过5%，但设计成果对工程造价的影响可达工程总建设费用的70%以上。因此，加强对设计分包合同的管理至关重要。

设计合同的管控要点如下。

1. 交付内容

工作范围、价格和工期是设计合同管理的核心内容，应在合同中明确交付的工作范围，包括设计交付标准及设计界面。如某些标准在合同签订前尚未界定清楚，应与设计分包签订"背靠背"合同来转移设计风险；需要进行深化设计及专业设计的分项，需要明确设计单位的工作范围。详尽的交付标准能减少总承包方与设计分包间的争议，降低总承包方合同管理风险。

2. 设计标准的选择

设计标准与工程成本密切相关，根据工程总承包"按约交付"的目标，总承包方应以成本目标为依据选择满足合同要求及建设目标的设计标准和限额指标，并将相应的设计标准对设计分包进行交底。

3. 设计责任

增加设计责任条款及设计责任险。如因设计原因造成设计缺陷或成本增加，相应的费用由设计分包承担。

4. 设计质量

总承包方应定期组织施工分包与设计分包进行过程图审，对图纸的可建造性及限额达成情况进行评估，避免成本超支或后期错漏碰缺及拆改工作，并要及时进行目标成本复核，保证投资成本可控。

9.4.4　采购供应合同

工程总承包项目的采购供应与传统管理模式相比有其特殊之处：

（1）工程总承包合同下的采购和施工不必等待设计完成后再进行，采购发包时可能无详细图纸或无清单可依据；

（2）采购工作涉及工程专业程度高、交叉界面多，采购供应形式多样，采购周期长，采购工作难度大；

（3）采购成本占造价比例高，一般占整个工程造价的40%～60%。

采购供应合同的管控要点如下：

（1）应在项目启动阶段及时启动全面招采工作，并且为设计提供初步限额划分；

（2）充分发挥招采前置优势，依据主合同条款分析各设备材料风险，制定对应策略；

（3）全面监控，履约阶段应依据供货合同，从进度、质量到交货对供货方进行全面控制，记录违约行为并根据合同作出相应处理，重大材料及设备分项可采取驻场建造的形式进行监控。

9.4.5　施工分包合同

施工分包，包括劳务分包及专业分包。劳务分包是指总承包方将自行承担的施工工程（主要为主体结构工程）中的劳务部分分包给有资质的劳务分包商。根据现行法律法规规定，主体结构工程只能进行劳务分包。专业分包是指将工程总承包范围内的一些专业性强、技术难度大或总承包方缺乏经验的专业工程的设计、采购及施工一并分包给一家专业公司来完成的分包方式。

建筑业多年来存在一些突出问题，如违法分包、转包、挂靠、阴阳合同，合同条款不清晰引发争议，合同纠纷引发群体性事件等，忽视施工分包合同管理是导致上述问题突出的重要原因之一。

因此，加强施工分包合同管理，对提升施工项目合同履约效果和风险管控水平，以及提升建设工程管理水平及质量安全水平都至关重要。同时，加强施工专业分包合同和劳务合同全过程监管，也是政府维护建筑分包市场秩序的重要手段。

施工分包合同的管控要点如下：

（1）项目部各业务部门在材料领取，工程款支付，劳务费及工资发放，工程数量、质量、进度及单价等事项确认环节，必须严格审查分包单位经办人员的委托授权资格及授权范围，要求经办人提供分包单位出具的、经过公证的授权委托书。凡没有授权资格的人不得从事上述活动。

（2）向分包单位下发施工计划指令、工程数量确认、工程内容变更通知、安全质量问题整改等具有经济结算价值或其他影响双方权利义务的事项通知，必须采取书面形式，由专人负责发文签收登记，严格要求分包单位现场负责人在一式二份的发文内容上亲笔签章，项目部负责保存该文件及登记簿。情况紧急时，可先采取微信、短信等通知方式，但一定要保存通知的证据，事后及时补签相关文件。

（3）分包合同履行过程中涉及的工期、质量、变更、费用、安全等内容的重要书面文件原件，如计价单、现场签证单等原件，要指令专人妥善保管，未经项目负责人许可不得外借、复印或提供给任何第三方。特别是总承包方与发包人之间的计价资料、签证单据、索赔报告、结算资料等，不要随意落入分包单位的手中，更不要委托分包单位办理。

（4）在分包合同履行过程中，如果需扣除应由分包方承担的费用，包括违约扣款（我们通常认为的罚款）、水电费用等，均应及时与对方核对、签认，杜绝未经核对、签认程序的单方扣款。特别是扣除水电费、工伤赔偿费用、所谓的罚款等，经常在只是口头通知分包单位的情况下由总承包项目部单方扣款并做账，最终导致发生纠纷时，分包单位对扣除的费用均不认可。

（5）应要求分包方按月考核劳务人员工作量并编制工资支付表，经劳务人员本人签字确认后，与当月工程进度等情况一并交总承包方项目部。项目部依据分包人编制的工资支付表，通过进城务工人员工资专用账户直接将工资支付到劳务人员本人的银行账户。项目部要核实劳务人员的身份、出勤及工资表签字情况。

9.4.6　指定分包合同

1. 指定分包定义

所谓指定分包，又称为甲指分包，是业主要求工程总承包范围内的某些专业需要由其选择或指定的分包商来完成。在国际上，甲指分包较为流行，并且相对成熟。在我国，住房和城乡建设部的相关文件对指定分包持否定态度。《房屋建筑和市政基础设施工程施工分包管理办法》第七条规定："建设单位不得直接指定分包工程承包人。"《工程建设项目施工招标投标办法》第六十六条规定："招标人不得指定分包人。"然而，实际工程项目中，指定分包的情况仍然存在。

因此，本书将指定分包合同管理单独列出，以供实际项目参考。

2. 指定分包实践中的问题

在需求与规范的矛盾中，发包人对指定分包进行了大量变异性操作。指定分包行为呈现多样化、不规范化，更游离于监管之外，从而也滋生了管理脱节、责任不明、利益输送、腐败等诸多问题。在总承包商对分包合同的管理中，对指定分包合同的管理更为复杂。

3. 指定分包的问题对策

为避免指定分包合同管理缺位，影响项目造价、工期、质量等，给总承包商带来风险，总承包商应重点关注指定分包商的支付途径及责任承担等问题。

（1）合同关系

其一，指定分包与总承包方直接签订合同。此种合同关系中，指定分包与其他分包的合同地位一致。为避免后续责任纠纷，总承包方应要求发包人出具选定分包单位的书面函件或类似文件。分包合同中进度、质量、安全、履约保证金比例等应不低于总承包合同相应标准，付款比例不高于总承包合同的付款比例。

其二，指定分包与业主、总承包方签订三方协议。这种签订模式中，指定分包商往往与业主有实际的权利义务关系，总承包商承担的是综合管理职责。总承包方承担为指定分包单位提供配合、协调、服务、标准等责任。三方协议中应对指定分包单位的权利和义务、合同付款主体及程序、索赔及结算方式、各方违约责任的承担等进行明确约定。

（2）支付途径

一种是由发包人支付给总承包方，再由总承包方向分包商支付；另一种是发包人直接向分包商支付，此种情况不利于总承包单位的统一管理以及工程整体质量及工期的把控。因此，在进行合同条款谈判时，建议采用第一种，以增强总承包方对指定分包的控制管理。

（3）责任承担

在合同关系及法律框架下，总承包方对指定分包工程需要承担连带责任，因此在与指定分包签订合同时要合理地利用"背靠背"条款，或在条款中增加总承包方免责条款。若指定分包商出现拖延工期、施工质量不合格等情形造成总承包方损失，可依据以上条款向发包人发出索赔，降低总承包方的履约风险，避免自身利益受损。

第10章　工程总承包招采管理

10.1　工程总承包招采管理概述

10.1.1　招采管理的内容

招采是招标、采购的简称，是指由采购方提出采购的条件和要求，组织招标并邀请投标人投标，按照规定的程序和标准择优选择交易对象，并与提出最有利条件的投标方签订协议的过程。招采是采购需求方克服自身能力不足，实现社会资源高效组织的最有效方式之一。

招采管理是项目管理的重要组成部分，尤其在工程总承包模式下，随着总承包范围扩大，招采管理意义更加显著：

（1）从成本角度看，根据统计，涉及招采的工程费用占比可达总成本的60%以上，科学有效的招采管理有利于从源头控制项目成本；

（2）从收入角度看，需招采的工程收入是总承包收入的重要组成部分，对于总承包商最终结算及创效有重要影响；

（3）从工期角度看，及时、有序地组织专业分包参与项目设计及施工，能够提前作好准备，保证项目整体工期目标实现；

（4）从质量角度看，通过招采前移，组织专业分包参与项目设计及策划，有利于在施工前解决项目潜在拆改问题，提升整体质量。

按时间顺序，可将工程总承包招采管理工作内容分为以下3个阶段。

1. 招采策划

招采策划是指根据项目实施条件及总承包管理目标，对项目整体招采工作开展进行针对性分析与研究，并提出相应的计划和要求。工程总承包项目招采策划应在主合同签订后，与设计、商务等策划工作同步展开。

招采策划主要内容包括：招采机制建立、招采需求梳理、合约规划制定、招采计划制定、招采工作准备等。

2. 招采实施

招采实施是指根据招采策划，有序组织各项招采工作开展，选定分供方并按要求完成招标工作内容。

招采实施主要内容包括：分供方管理、招采文件拟定、招采发起、招采过程组织、评标与定标等。

3. 招采评价

招采评价是指对招采全过程进行事后复盘总结，为未来招采工作的改进与提升创造条件。

招采评价主要工作内容包括：招采过程复盘、分供方履约评价、分供资源库维护等。

10.1.2 招采管理的特点

与施工总承包模式相比，工程总承包招采工作特点分析见表10-1。

表 10-1　施工总承包与工程总承包招采管理对比分析表

对比点	施工总承包	工程总承包	招采工作特点
招采内容	单一专业	多专业、多业态	交叉界面多、专业深度深
招采周期	施工图设计完成后	施工图设计启动前	时间紧，需保障分包及时进场配合
招采依据	有图纸，有清单	无图纸，无清单	招标成本测算难度大
招采主体	业主负责	总包负责、业主审核	招采资源与招采风险控制要求高
招采价值	自施范围+部分甲指分包管理费	全专业	专业招采效益来源扩大，但同时容易流失

1. 从招采内容看，招采种类多、范围广

施工总承包模式下，招采内容主要集中在施工作业阶段，且业主通常对部分专业工程另行单独组织招标，总承包商招标专业较为单一。

工程总承包模式下，总承包商招采范围和种类大大增加。从范围来看，延伸至施工前的设计、报批报建，甚至包括部分试运行工作；从专业来看，业主基本将全部专业工程交由总承包商实施，总承包商招采内容延伸至所有专业工程、材料设备等。

从整体来看，总承包商招采工作呈现多专业、多业态的特点，各招采包之间的界面相互交叉且深度融合，容易产生缺漏或冲突，需要重点关注。

2. 从招采周期看，招采启动节点前移

施工总承包模式下，大部分专业工程招采工作与主体结构施工同步启动。

工程总承包模式下，因前期策划、设计评审、成本测算等需求，大部分专业分包需提前介入项目，招采工作需前移至项目启动甚至投标阶段，并贯穿项目设计、施工全过程。

3. 从招采依据看，无图招采较普遍

施工总承包模式下，各专业招采一般依托详细的施工图或深化设计图纸，有详细的工程量清单，在成本控制上有准确依据。

工程总承包模式下，因招采前移需要，部分专业工程在招标时缺少详细的设计图纸，无法采用传统按工程量清单招标的方式，在招标文件编制及成本控制上存在较大挑战。

4. 从招采主体看，总承包商主导招采

施工总承包模式下，项目招采工作主要由业主主导，总承包商的主导范围一般仅局限于自施部分专业招采。

工程总承包模式下，除合同有特殊要求外，一般情况下招采工作由总承包商主导实施，业主只对招采结果进行确认。总承包商承担招采风险同时，也扩大了效益来源。

5. 从招采价值看，招采创效空间大

施工总承包模式下，招采工作主要通过成本控制，实现总承包效益结余。

工程总承包模式下，部分需招采的专业工程效益率比自施部分高，且借助限额设计和价值工程理念，选择合适的招采机制，能够有效控制风险，提升项目整体价值，为总承包商创造更大的价值空间。

10.1.3　招采管理的要求

1. 招采管理需满足对设计的支撑

在工程总承包项目中，采购工作和设计工作深度交叉，在设计工作进行过程中开展采购工作，有利于通过采购工作影响设计方案和结果，有利于协助设计实现设计蓝图。随着深化设计、施工图设计的完成，采购的询价工作基本完成，材料的提交报审工作也提前进行，有利于缩短工程工期，降低工程成本。

2. 招采管理需注意对成本的影响

采购过程中发生的采购标准问题、质量问题、交货期问题、计划严谨性问题等，都会导致项目增加投入和占有用更多资源，导致工程成本上升。

3. 招采管理需注意采购合约管理

一方面，应注重采购合同的严谨性，确保采购合同规定的交货进度符合工期要求，确保采购单价在预算单价范围内；另一方面，应借鉴采购经验和先期调研的总承包合同提出合理化建议。

4. 招采管理需注意采购进度和工期计划

很多工程总承包项目存在设计工作深度不够、总进度计划没有合理的弹性、采购准备时间短、采购进度计划很难满足工程进度计划等问题，最终导致工程延期，成本上升。因此，招采管理需特别注意采购进度和工期计划的匹配。

5. 招采管理需注意对工程质量的影响

采购材料设备的质量能否达到设计要求、业主要求和合同要求，能否满足标准要求和使用要求，最终决定了工程的质量，材料设备符合上述要求是材料设备采购的首要条件。

10.1.4　招采管理的原则

工程总承包模式下，招采管理应遵循以下原则。

1. 招采内容要完整

工程总承包模式下，涉及招采的工作种类多、范围广，需要提前完整识别，防止因招采遗漏造成整体工作滞后。

2. 合约界面要清晰

对整体招采工作内容进行界面划分时，要重点关注不同招采包之间的界面准确性，防止出现重复或缺漏。同时，在界面划分时，要结合专业工程特点，对界面进行科学划分，保证工作高效推进，减少后期协调量和潜在矛盾点。

3. 发包模式要合理

针对不同招采包，要综合考虑实施质量、总承包商自身风险与收益、专业分供商需求等因素，合理选择发包模式，实现整体效益最大化。

4. 商务联动要充分

在开展合约规划时，要充分结合商务需求，综合对比不同的合约划分、发包模式等，与商务联动及时分析最优解决方案。

5. 关键招采要前移

针对部分关键专业工程和材料设备采购，要实现招采前移，确保及时满足项目策划、设计审核、成本测算、报批报建、预留预埋等工作需求。

10.2　招采工作准备

10.2.1　招采组织设置

招采工作组织是招采顺利推行的基础。在建立工作组织时，要结合项目合同约定的招采工作要求，分析业主、总承包商、项目部等相关权责界面，建立相应的工作组织。

在具体组织设置上，一是要明确项目招采工作牵头部门，一般由项目部商务部负责，或单设招采部；二是要组建跨部门工作小组，包括技术部、设计部、建造部、商务部等，明确各部门在招采工作中的分工。

某项目招采职责分工见表10-2。

表 10-2　某项目招采职责分工表

序号	招采工作	完成时间	责任部门	配合部门	审批主体
1	合约规划编制	—	招采部	商务部	公司招采中心
2	招采计划编制	—	招采部	商务部	项目总经理
3	招采实施	—	公司招采中心	商务部、设计部	公司总经理
……	……	……	……	……	……

10.2.2　工作机制建立

招采是一项涉及商务、技术、生产等多个部门的协同的工作，需要建立跨部门高效联动的工作机制，实现招采价值最大化。在具体机制建立上，需要关注以下重点工作。

1. 招采范围及授权

根据设定的招采工作组织，结合公司管理规定，对各级机构的招采范围、额度等进行统一授权。授权考虑因素有：

（1）采购性质。根据劳务采购、物资采购、设备采购、租赁服务采购等性质差异，对采购额度进行分级授权。

（2）是否集中采购。如涉及可运用集中采购的大宗材料设备等，由企业总部组织统一采购。

2. 建立招采工作制度

在项目招采组织基础上，要有针对性地制定组织运行机制，即招采工作的规则。这种规则应覆盖项目部、公司后台、业主方等全部组织。招采工作制度要重点关注以下几点：

（1）明确招采工作流程，即从招采发起到完成的全过程流程，以及相关各方权限，确保招采过程和招采结果的有效性。

（2）建立招采工作标准，包括时间要求、技术要求、工作表单模板等，确保招采工作质量可靠。

10.2.3　分供资源管理

分供方是指根据合同约定提供相应服务或资源的组织或个人。工程总承包模式下，总承包商往往面临几十甚至上百个不同专业，需要依靠成熟、可靠的专业分供方，形成合力共同完成项目建设。因此，高效的分供方管理是确保工程总承包成功的关键。

1. 分供方准入

分供方的准入管理是对分供方的资质、资格进行审查，并根据需要对分供方企业及在建项目进行实地考察，在分供方经考察确认合格后，将其纳入企业合格分供方库的管理过程。

（1）制定分供方准入标准

准入标准应根据不同专业类别有针对性地制定。资质、资格审查和企业考察的标准，可由总承包企业内部的法务、财务等管理部门根据国家法律法规要求和总承包企业内部要求拟定；在建项目的考察标准可由总承包企业工程、技术、质量等生产管理部门和总承包项目部人员结合专业性质、具体项目特点和总承包企业要求拟定。

（2）成立分供方考察小组

进行分供方考察之前，应成立分供方考察小组。考察小组的成员应由参与分供方准入标准制定的部门成员和总承包项目部的成员组成，确保考察小组考察意见和建议的系统性和专业性，保证考察质量。

（3）分供方资质审查内容

1）具备法律主体资格。具备国家有关部门、行业或总承包方要求必须取得的质量、计量、安全、环保认证及其他经营许可；在国家有关部门和行业的监督检查中没有不良记录；没有与总承包方的不良合作记录。

2）具有一定的经营规模和服务能力。

3）具有良好的商业信誉和健全的财务会计制度。

（4）分供商实地考察内容

企业考察包括企业办公场所情况，人员配备、管理状况，生产、供货和服务能力，财务资金状况，以往业绩、售后服务等内容；类似项目考察包括项目基本信息、履约情况、业主方评价等内容。

2. 分供方维护

作为分供方管理的牵头部门，招采部门应加强对分供方的日常管理和与分供方的联系，及时掌握分供方的企业生产经营状况，及时更新分供方资源库中的信息；应通过各种渠道了解其他用户对分供方的反馈；应对合格分供方的履约和服务情况进行定期的跟踪检查，发现质量或者服务不及时等问题及时处理，并对具体情况登记备案，作为分供方考核评定的依据。

3. 分供方评价

（1）履约评价标准的制定

与准入标准的编制方法一样，履约评价标准也应根据不同专业类别分别编制。应由企业生产管理部门牵头编制，应包括施工进度、质量、安全生产、文明施工、材料耗用、机械使用情况等综合考核指标。对于出现重大安全、环境事件或事故，对企业声誉造成重大影响的分供方，在制度上一定要从严处理，直接将其从合格分供方名册中除名，并规定一定时间之内不能再予其准入。

（2）履约评价的执行

可根据企业自身管理需求和项目特点，对分供方开展月度、半年度、年度和完工考核评价。由项目生产经理根据考核标准进行打分，经企业内部审核后统一由招采管理部门进行汇总。

10.3 招采工作策划

10.3.1 合约规划拟定

合约规划是指在项目目标成本要求下，对项目实施全过程中涉及的所有工作合同进行梳理、筹划，将目标成本分解至各个单项合同，指导招采工作有序开展的活动。合约规划是商务限额思想在设计阶段之后的进一步延伸，对于整体成本控制具有重要意义。

合约规划具体工作可分为以下几个阶段。

1. 成本科目分解

成本科目，即项目涉及成本支出的所有工作项，包括实体成本（如建安费、设备采购费等）和非实体成本（如设计费、规费等）。成本科目分解是合约规划的基础，是确保成本清单完整、不出现缺漏项的关键。

为保证成本科目完整性，成本科目需按照一定逻辑规则，并结合公司管理习惯进行分解。工程总承包模式下，项目成本科目一般可按如下方式进行分解。

（1）按成本性质

按成本科目的属性，对不同成本进行分类，如服务类、施工类、物资类、规费类等。

某项目合约科目划分见表10-3。

表 10-3 合约科目划分表

序号	类别	科目	备注
1	服务类	可行性研究报告编制费	
2		勘察设计费	
3		监理费	
4		……	
5	施工类	临建围挡费	
6		土方工程费	
7		基坑工程费	
8		结构、粗装修工程费	

续表

序号	类别	科目	备注
9	施工类	安装工程费	
10		……	
11	物资类	门窗工程费	
12		塔式起重机供应费	
13		空调设备费	
14		……	
15	规费类	施工图审查费	
16		白蚁防治费	
17		市政工程报装费	
18		……	

（2）按发生阶段

根据成本发生阶段，对成本进行分类，如前期规费、勘察设计费、结构工程费、装修工程费、园林景观费、市政工程费等。

2. 合约单元划分

合约单元划分，即在成本科目分解基础上，结合成本项的管理特性，对成本项所涉及的合约单元数量进行切分，形成合约单元规划。以景观工程为例，对景观工程合约单元划分列举见表10-4。

表 10-4　景观工程合约单元划分表

序号	合约单元	内容描述	目标成本
1	景观绿化工程	苗木绿化、硬质景观、环境小品、水电系统、景观照明	……
2	小区标识系统工程	室外标识系统工程制作、安装	……
3	儿童游乐设施工程	儿童游乐设施	……
4	小区围墙栏杆	围墙及铁艺栏杆施工	……
5	小区大门工程	小区大门、门卫岗亭（不含门禁系统）	……

3. 合约界面划分

合约界面梳理采取工序分解方式，先将各采购合约项分解为具体的工序活动，通过全专业的交叉检查，筛选出各合约间存在接口关系的内容，再针对接口分析相关单位的权责和义务。

应采取以下三方面措施提高界面划分的质量及全面性：一是安排经验丰富的人员背靠背划分；二是参照类似项目的界面划分资料；三是收集履约过程遇到的界面问题，不断充实界面内容。

某项目幕墙工程与其他专业分包合约界面划分见表10-5。

表 10-5　幕墙工程与其他专业分包合约界面划分表

序号	工作内容	幕墙分包	其他专业分包				
			A分包	B分包	C分包	D分包	……
1	幕墙与主体结构接缝处防水处理	施工	—	—	—	—	……
2	泛光穿管配线	配合	—	—	施工	—	……

4. 合约规划定稿

合约包规划包括合约框架图以及各合约包的招采类型、标段划分、招标方式、计价方式及定标方式。

（1）合约框架图

根据资源需求及工作包划分，同时依据合同范围及工作内容，将项目分为一级及二级合约框架，并按分包类别分为勘察设计类、咨询服务类、报批报建类、工程实体类、工程配套类5类。

合约框架分类样表见表10-6。

表 10-6　合约框架分类样表

合约类别	一级框架	二级框架	备注
勘察设计类	勘察设计合同	初步勘察合同	
		详细勘察合同	
	设计合同	方案设计合同	
		初步设计合同	
		……	
	……	……	
咨询服务类	工程服务	项目安保合同	
		试验检测合同	
		……	
	工程咨询	环评咨询	
		设计优化咨询	
		……	
	……	……	
报批报建类	设计报建	施工图审查合同	
	市政配套	供电工程合同	
	……	……	
工程实体类	土建施工	混凝土供应合同	
		钢筋供应合同	
		……	
	……	……	

合约类别	一级框架	二级框架	备注
工程配套类	设备采购	电梯设备供应合同	
	线路迁改	电线迁改合同	
	……	……	

合约包划分应遵循减少管理链条、减少工作面移交、减少成本开支的基本原则。

（2）招采类型

招采类型分为A、B、C、D、E 5类。

A类（自选品牌——乙采乙供），总承包方自行采购。

B类（指定品牌——乙采乙供），总承包方在产品说明书及交付标准中的材料、设备、专业工程的品牌、型号、范围要求内进行招标采购工作。

C类（准入控制——乙定乙供），总承包方在招标采购前向业主报送拟采购产品清单（含专业单位资质情况等），业主对拟采购产品的性能、规格、参数等进行复核性审查（可补充推荐清单），总承包方根据审核意见，修改招标文件（如需），开始招标、定标、签订采购合同。

D类（联合采购—甲定乙供），总承包合同中未注明品牌范围的产品，业主与总承包方共同组建采购招标小组，对拟选产品的性能、规格、参数、资质等进行考察招标、定标，最终由总承包方与分包方签订合同。

E类（垄断性采购—甲采甲供），对于政府或行业相关的部分垄断类产品、服务、专业工程，由总承包方根据工程需要组织协调采购事宜，业主最终签订采购合同。

（3）标段划分

以项目组织施工便利为目标，根据各单项工程分布情况，对所需各类资源进行进一步细分，对各采购项进行标段划分。

（4）招标方式

招标方式分为公开招标、邀请招标、询价采购、议标采购、零星采购5类。

（5）计价方式

计价方式分为总价包干、综合单价包干、费率等方式。

（6）定标方式

定标方式分为合理低价、技术准入有效低价、综合评分法3种。

某项目合约规划表模板见表10–7。

表 10-7　合约规划表

序号	成本科目	合约名称及编号	责任部门	合约内容及范围	计算数量	单位成本	目标成本（万元）	合约规划金额（万元）	合同形式

10.3.2　目标成本控制

1. 招采限额控制

根据拟定的合约规划，结合以往同类项目经验数据，拟定各合约包招采限额，作为项目招采成本管控的根本依据。招采限额应结合项目商务整体限额拟定，但需注意前者侧重于总承包商的实际"成本"，而后者侧重于总承包商的实际"收入"。

对于企业而言，应尽可能将合约包单元标准化，形成相对统一的成本数据积累，为后续项目提供参考，提高限额准确性及工作效率。

2. 合同模式选择

合同模式是指总承包商针对单个分包合同所采取的发包模式，一般分为固定总价包干、综合单价（清单计价）、费率下浮等方式。不同合同模式，对于总承包商的效益截留与风险平衡具有重要影响，需结合各合同包特点及总承包商自身能力综合确定采用何种模式。

（1）固定总价包干

固定总价包干，即采取相对固定的总价进行合约发包，分包商承担全部成本控制风险，但同时也获得相应的效益空间。总承包商一般按总价比例收取管理效益。

该模式优点有：①有利于降低总承包商的控制风险，尤其是对于自身能力经验相对不足的专业工程；②提升分包商工作积极性；③总承包商收益计量简单直观。

该模式不足有：①总承包商效益可能向分包转移，出现效益流失；②分包商品质控制积极性不足。

该模式一般适用于总承包商自身经验能力不足，且管理风险较大的专业工程，如供电、消防等行业壁垒较高的领域。对于部分设计单位牵头的工程总承包项目，因设计单位管理力量有限，往往也采用该模式进行专业工程发包。

（2）综合单价（清单计价）

综合单价（清单计价），即由总承包商根据设计成果文件拟定详细的工程量清单，依据清单进行计价。总承包商将业主结算"收入"和分包商清单计价"成本"之差作为自身的总承包管理效益。

该模式优点有：①有利于专业分包成本管控，实现总承包效益截留；②专业分包报价有统一基准，有利于选择优质分包。

该模式不足有：①总承包商需首先完成合约包对应的设计工作，在计划组织上时间更为紧凑；②总承包商需要承担较大的管理风险。

该模式一般适用于总承包商自身经验能力较强，且效益空间相对较大的专业工程，如机电安装、装饰工程等。

（3）费率下浮

费率下浮即按定额一定比例进行下浮计价。总承包商将对业主结算的下浮率和对分包结算的下浮率之差作为自身的总承包管理效益。

该模式优点有：①有利于专业分包成本管控，实现总承包效益截留；②可适用于设计施工同步招标；③总承包商收益计量简单直观。

该模式不足有：①总承包商需要承担较大的管理风险；②对于定额外部分，容易产生计价争议。

该模式一般适用于总承包商较为熟悉的专业工程，如土建、支护等。

3. 供应情况摸排

（1）了解市场行情

针对具体的工程总承包项目，查询并了解已完工项目采用的相同或类似设备材料的采购记录及当前的市场行情，为采购的质量和成本控制打好基础。例如，采购钢材等材料类商品时，应注重当前的市场行情，原材料的市场价格，当前市场是否波动较大，根据当前经济形势与市场环境判断价格是否有较快或较大幅度的增长等因素，要根据需求有预期有规划地采买并判断何时采买能最大限度地节约成本。

（2）了解供应商情况

调研卖方市场需求、供应商工厂的生产、资金等情况。与一个有能力有信誉的供应商合作，不仅能保证产品质量、交货期，提高服务质量、服务及时性，还可以得到付款及价格上的支持与配合，对总承包方降低隐性成本具有重要意义。

（3）合理确定投标供应商的数量

寻求3家及以上合格供应商参与投标报价，但不宜过多，否则影响采购效率。根据设备配置要求选取合适的3～5家具有相互竞争优势的供应商参与招标，不仅可以提高采购效率，降低采购过程中的某些隐性成本，还可以避免发生围标或指定供应商等情况。

（4）强化采购管理，控制采购成本

采购设备成本与工程总承包项目的利润成反比。设备、材料采购成本的高低直接决定整体工程利润的高低，这就是很多工程总承包项目部把降低设备材料采购成本作为利润增长点的原因所在。市场的竞争从表面上看是产品价格高低的竞争，而实际上是采购成本高低及采购质量优劣的较量。所以，无论是企业还是工程总承包项目，都要强化设备材料的采购管理，把好价格关，争取实现以最低的采购成本购置到质量较为优质的产品。

（5）提高产品质量降低损失成本

控制好产品质量可以降低企业内部损失成本和外部损失成本，既可以减少投资方（最终使用方）对设备故障提出的经济索赔，又可以减少企业内部人员维修、技术服务、甚至更换新产品带来的成本支出。

10.3.3 招采计划编制

1. 招采工作前移

与传统施工总承包相比，工程总承包招采工作计划的最大特点是关键分包招采前移至项目启动阶段，原因如下。

（1）设计配合需求

对于部分专业化程度较高的专业工程，大部分设计院不具备专业设计能力，如装饰、燃气、变配电等。为保证各专业设计的接口协调，及时引入专业分包参与设计评审，需要提前招采引入相应专业分包。

（2）成本测算需求

对于许多专业工程，总承包商自身经验有限，需要引入专业分包配合成本测算工作，同时参与市场主流供应情况摸排，如电梯、厨房、舞台等专业工程。

（3）报批报建需求

对于部分行业管控度高的专业工程，如消防、人防等，因总承包商自身经验不足，需提前借助专业分包资源，配合开展报批报建。

（4）施工需求

对于部分专业工程，需要提前引入专业分包，在主体结构施工阶段需要进行预留预埋，从而减少后期拆改修补工作，如幕墙工程、大型设备运输通道预留等。

2. 招采计划编制

招采计划编制时，应根据总进度计划及设计、施工等专项计划需求，倒排招采启动时间，并预留充足的排产、运输时间。

某项目材料设备招采计划表模板见表10-8。

表 10-8　材料设备招采计划表

序号	专业分包	采购方式	使用位置	产品名称	深化设计开始时间	深化设计完成时间	市场摸排开始时间	市场摸排完成时间	对外报审开始时间	对外报审完成时间	招标开始时间	招标完成时间	最早订货时间	生产及运输周期	最早进场时间	最早施工开始时间	最早施工完成时间	备注

招采计划应经过相关部门评审，按规定经审批后执行。执行过程中应对招采计划的实施情况进行动态监控，当采购内容、采购进度或采购要求发生变化时，应对招采计划及时进行调整。

10.4　招采实施

10.4.1　招采准备

1. 采购申请

根据招标计划，由项目招采主管部门联合需求部门共同提出招标申请，在招标申请按公司相关管理规定经审批通过后，正式启动相关招标准备工作。

工程总承包项目采购申请应准确、全面地描述标的物的信息和要求，应涵盖以下内容：

（1）工程量清单，包括采购标的物的名称、工程量、单位、规格型号、技术要求、预计金额、品牌要求等内容；

（2）拟使用时间；

（3）使用计划；

（4）涉及技术方案的，需附详细的技术方案。

2. 采购方式选择

根据采购方式特点，可将招标方式分为招标采购和议标采购两类。

（1）招标采购

招标采购分为公开招标和邀请招标。

公开招标是最能实现充分竞争、有效降低采购成本的方式。但是，采用公开招标方式应对供应商的资格进行审核，并对投标文件进行评审，任务量较大，且周期一般会在1个月以上。

邀请招标的方式是目前大部分项目采用的比较普遍的招标方式，邀请的参与单位多来源于企业的合格分供方库。该招标方式的优势是能够相对高效地选择可靠供应商，弊端是不利于通过充分竞争而实现采购成本下降，也不利于新供应商的开发。

（2）议标采购

议标采购包括询价采购和单一来源采购。

询价采购是指以询价方式对多家分供方进行竞争性采购，适用于采购金额不大且技术要求简单的采购内容。

单一来源采购是指由于受到客观条件制约，潜在分供方少于招标规定数量，不能充分竞争，只能通过与单一来源（1家或2家）的分供方谈判最终确定中标单位的方式。这种采购方式是在受到市场环境、行业情况、区域特点和企业自身需求等客观条件制约情况下，采用的一种采购方式。因选择的分供方资源有限，不能充分竞争择优选择，不利于优质优价。以下情况可考虑采用单一来源的方式进行采购：

1）采购内容为不可替代的专有技术或产品；

2）采购内容具有行业或区域垄断性质；

3）根据业务需求需委托研发、联合开发；

4）该类业务涉及企业战略合作；

5）为保证一致性，需向原分供商采购。

一般情况下，从充分竞争、降低成本角度出发，分供招标采购必须选择"公开招标"的招标模式。

对于工程总承包模式，为满足前期设计、商务等工作快速响应需求，应建立更迅速的采购方式，确保分供商及时、高效配合，可考虑采取邀请招标等方式。

3. 招标文件编制

招标文件由投标须知、合同文本、投标文件格式、评标方法和标准以及现场管理及技术要求、工程量清单、施工图纸等部分组成。工程总承包模式下，部分专业招标时可能缺少详细的设计图纸及工程量清单，需要结合计价模式、管理风险等综合确定招标方式，并尽可能将业主建设需求等完整列入招标文件。

招标文件编制要点包括：项目概况、对投标人资质的要求、招标范围、施工内容、承包形式、计价方式及规则、付款方式及比例、工期计划、违约罚则、招标联系人、现场踏勘联系人及联系方式等。

招标文件编制完成后，应经公司内部审批通过后方可正式发出。公司可针对不同类型的资源采购，编制不同的招标文件（合同文本）范本，并根据反馈意见适时更新。

4. 招标文件发出

招标文件应通过公司规定的渠道或平台正式发出，并确保公开、公平。招标工作应预留合理的时间，依法必须进行招标的项目整个投标期不得少于20天。

10.4.2 投标管理

1. 投标保证金

原则上各类资源采购招标均要求投标人提供投标保证金，投标保证金须通过投标单位企业银行账户汇出和返还，严禁收取现金。未按要求缴纳投标保证金，且不符合免缴条件的投标单位，其投标无效。投标保证金的退还原则上采用不计息返还的方式，确定中标单位后，未中标单位的投标保证金无息返还，中标单位的投标保证金转为工程履约保证金。

2. 投标答疑

答疑问题由招采管理人员负责统一收集，项目各相关部门和招采管理人员作为主要答疑者进行问题答复，由招采管理人员汇总后统一回复。要注意所有投标单位的提问及答疑人员的答复均应向所有投标单位公开，答疑纪要应作为招标文件的组成部分。

10.4.3 评标定标管理

1. 评标基本原则

（1）公平、公正、依法评标；合理、科学、择优评标。

（2）严格按照招标文件评标。只要招标文件未违反现行的法律、法规和规章，没有前后矛盾的规定，就应严格按照招标文件及其附件、修改纪要、答疑纪要进行评标。

（3）对未提供证明资料的投标人的评审原则。凡投标人未提供证明材料（包括资质证书、业绩证明、职业资格或证书等）的，若该材料属于招标文件强制性要求的，评委均不予确认，应否决其投标；若该材料属于分值评审法或价分比法的评审因素，则不计分，投标人不得进行补正。

（4）作有利于投标人的评审。若招标文件表述不够明确，应作出对投标人有利的评审，但这种评审结论不应导致对招标人具有明显的因果关系的损害。

（5）反不正当竞争。评审中应严防串标、挂靠围标等不正当竞争行为。若无法当场确认，事后可向监管部门报告。

（6）记名表决。一旦评审出现分歧，则应采用少数服从多数的表决方式，表决时必须署名，但应保密，即不应让投标人知道谁投赞成票、谁投反对票。

（7）保密原则。评委必须对投标文件的内容、评审的讨论细节进行保密。

2. 评标方式

评标方式分为合理低价、技术准入有效低价、综合评分法三种。

（1）合理低价

合理低价法是指招标人在可以接受的投标价范围内，选择通过资格审查、初步评审、技术标评审及商务标评审的有效低价投标人的方法。

（2）技术准入有效低价

若一些工程总承包项目，技术要求较为特殊，可采用此评标方法。

（3）综合评分法

根据工程总承包项目招标文件的要求和投标文件的表述，综合评判投标企业是否为最佳中标人。

3. 评标程序及评审标准

（1）开标及评标组织

开标需由招采管理部门组织，相关部门和人员参加。开标应当按照约定时间进行，开标后重点审查分供方投标的规范性，剔除不符合投标规定的分供方。评标时应成立评标小组，人数应为不少于5人的单数，应包含招采、工程、商务和项目人员。

（2）技术标评标

1）如招标项目对技术要求低或无需技术标评标，可略去本环节。

2）评标前，招采管理部门应组织所有评标成员认真研读技术标评标方案，了解清楚技术标评标标准及评标要点；如因招标项目的特殊性需对标准评分表进行调整，须统一评标人员意见并签名确认。

3）评标人员应认真研读各投标单位的标书，对照招标要求和评分表，客观公正地进行评分，必须对评分表中的每一个分项进行评分。

4）评标过程中如发现标书雷同或有证据证明为串标的，经评标小组批准后，所有雷同标书均应判为废标。

5）评标人员应对各自的评分结果签名确认，评标人员各自评分的平均分为最终评分。

6）技术标不合格的分供方必须淘汰，不得进入商务标的评标环节。

（3）商务标评标

1）所有技术标评为合格的分供方可进入商务标评标环节。

2）评标小组应对商务标的投标总价、投标分项单价进行审核，审核报价的一致性、完整性、合理性和平衡性，对报价中的算术错误进行修正，并针对报价不合理的单项要求分供方进行澄清。

（4）商务谈判

由招采管理部门组织与分供方的商务谈判，总承包方的谈判人员应为至少2人，其中招采管理部门、项目管理部门分别至少应有1人参加，工程总承包企业其他相关管理部门可根据情况参与。分供方的谈判人员必须为企业法人或法人的授权委托人。

4. 定标

评标小组根据评标情况，编制定标报告（各类型定标资料统称），说明评标总体情况以及定标依据，推荐拟中标单位名单。

定标报告经评标小组会签后，报分公司招标监督部门、分公司领导审批，超过其审批权限的需报上级采购主管部门、监督部门审核，分管领导审批。

根据定标报告审批结果，招标主管部门应向中标/未中标单位发布中标/未中标通知书。

10.5　招采评价

10.5.1　招采管理复盘

与其他业务板块一样，招采管理复盘是持续提升、改进招采工作质量的关键环节。对于工程总承包项目而言，招采工作一方面是总承包风险和效益的关键来源，另一方面也具有超前性、预期性的特点，只有通过项目最终工作完成效果与前期工作对比，才能够真正改进前期工作质量。

招采管理复盘工作可与项目整体复盘会合并组织，也可单独组织。重点分析内容如下。

1. 合约界面

重点核对合约界面是否精准，后期实施阶段是否出现缺漏项、界面不清等情况，并对合约界面划分模板进行更新改进。

2. 合约规划

重点复盘合约规划的科学性、准确性。结合工程实施情况，确定合约包划分是否可进一步优化，如合约包是否需要进一步细化，合约归属、分包招标是否有更科学的方式等。

3. 目标成本与效益

确定项目招采阶段的各项成本目标和效益目标最终是否实现。对未实现的进行原因分析，对已实现的确定是否存在效益流失，是否可进一步优化等。

4. 招采计划执行

对招采计划执行情况进行分析时，尤其要关注是否存在因招采滞后而导致整体工作滞后的情况，以及确定存在较大偏差、需后续重点关注的招采工作内容等。

10.5.2　分供方评价管理

对项目分供方履约情况进行综合评价，并将评价结果反馈到分供商库中，形成分供商分级管控机制。

第11章 工程总承包进度管理

11.1 工程总承包进度管理概述

11.1.1 进度管理定义

进度管理是指采用科学的方法确定进度目标，编制进度计划和资源供应计划进行进度控制，在与质量、费用等项目目标协调的基础上，实现工期目标的过程。

进度管理的工作内容按流程可分为进度管理组织、计划编制、计划监控、计划调整、进度考核评价等。

进度管理工作内容如图11-1所示。

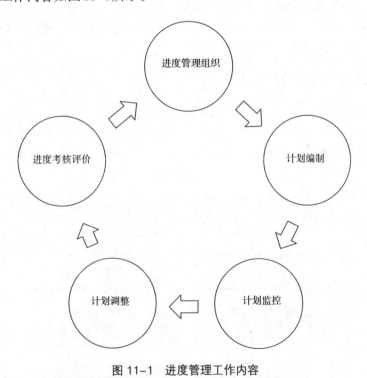

图 11-1　进度管理工作内容

11.1.2 工程总承包进度管理特点

1. 范围更广

传统模式下，总承包商一般从施工阶段开始时介入，项目施工结束时管理工作也相应结束，进度管理主要集中于施工阶段。

工程总承包模式下，总承包商进度管理范围可延伸至设计、采购、施工、交付、运维等全过程，大量传统模式下由业主来完成的衔接工作转移至总承包商，总承包商进度管理的工作范围更广。

2. 关联更多

传统模式下，总承包商进度管理主要集中于施工阶段，且对于部分业主制定分包的进度管理也局限于施工现场管理。

工程总承包模式下，总承包商进度管理范围从施工延伸至设计、采购、交付、运维等，同时从部分专业延伸至全专业。各阶段、各专业工作有很强的关联性，前一工作成果往往是下一工作的基础，不同板块进度融合紧密，进度管理复杂性大大增加。

3. 工期更紧

工程总承包模式下，基于设计、采购、施工等的高效融合和权责范围的转移，业主往往会提出较传统模式更为严苛的工期要求和延期处罚，部分项目总工期压缩可达20%以上。

4. 权责更清

施工总承包模式下，总承包商主要承担施工阶段的进度管理职责，权责范围有限且风险来源单一。当业主负责的设计、招采等工作出现偏差而对施工造成影响时，总承包商往往可通过工期索赔等方式争取自身权益。

工程总承包模式下，业主将大部分管理权限转移至总承包商，进度管理风险也一并转移，总承包商寻求工期索赔的机会寥寥无几。

11.1.3 工程总承包进度管理要求

1. 全局视野

工程总承包模式下，各项工作相互关联，总承包商不能只关注某一工作任务本身，而要着眼于该工作任务的前后全链条工作，甚至包括不属于总承包工作范围，但需要相关方协同完成的工作。以电梯为例，全过程工作链示意图如图11-2所示。

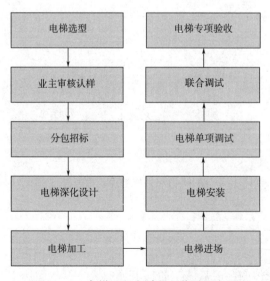

图 11-2 电梯工程全过程工作链示意图

2. 顶层设计

运转高效的组织体系是进度管理成功的基础。尤其对于工程总承包项目，通过高效、畅通的跨板块协同，能够大大提升管理效率，助力进度目标实现。在组织设置上，一般采用扁平化的矩阵式架构，并设置专门的计划管理部门，强化进度的执行监督。

某项目计划管理组织架构图如图11-3所示。

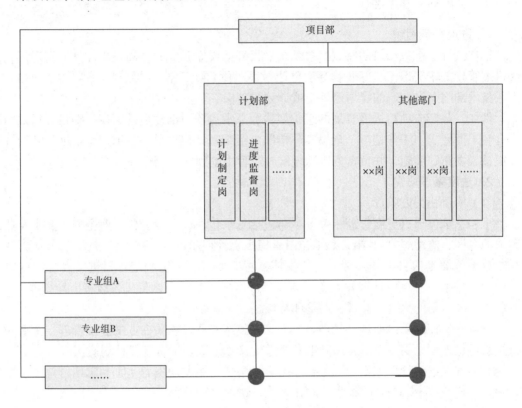

图 11-3　某项目计划管理组织架构图

3. 逐层渐进

工程总承包模式下，不同阶段、不同专业计划相对独立又紧密关联，且具体工作任务数以千计。因此在进行计划编排时，要分层分类、循序渐进，既要保证计划编制的科学性，又要保证计划使用得清晰明了，具备执行性。

4. 执行监控

进度管理的关键在于执行。进度目标的实现，依赖于科学、充分的资源组织。因此，要重点关注计划执行情况，出现偏差时及时采取有效措施，保证总体目标的实现。

5. 条件前置

工程总承包模式下，计划管理受外部制约较大，尤其是受到项目相关方工作配合的影响。在计划编制时，除做好自身范围内的任务分配外，还要重点关注相关方的配合要求，形成与计划配套的编制说明，作为条件前置，防止由非己方因素造成影响。以设计审核为例，除对总承包商内部流程进行规范外，还应重点约束业主及相关方的审核节点、次数等要求。

11.2 进度管理组织

11.2.1 进度管理的组织

1. 进度管理组织

根据工程总承包项目的特点，总承包项目部应设立独立的计划经理和计划管理部，作为进度管理的牵头部门，专职统筹项目计划管理和考核工作。项目规模有限时，也可在生产或技术部门下设专职的计划管理组或计划管理岗。

例如，某EPC项目进度管理的组织架构为总承包项目部建造部下设计划组。计划组根据合约工期要求、工作接口、现场实际情况，组织总承包项目部各部门上报项目各级计划并审核、发布、实施，并负责各级计划实施过程中的预警、调整和考核。

2. 进度管理职责

（1）项目相关方职责

工程总承包项目进度管理相关方主要包括总承包商、专业分包、业主方（业主及业主聘请的咨询、监理等）。其中，总承包商承担主要管理职责。

总承包商是项目进度管理的责任主体，主要职责有：①制定项目进度管理制度体系及流程；②编制总进度计划并发布；③在总进度计划要求下，集成各级进度计划并发布；④负责各级计划的执行、监督、调整和考核。

专业分包在总承包商进度管理要求下，完成本专业及相关专业的进度管理，主要职责有：①在总进度计划要求下，编制本专业进度计划；②负责本专业计划的执行。

业主方在进度管理工作中，主要作为审批角色，主要职责有：①制定项目总体工期目标和里程碑节点；②按合同权责，对计划执行情况进行监督。

（2）总承包商内部职责

进度管理是一项需要总承包商全部门参与的管理活动。计划管理部负责总体统筹与协调，相关部门负责各自责任范围内的计划执行与监督。

项目相关方进度管理的职责可采用职能矩阵表体现，见表11-1。

表 11-1 进度管理职能矩阵表

进度管理活动	职责分配							
	业主方		总承包商			分包		……
	业主代表	监理	计划部	设计部	……	分包A	……	……
里程碑节点确定	A	C	R	S		I		

注：负责R，配合S，告知I，审核C，审定A。

11.2.2 进度管理实施策划

1. 进度管理实施策划的定义

项目进度管理实施策划是对进度管理工作的总体部署，不是具体的进度计划，而是对项目进度管理运行机制的总体要求，可简要理解为"计划管理的计划"。

2. 进度管理实施策划的制定

项目进度管理实施策划一般在项目启动阶段由计划部组织编制，经项目经理审批通过后，作为整个项目进度管理的纲领性文件，为整个项目过程中如何管理项目进度提供指南和方向。进度管理实施策划可作为项目整体策划的重要组成部分。

进度管理实施策划一般应包括下列内容：项目进度管理要求与条件；进度管理的目标，包括总进度计划、里程碑节点；项目计划体系、计划编制规则、各级进度计划等管理活动的开展计划；项目进度监控、进度偏差分析、工期预警与纠偏以及进度计划调整等管理活动的开展计划；对相关方的进度管理评价与考核等。

某 EPC 工程总承包项目的进度管理实施计划框架见表 11-2，供参考。

表 11-2　某项目进度管理实施计划框架（局部）

序号	阶段	工作内容	开始时间	完成时间	备注
1	进度管理规划	编制《项目进度管理实施计划》	—	—	—
2		编制《进度计划编制规则》	—	—	—
3		编制项目进度计划分发矩阵表	—	—	—
4	进度计划制定	编制《项目总进度计划》《项目总进度关键节点》并发布	—	—	—
5		组织编制《集成进度计划》《配套资源计划》并发布	—	—	—
6		编制项目进度管理制度体系并发布	—	—	—
7	进度计划监控	编制对各方的《周报》《月报》模板（含《周进度计划》《月进度计划》模板）	—	—	—
8		编制《月度进度分析报告》模板	—	—	—
9		编制项目《现场进度巡检记录表》	—	—	—
10		编制项目《进度计划考核办法》	—	—	—
……	……	……	……	……	……

11.3　计划编制

11.3.1　计划体系

进度计划分级体系必须做到层次清楚、职责分明、结构合理，可实现各级联动，可适应不同管理层对项目进度计划管理的不同要求。不同类型的工程总承包项目所采用的分级体系存在差异。

本书推荐采用"1+4+N+M"的进度计划体系，如图 11-4 所示。

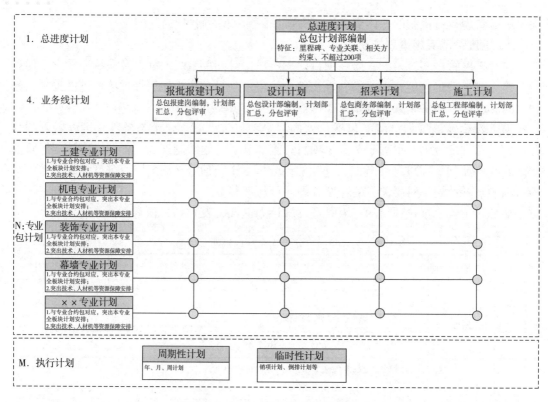

图 11-4 "1+4+N+M"进度计划体系

各级计划的定义和特点见表11-3。

表 11-3 "1+4+N+M"进度计划体系内容示意

计划分级	计划类型	计划组成		计划特征	计划形式	编制主体
1	总进度计划	1.编制说明；2.报批报建、设计、采购、施工、验收计划		1.突出里程碑节点；2.突出业务板块间关联点；3.突出业主方配合要求；4.工作项不超过200个	1.总进度计划；2.地铁计划图	总承包商
4	业务线计划	报批报建计划	1.编制说明；2.报批报建专项计划	1.全部报批报建（含验收）工作项、节点、所需资料清单；2.突出业主方配合要求；3.突出绿色通道办理	报批报建专项计划	总承包商
		设计计划	1.编制说明；2.设计专项计划	1.全专业设计工作项、节点；2.突出总包内部审核要求；3.突出业主方配合要求	设计专项计划	总承包商
		招采计划	1.编制说明；2.招采专项计划	1.突出预采购安排；2.分供方采购计划（含专业分供商、材料设备商）；3.包括采购、封样、加工、运输全过程；4.突出业主方配合要求	招采专项计划	总承包商

计划分级	计划类型	计划组成		计划特征	计划形式	编制主体
4	业务线计划	施工计划	1.编制说明； 2.施工专项计划	1.施工进度计划； 2.样板计划； 3.收尾及调试计划； 4.突出业主配合要求	施工专项计划	总承包商
N	专业包计划	土建专业计划 ××专业计划 ……	1.编制说明； 2.相应专业进度计划； 3.资源保障计划	1.与专业合约包对应，突出本专业全板块计划安排； 2.突出技术、人材机等资源保障安排	1.相应专业进度计划； 2.资源保障计划	专业分包编制，总承包商审批
M	执行计划	年计划	1.编制说明； 2.年度计划	1.突出实际工作； 2.各专业融合	年计划	专业分包编制，总承包商审批
		月计划	1.编制说明； 2.月计划	突出实际工作，可与月例会报表合并	月计划	
		周计划	周计划	突出实际指导，可与周例会报表合并	周计划	
		销项计划	根据项目关键节点要求，临时编制	突出某一关键节点完成前的相关工作销项，明确责任、节点要求	销项计划	

11.3.2　计划编制分工

1. 进度计划编制分工

根据计划体系，对进度计划编制职责进行分工，具体见表11-4。

表 11-4　进度计划编制职责表（示意）

计划体系		职责分工				
		计划部	设计部	商务部	综合办	工程部
总进度计划		▲☆	△	△	△	△
业务线计划	报批报建计划	▲			☆	
	设计计划	▲	☆			
	招采计划	▲		☆		
	施工计划	▲				☆
专业包计划	土建专业计划	▲	△	△	△	△
	××专业计划	▲	△	△	△	△
	……					
执行计划	周期性计划	▲	△	△	△	△
	销项计划	▲	△	△	△	△
	……					

▲ 主责方：进度计划汇总、审批的主责方。

△ 配合方：进度计划汇总、审批的配合方。

☆ 编制方：进度计划的编制方

2. 进度计划编制频次及时间要求

进度计划编制频次及时间要求，可参考表11-5具体实施。

表 11-5　进度计划编制频次及时间要求总表（示例）

计划名称		编制频次	时间要求
总进度计划		1次	项目启动7日内
业务线计划	报批报建计划	1次	总进度计划确定后7日
	设计计划	1次	总进度计划确定后7日
	招采计划	1次	总进度计划确定后7日
	施工计划	1次	总进度计划确定后7日
专业包计划	土建专业计划	1次	业务线计划确定后7日
	××专业计划	1次	业务线计划确定后7日
	……	1次	业务线计划确定后7日
执行计划	周期性计划	按周期要求	例会前1天
	销项计划	按工作需求	按要求节点
	……	……	……

11.3.3　计划编制与审批

1. 总进度计划

总进度计划由总承包商起草、更新及维护，涵盖总承包合同范围内的工期节点、项目里程碑节点、不同业务板块主要进度控制节点、不同业务板块间逻辑关联、项目相关方接口逻辑等。总进度计划是项目所有进度计划的基准。

（1）编制格式

总进度计划参考格式见表11-6。

表 11-6　总进度计划模板

编号	任务名称	工期	开始时间	完成时间	前置工作
1	报批报建				
1.1	选址意见书				
1.2	建设用地规划许可证				
1.3	方案设计审查				
1.4	初步设计审查				
1.5	施工图设计审查				
1.6	建设工程规划许可证办理				
1.7	施工许可办理				
1.7.1	施工提前介入				
1.7.2	申办建设工程施工许可证				
1.8	配套市政报装（临水、临电等）				

续表

编号	任务名称	工期	开始时间	完成时间	前置工作
2	设计计划				
2.1	方案设计				
2.1.1	方案设计实施				
2.1.2	方案设计内审				
2.2	初步设计				
2.2.1	初步设计实施				
2.2.2	初步设计内审				
2.3	勘察设计				
2.3.1	中期成果提交				
2.3.2	正式成果提交				
2.4	施工图设计				
2.4.1	总平、土方、基础施工图				
2.4.2	施工图设计实施				
2.4.3	施工图设计内审				
2.5	专项设计				
2.5.1	装饰方案				
2.5.2	景观方案				
2.5.3	智能化方案				
2.5.4	泛光方案				
……	……				
2.6	深化设计				
2.6.1	土建结构深化				
2.6.2	机电深化				
2.6.3	消防深化				
……	……				
3	招标采购				
3.1	分包商招标				
3.1.1	设计分包				
3.1.2	土建分包				
3.1.3	机电分包				
3.1.4	智能分包				
3.1.5	消防分包				
3.1.6	装饰分包				
3.1.7	幕墙分包				
3.1.8	……				

编号	任务名称	工期	开始时间	完成时间	前置工作
3.2	设备材料采购、报审				
3.2.1	土建工程主要材料				
3.2.2	机电工程主要大型设备				
3.2.3	机电工程主要材料				
3.2.4	电梯、扶梯				
3.2.5	……				
4	施工计划				
4.1	项目开工及施工准备				
4.2	现场大门、围挡施工完成				
4.3	土方及基础施工				
4.4	主体结构施工				
4.5	屋面防水工程施工				
4.6	机电工程施工				
4.7	装饰工程施工				
4.8	幕墙工程施工				
4.9	室外工程施工				
5	验收计划				
5.1	分项验收				
5.2	预验收				
5.3	竣工验收				

（2）编制规则

总进度计划常见编制规则见表11-7。

表 11-7   总进度计划编制规则

规则类别	规则项	编制要求
编制环境	编制软件	用Microsoft Project或相应软件编制
	工作时间	1.作业时间单位为天，除春节期间为假期外，其余日历天均为正常工作时间（无夜班）。 2.报批报建、竣工验收等涉及外部协调事项，开始和完成时间应避开节假日
	编制说明	编制对应的编制说明，应包含编制依据、合同要求、关键路径、典型循环周期、工效、边界条件、注意事项、免责说明等
编制要求	作业节点	1.应包括合同中明确的各板块重大节点，或实施过程中的关键节点，并包括合同履行所必须完成的所有重要工作。 2.应包括各专业施工开始、完成时间。 3.各板块应按各自特点划分若干阶段，各阶段再划分若干重大子节点
	接口要求	各板块、专业的节点应注明主要的前置条件
	颗粒度	以里程碑节点为主，总体工作项宜控制在200项以内

续表

规则类别	规则项	编制要求
编制要求	分区要求	整体编制分区需依据初步总平面布置图和施工部署
	编码要求	各子作业编码可初步按总平分区、楼栋号、楼层、专业进行描述
	编制版本	应按合同要求和项目部内部要求，分别编制外控版和内控版
	斜线图	总进度计划应编制对应的地铁图、斜线图，可采用 AutoCAD 或 Microsoft Excel 软件绘制

（3）工作流程

总进度计划由项目计划部编制，相关部门配合。

编制完成后，项目计划部组织召开评审会，项目相关部门参与。计划部依据各方评审意见，对总进度计划进行修订、完善后，组织报审。

总进度计划经项目经理审批通过后，由公司组织相关部门进行会审，通过后报监理、业主审批。

各方审批通过后，由项目计划部组织交底，项目相关部门、分供商接受交底。

（4）关注要点

各板块主要节点是否满足合同及相关文件要求；各板块关联点、关联关系是否合理、准确；相应的资源计划是否匹配；梳理的风险项是否全面、保障措施是否合理有效、可落地；是否配备编制说明等文件。

2. 业务线计划

在总进度计划基础上，按照主要业务线条（报批报建、设计、招采、施工），对各业务线条内的工作事项进行进一步细化，一般各业务线条单独形成一个独立的计划。通过总进度计划及业务线计划，基本锁定项目各专业工程的主要工作节点要求。

（1）责任部门

业务线计划一般由总承包商相关业务部门编制，并经计划部审核汇总。

（2）编制格式

业务线计划格式根据各业务特点制定。各类计划参考模板见报批报建计划（表11-8）、设计计划（表11-9）、招采计划（表11-10）、施工计划（表11-11）。

表 11-8　报批报建计划模板

阶段	节点	关键材料及流程	责任方	开始时间	完成时间	前置条件
办理施工许可证	工程报建备案	填写报建备案申请表，准备相关资料	总包			
		1. 工程建设项目报建表； 2. 立项批复或备案手续； 3. 满足施工要求的建设资金证明； 4. 建设用地证明	业主			
		1. 试桩登记手续（若属于试建项目）； 2. 建筑施工企业安全许可证和承包人资质证书； 3. 施工图设计文件审查批准书	总包			
		取得工程报建备案证明	总包			
	……	……	……			

表 11-9 设计计划模板（施工图阶段）

专业	设计内容	所需提资	提资移交时间	出图时间	开工时间
建筑	总平面图	施工平面需求			
	地下室平面图	—			
	一层平面图	—			
	……				
结构	桩基布置图	—			
	地下室结构图	—			
	……	……			
……	……	……	……	……	……

表 11-10 招采计划模板

序号	专业分包/设备供应商	招标方式	市场摸排时间	招标开始时间	招标完成时间	合同签订时间	技术配合时间	正式进场时间	最早施工时间
1	机电安装								
2	采发								
……	……								

表 11-11 施工计划模板

序号	任务名称	工期	开始时间	完成时间	前置工作
1	土建施工计划				
1.1	项目开工及施工准备				
1.2	现场大门、围挡施工完成				
1.3	基础及地下室结构施工				
1.3.1	塔式起重机安装完成				
1.3.2	桩基、独基施工				
1.4	主体结构施工				
1.4.1	1层主体结构施工				
1.4.2	2层主体结构施工				
……	……	……	……	……	……
2	机电施工计划				
2.1	预留预埋				
2.1.1	B1层预留预埋				
2.1.2	1层预留预埋				
……	……	……	……	……	……
2.2	消防工程				
2.2.1	B1层消防干管、喷淋安装				
2.2.2	1层消防干管、喷淋安装				
……	……	……	……	……	……

（3）注意要点

各板块工作节点是否与总进度计划要求一致；各板块间是否存在节点冲突，是否需要优化工序穿插；各专业间工作紧张程度是否相匹配。

3. 专业包计划

专业包计划由各专业分包在总承包商计划要求下，按各自专业内容进行编制，重点突出本专业的任务部署，以及相配套的资源部署。分包商编制完成后，由总承包商组织相关方对计划内容进行审核，确保满足上位计划及其他相关专业分包配合要求。

专业包计划格式可参考总进度计划，其作用类似于专业工程的"总进度计划"，并包括该专业工程实施过程中的全板块（设计、采购、施工），并配套相应的人、材、机等资源保障计划。

专业包计划由相关专业分包根据总进度计划和业务线计划要求编制，并由总包组织相关专业分包共同评审，确保满足上位计划及相关专业间协同要求。

4. 执行计划

执行计划由专业分包编制，用于反映各专业工程的具体实施性工作事项，直观指导生产。形式包括年、月、周等周期性计划和不定期的销项计划等。

为保证执行性，执行计划应简明、直接，通常与月例会、周例会相关报表格式统一，方便执行与检查。

11.3.4　计划交底

经审批完成的计划，应组织专题交底，明确关键节点要求及工作协同要求。计划交底的具体内容和要求可参考表11-12。

表 11-12　项目计划交底内容和要求

计划类别	责任部门	交底主要内容	备注
总进度计划	计划部	明确整体施工部署；明确项目总进度目标；明确合约（总包合同及分包合同）中里程碑；明确重点工序、重要节点进度目标	交底形式：专题交底会。参加人员：分包部公司主管领导、项目经理及主要管理人员、总承包项目部全体人员
业务线计划	业务部门	明确各板块或专业间工序穿插、接口或提资要求等；明确各板块具体的节点目标；明确各板块推进资源保障需求	交底形式：专题交底会。参加人员：分包部项目经理及主要管理人员、总承包项目部全体人员
专业包计划	计划部	明确本专业的具体的施工分区、部署等；相关专业配合需求；所需资源保障	交底形式：专题交底会。参加人员：分包部项目经理及主要管理人员、总承包项目部全体人员
执行计划	计划部	对比总结上期进度计划完成情况，明确本期施工计划；确定月度计划赶工措施（如上期进度滞后）；明确本期内承包商所需提供的各类重点接口及移交节点	交底形式：月、周例会。参加人员：分包部项目经理及主要管理人员、总承包项目经理、建造经理及各部门负责人

11.4 计划监控

11.4.1 进度信息收集

项目进度信息收集是分析项目计划执行情况的基础。为保证项目进度信息的真实性与准确性，同时简化信息收集工作，一般以周报或月报形式，对项目进展信息进行收集，相关报表格式一般与例会材料统一。以某专业分包提交的周例会报表为例，项目进度收集报表格式见表11-13。

表 11-13　专业工程进度收集报表（示意）

序号	工作事项	计划		实际		影响因素	责任人
		计划工作	完成时间	实际完成	完成（预计）时间		
1	智能化深化设计	完成100%	××	完成80%	××	因××原因滞后	智能分包
……	……	……	……	……	……	……	……

11.4.2 进度分析

项目计划部对各业务部门、专业分包提交的进度数据进行汇总、整理，形成进度数据汇总表，见表11-14。

表 11-14　项目进度数据汇总表（示意）

序号	责任单位	计划完成工作	计划完成时间	实际完成工作	实际/预计完成时间	滞后天数	是否关键线路
1	土建分包	独立基础施工完成100%	××	未完成	××	5	是
2	装饰分包	深化设计完成50%	××	完成	××	0	否
……	……	……	……	……	……	……	……

计划部根据项目进度信息，对照延误等级表，定期对计划执行情况进行分析、预警。项目进度延误预警分级表应根据项目整体情况制定，相关参考格式见表11-15。

表 11-15　进度延误预警分级表（示例）

计划类型	延误时间			
	正常	一般延误	重大延误	特别重大延误
总进度计划	0日	1~3日	4~6日	7日及以上
月度进度计划	0日	1~2日	3~4日	5日及以上
相应预警信号	无	蓝色	黄色	红色

计划部定期编制进度评估报告，并利用例会公布监控情况，对延误情况及时发出预警信号。相关责任部门及分包按照预警要求，及时采取应对措施，确保工期目标的实现。进度评估报告应包括整体进展分析、关键节点进展、偏差原因分析、改进措施等。

11.4.3　进度纠偏

进度纠偏是指当项目进度情况与计划出现偏差时，根据偏差程度采取相应补救措施，直至项目进度恢复正常。一般情况下，进度纠偏将会增加项目资源及成本投入，且进度偏差越大，纠偏投入越大。因此，进度纠偏应尽早识别、尽早实施。进度纠偏常见措施如下。

1. 组织措施

组织措施也是保证项目进度目标实现的重要举措，当项目进度情况与计划出现偏差时，可通过调整项目组织结构（重大偏差）、优化项目进度管理体系、调整管理职能分工和任务分工、调整项目管理班子和工作流程等措施实施纠偏。

2. 管理措施

当项目进度情况与计划出现偏差时，项目计划部应进行工期预警，要求分包在后续制定月/周计划时考虑延误补救措施，各部门负责监控延误补救措施的执行情况，直到延误风险被规避。

3. 技术措施

包括对实现进度目标有利的设计技术和施工技术的选用。当工程进度受阻时，应分析是否存在技术的影响，有无改变施工技术、施工方法和施工机械的可能性。

4. 经济措施

主要包括资金需求计划、资金的供应条件和经济激励措施等。资金供应条件包括可能的资金总供应量、资金来源（自有资金和外来资金）以及资金供应的时间。在工程预算中还应考虑赶工状态下所需要的资金，包括合同约定中提前完工所需要的奖励费用。

对于由于赶工采取的加大资源投入、增加工作面、调整工序等措施而产生的赶工费用，总包商应进行测算、计量，做好责任界定及相关索赔工作。

11.5　计划调整

11.5.1　计划调整原则

当实际进度与计划出现较大偏差，且难以通过已有纠偏措施补救时，一般需要进行计划调整。计划调整不是对原有目标节点的让步，而是在尽可能保证原有目标节点的基础上，实事求是地进行工作部署。

计划调整的总原则为对工期目标影响最小。首先，计划调整应尽量控制在同级进度计划范围内进行，减少对上级进度计划的影响；其次，计划调整应控制在单业务板块内，减少对其他业务板块进度计划的影响，如设计进度计划的延误通过调整设计计划，减少对招采与施工计划的影响。

11.5.2 计划调整

计划调整权限应与计划编制权限相匹配，且相关流程应按照原计划工作流程要求执行。在具体实施时，需根据计划调整的原因进行区分。

1. 非主观责任

对于合同约定的非总承包商主观原因（如业主方设计变更、不可预见因素等）引起的进度计划调整，由总承包商计划部组织相关部门及分包编制调整后的计划，按原有计划的审批流程通过后，发至业主方批准执行。对于计划调整产生费用的，由商务部牵头，会同相关部门完成对业主的工期及费用的索赔事宜。

2. 主观责任

对于总承包商或分包自身工作滞后引起的进度计划调整，由总承包商计划部明确滞后责任归属，协调责任方提出工期调整申请，并在责任方承担相应责任后，由总承包商计划部组织相关部门及分包编制调整后的计划，按原有计划的审批流程经审批通过后执行。对于计划调整产生费用的，由商务部牵头，会同相关部门完成对责任方的工期及费用的索赔事宜。

计划调整申请单内容参考表11-16。

表 11-16　计划调整申请单内容

序号	目录	主要内容	编写形式
1	总述	概况描写项目基本情况，提出计划调整申请意愿	文本
2	计划调整申请概述	客观具体地描述计划延误的原因、延误的周期天数等数据信息	文本及图表等
3	计划调整申请论证及计算	对延误情况严格分析、论证和计算，提出调整建议，并描述调整后的情况	文本及图表等
4	计划调整申请证明材料	提供相关证明文件，包括变更、函件、业主相关指令等	

11.6　计划考核评价

为保证计划执行力，总承包商项目部应建立进度计划考核办法，定期对项目计划执行情况进行考核，并采取相应的奖惩措施。现将某项目计划考核办法主要内容列举见表11-17。

表 11-17　计划考核办法主要内容

序号	办法章节	主要内容
1	总则	对考核指导原则、适用范围等进行描述
2	组织与职责	明确进度考核组织及人员，明确考核过程中的职责分工

续表

序号	办法章节	主要内容
3	考核内容及依据	明确进度考核的内容、参照基准，将对应期间的实际进展与参照基准进行对比、分析，形成考核结果
4	考核结果应用	对考核结果的应用进行描述，包括处罚和奖励标准等

需要注意的是，进度考核的目的是保证项目最终进度目标的实现，因此为鼓励考核对象提高执行力，当最终目标实现时，过程罚款将作为赶工费返还，同时相应工期考核奖励照常发放。

11.7　常见进度管理工具简介

11.7.1　末位计划者体系

末位计划者体系（Last Planner System）是精益建造理论中最重要的技术工具之一，是20世纪90年代发起的一种关注近期和基层生产计划改进的施工生产管理方法。

传统的项目计划一般都是推动式发展的，即上级根据施工流程安排工作计划。但是上级安排的计划常常超出了员工的能力，导致如果有某个环节出现拖延就会发生连锁反应，引发后续一连串的误工，严重影响项目进度，造成极大的损失。与之相反，末位计划者体系制定的是拉动式计划，由于工人最清楚如何分配人力和材料，所以其被赋予安排计划的权力，他们往往是末位的计划者。

该方法对传统的项目计划制定方法及生产流程进行了改进，将传统的"推式"流程改进为"拉式"流程，从而确保项目任务在开始实施之前，已经有效消除约束条件，使得项目进度能最大限度地按计划执行。基于末位计划者技术的进度计划编制是对传统进度计划编制方法的革新，最大限度克服了传统计划编制的缺陷。

末位计划者系统一般包含4个层次的进度计划工具，分别是拉动式总进度计划、前瞻性进度计划和每周工作计划，必要时还有每日工作计划。末位计划者体系工作流程如图11-5所示。

（1）拉动式总进度计划。该计划确定项目的总体进度框架，并划分关键的项目阶段和相应的里程碑，与传统的进度计划编制相近。

（2）前瞻性进度计划。该计划是末位计划者体系中的中间级别的计划，为确保主计划里程碑事件进度目标实现的主要工作均应纳入该计划。纳入前瞻计划的各项工作必须以消除了影响该工作实施的约束因素为前提。为提高前瞻计划的有效性和可控性，其计划周期通常需要结合影响项目目标实现的约束情况而定，通常为6~8周。

（3）每周工作计划。该计划明确了各个阶段之间以及不同业务之间的交接安排，它是依据前瞻性进度计划制定的。根据项目的实际情况，设计方的领导或是监督人每周会与不同行业的人展开探讨，并根据讨论结果对工作计划进行更新。计划中还应设置工作缓冲区间，每周根据计划对已完成的任务计算计划完成的百分比（PPC）。PPC以100%为基准，且只有两个评判结果，即已完成和未完成，不存在完成部分的说法。后续的工作安排由末

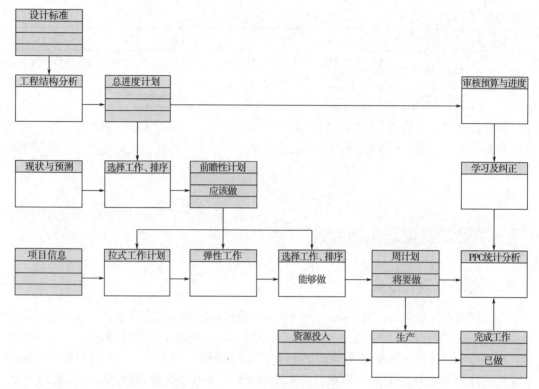

图 11-5 末位计划者体系工作流程

位计划者制定并进行分配。

（4）每日工作计划。根据项目需要，必要时可设置每日工作计划，相关工作流程与周计划类似。

11.7.2 进度关键绩效指标（进度KPI）

进度KPI是一种以可视化图表方式直观展现项目进度情况的管理工具，一般用于项目进度绩效评估、进度监控和进度报告等。

1. 计划完成率KPI

一般应用于周或月进度计划，用于分析当期计划工程完成率，是一种简单直观的工作指标。常见格式见表11-18。

2. 关键路径KPI

通过时标横道图或网络图等形式，反映项目关键线路上各项工作累计滞后程度的参考值，通过与关键线路KPI对比，判断总工期是否处于受控范围内。一般用关键线路KPI横道图表示，常见样式如图11-6所示。

3. 总体进展KPI

根据形象进度、工程量、产值等可描述项目进展情况的数据，考虑各项工作权重值后，通过一系列人为设定的工作项完成比例，按计划节点对各项工作完成值累加后形成的总体进展参考值。通过将项目实际完成率曲线与总体进展KPI曲线对比，判断项目整体进展状态。一般用总体进展KPI图表示，常见样式如图11-7所示。

表 11-18　周计划完成率 KPI

序号	分包商	工作内容	权重	完成比例	未完成原因	总体完成率	预警状态	KPI 标准
1	××分包	A 工作	20%	80%	××	73%	红/橙/黄/绿	>90%，绿 >80%～90%，黄 60%～80%，橙 <60%，红
2		B 工作	15%	60%	××			
……		……	……	……	……			
……	……	……	……	……	……	……	……	……

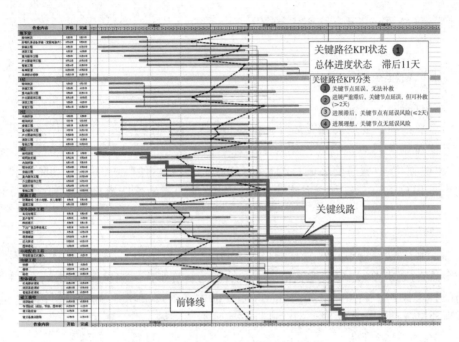

图 11-6　关键线路 KPI 横道图常见样式

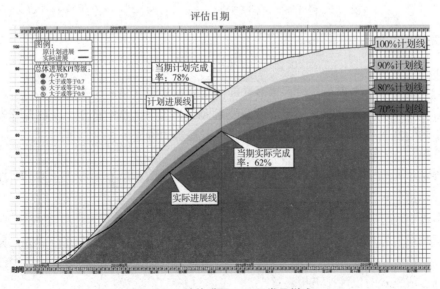

图 11-7　总体进展 KPI 图常见样式

第12章 工程总承包建造管理

12.1 工程总承包项目建造管理

12.1.1 建造管理策略

1. 建造前移

工程总承包项目在现场施工启动之前（例如设计、招采阶段），即开始进行相关建造管理。与传统施工总承包模式相比，工程总承包模式中的建造管理在整个建筑工程周期中，介入时间前移。建造前移的目的是充分利用工程总承包模式的特点，即设计、采购、施工均由工程总承包方负责，把传统承包模式中被动式的建造管理转变为主动式的建造管理。

（1）被动式建造管理

在传统施工总承包中，建造管理通常在施工图审核结束之后开始介入。"按图施工"是传统建造管理的核心内容，通常情况下一切建造管理都需要服从图纸设计，对于设计不合理的内容（例如不具备可建造性），大部分也无法进行更改。这种"设计什么做什么"的建造管理是一种被动式管理，难以进行主动改善及优化。

（2）主动式建造管理

在工程总承包模式中，设计、采购、施工均由工程总承包方负责。通过收集整理以往建造管理经验，组织设计采购评审等有效手段，提出有价值的评审报告，进而改善、优化设计和采购工作，即为主动式建造管理。

2. 与设计融合

（1）参与人员

参与人员应包括工程总承包方建造管理的各专业技术人员或工程师、确定的意向分包或长期合作单位的技术负责人及相关专业技术人员。参与人员的选定，应确保能够收集到准确完整的建造管理经验，确保评审意见或评审报告的价值。

（2）提前参与设计

工程总承包商建造管理人员及分包方建造管理人员应提前参加设计，在各阶段设计开始前明确建造管理需求。

（3）参与设计评审

工程总承包方建造管理人员及分包方建造管理人员应对设计文件进行审核，充分了解设计意图、设计要求、材料选用、具体做法等信息，收集并整理审核意见，组织设计评审会，编制形成正式的设计评审报告。

（4）设计评审报告

设计评审报告应包含可建造优化点及创效优化点等关键内容。

可建造性优化点：通过对设计图纸中部分内容进行优化，提出提高工程的可建造性、降低施工难度、保证施工质量的优化点。例如钢筋间距过密对混凝土浇筑的影响、构件截面尺寸过小对混凝土浇筑的影响等。

创效性优化点：通过对设计图纸中某部分内容进行优化，提出降低建造成本、为项目创造效益的优化点。

3. 与招采融合

（1）参与人员

参与人员应包括工程总承包方建造管理的各专业技术人员或工程师、确定的意向分包或长期合作单位的技术负责人及相关专业技术人员。参与人员的选定，应确保能够收集到准确完整的建造管理经验，确保评审意见或评审报告的价值。

（2）整理招采需求

通过收集甲方要求、设计文件及当地政策规范要求，整理整个项目的招采需求，编制招采需求清单。招采需求清单应包含材料名称、种类、型号、数量、技术要求、质量要求等信息。

（3）组织招采评审会

工程总承包方建造管理人员及分包方建造管理人员应参加招采需求评审会，要求参会人员结合以往项目建造管理经验，对招采需求清单进行审核，并提出评审意见，编制招采需求评审报告。

（4）招采需求评审报告

招采需求评审报告应包含技术性评审意见和经济性评审意见等关键内容。

技术性评审意见：针对材料或设备的施工难度、施工功能等方面提出，确保选择更为容易操作并有助于保证施工质量的材料或设备。例如外墙保温材料——岩棉，虽然耐火等级为A级，但是存在施工困难、施工质量难以控制等问题。

经济性评审意见：针对材料的成本及相关造价提出，确保项目在满足规范要求、使用功能的前提下，选用最为经济的材料。例如在同样满足保温要求的情况下，塑钢窗比铝合金窗价格更便宜；在同样满足通风等要求的情况下，推拉窗比平开窗更便宜。

12.1.2　设计阶段的建造管理

1. 设计阶段建造管理要点

（1）明确工作目标

结合工程建造管理经验，针对设计文件进行审核，提出有价值的审核意见，编制设计审核意见报告，实现建造"主动管理"，降低施工难度，保证施工质量，为项目创造效益。

（2）建立管理制度

管理制度应明确设计建造评审的目的、参与设计评审的人员及单位、设计文件的传递程序、设计文件的审核时间、设计评审意见的格式、设计评审会的组织形式、设计评审报告的编制、评审意见的奖励措施、评审意见的责任等内容。

（3）确定参加人员及单位

工程总承包方设计管理人员、设计单位各专业设计工程师、建造管理部门各专业工程师、确定的意向分包或长期合作单位的技术负责人及相关专业技术人员。

（4）组织设计评审会

阶段性设计文件完成后，应由工程总承包方设计管理人员下发设计文件至建造管理部门各专业工程师，各专业工程师收到设计文件后，及时下发至配合设计管理的施工单位。按照设计评审管理制度，确定图纸审核时间。工程总承包方设计管理人员按期收集各单位的设计评审意见，及时组织设计评审会。设计评审会针对各单位提出的评审意见进行逐条评审，最终编制设计评审报告。

（5）编制评审报告

按照评审会意见编制设计评审报告，若其中某个问题暂未确定最终结论，需要明确解决措施并限定完成时间。编制完成后，由各参加评审人员签字确认，然后由设计人员进行调整处理。

2. 各设计阶段的建造优化点

设计阶段在确定方案、工艺、材料、设备的过程中，经常会出现在同样满足标准规范、业主要求前提下，存在不同选择的情况。应结合工程建造管理经验，充分分析与权衡各种选择的利与弊，然后作出最适合项目的决策。以下列举了各个设计阶段的一些优化点。

（1）在方案设计阶段，可以针对基础选型、机电各种系统的选择、建筑造型等内容，结合同类项目的建造管理经验，综合考虑施工难度、工期长短等因素，提出有价值的评审意见。

（2）在初步设计阶段，可以针对竖向设计与土方平衡综合考虑、主要装饰线脚结合施工难度优化、建筑构配件的形式（阳台、雨篷、台阶）、装配式连接方式的施工经验、机电设备的选择与施工难易程度等提出评审意见。

（3）在施工图设计阶段，可以针对路面做法、路基材料优化、围墙做法难度及优化、墙体面层做法优化、窗户企口优化、机电综合管线排布优化、检修马道做法优化等提出评审意见。

（4）在深化设计阶段，可以针对构造柱、圈梁与电梯预埋件优化、设备机房设计优化、后浇带处理措施优化、消防永临结合等方面提出评审意见。

12.1.3 建造阶段的管理要点

1. 分包管理

与传统施工总承包模式不同，工程总承包的分包招采需要提前，便于工程总承包单位在设计、成本、报建及施工等方面更好地开展工作。

设计方面，设计院一般不具备全专业的设计能力，需要各专业分包配合进行深化设计并出具相关图纸；在施工图设计阶段，各专业分包应参与设计评审，提出相关优化意见。成本方面，各专业分包应对所负责专业进行成本测算，对大宗材料、大型设备参数提前锁定，并负责市场主流产品的引入。资质申报审批方面，工程总承包方可借助分包商相关资源进行规划、施工许可等资料申报和审批。施工方面，各专业分包应配合总承包方进行一次结构预留预埋，并做好公共资源控制的工作。

建造阶段分包进场及后续管理总体流程如下。

（1）分包提交进场资料

各专业分包进场前应向总承包项目部提交下列资料：

1）企业各类资质证书及营业执照；

2）中标通知书及合同；

3）管理人员名单、分工及联系方式；

4）岗位职责及管理制度；

5）安全目标责任状；

6）施工工人名单及劳务注册手续，暂住证明等。

（2）组织分包进场

各专业分包方进入施工现场前，均需按总承包方管理办法的要求设置相应的组织管理机构，配置对口的管理人员，按以下规定程序执行：

1）进入施工现场的各专业分包方按总承包设置好的机构统一命名。命名规则举例：×××工程—分部—工程处（队）。

2）来往信函及有关文件需标注单位名称时，一律以总承包方确定的名称为准。

3）各专业分包方必须按照总承包方设置的机构管理岗位配齐相应的管理人员，并根据总承包方管理办法制定相应的管理办法及管理制度，交予总承包方确认签字。

4）分包方必须为进场的管理人员、施工人员购买人身保险以防意外伤害发生带来不必要的纠纷。

5）分包方常年驻工地的管理人员，如项目经理、技术负责人、工长、质量检查员、安全员、材料员、维修电工等必须持证上岗。项目经理、技术负责人员必须具有项目经理上岗证书和工程师资格证书。分包方进场前要向总承包方上交管理人员岗位证书。如果证件不全，总承包方将拒绝其进场。

6）进场的劳务人员必须持有身份证及在本市办理的有效的暂住证、务工证、特殊工种上岗证等证件。分包方进场，必须将其劳务人员的花名册及上述证件复印件上报总承包方及监理方（若有）。劳务人员必须经常携带上述证件，以备随时检查，被查者如证件不全，将被清出施工现场，其所属单位将被处以罚金。

（3）分包的教育及培训

总承包项目部应定期对分包单位的全体人员进行质量、环境和职业健康安全意识教育。当项目作业人员、施工阶段、现场条件等发生重大变化，或发生重大质量、环境、职业健康安全事故时，应及时组织教育培训，必要时企业相关部门应当协助。对分包单位的教育培训应分层次进行，具体安排应在项目质量计划（或施工组织设计）和职业健康安全与环境规划中明确。

对专业/劳务分包人员的教育培训应至少包括以下内容：

1）企业的质量、职业健康安全与环境方针；

2）项目的质量、职业健康安全与环境目标；

3）相关法律法规的要求；

4）质量控制、安全生产和文明施工、环境管理、成本控制等方面的有关要求；

5）施工生产过程中的注意事项；

6）项目规章制度，以及违反的处罚规定；

7）应急准备和响应要求；

8）公共资源管理相关要求；

9）分包间相互配合的要求；

10）其他需要进行教育培训的事项（如必要的专业知识、技能培训）。

（4）施工分包过程管控及考核

总承包项目部负责每半年对分包商在施工过程中的情况进行一次考核，填写分包商考核记录，报企业分包商管理部门保存，作为年度集中评价的信息。每年度或一个单位工程施工完毕后，由使用单位的相关部门和总承包项目部对分包商进行综合考核评价，将考核结果报有关部门复核备案。分包商在施工过程中违反合同条款时，总承包项目部应以书面形式责令其整改，并观其实施效果。确有改进，予以保留；亦可视情况按合同规定处理。

当分包商遇到下列情况之一时，总承包项目部填写分包商辞退报告，报企业分包商管理部门，经企业分管领导审批后解除分包合同，从合格分包商名录中删除，在备注栏中填写辞退报告编号，并报主管部门备案：

1）人员素质、技术水平、装备能力的实际情况与投标承诺不符，影响工程正常实施；

2）施工进度不能满足合同要求；

3）发生重大质量、安全或环境污染事故，严重损害本单位信誉；

4）不服从合理的指挥，未经允许直接与业主发生经济和技术往来；

5）已构成影响信誉的其他事实。

2. 公共资源管理

（1）公共资源管理主要内容

建筑工程建造过程中的公共资源包括道路、场地、堆场、库房、垂直运输设备（塔式起重机、物料提升机等）、机械设备、车辆、安全防护、临水临电等。

1）平面管理包括：总体平面规划与布置，为各分包划分材料堆场、加工场及通道等，并对其场地规划方案进行审批，场内交通组织与协调管理，文明施工的监督管理等。

2）临水、临电管理包括：临水、临电规划布置与总量控制；临水临电管理协议签订，明确责任划分；各分包临水临电方案审批，监督各方管理职责落实情况等。

3）临建设施管理包括：依据合同分类实施临建规划与布置；临建用地及设施审批与验收；临建设施日常监管；临建设施移交与反移交。

4）垂直运输设备管理包括：垂直运输设备的总体规划布置；合理分配给各分包方垂直运输设备的使用时间，每日垂直运输的审批与公示，对各分包对设备的使用情况的监督；垂直运输设备使用日常监管及统计分析等。

5）公共安全防护管理包括：对施工现场的公共安全防护设施进行统筹规划；提供统一标准的安全防护产品；现场安全设施供各分包合理使用，监督各方安全管理职责落实情况。

6）安全保卫管理包括：提供项目24小时安全保卫工作；各出口门卫监督作业人员的上下班劳务实名制打卡情况，并对其他进出人员及车辆进行检查登记。

7）信息资源管理包括：协助信息部门建立信息资源管理平台；信息资源平台权限管理；信息的审核、流转传递及监督执行等。

（2）公共资源管理原则

1）平面规划。施工启动之前，应根据施工部署，对总平进行合理布置，充分考虑实际使用需求，确定道路、场地、堆场、库房的面积及位置，确定垂直运输设备、机械设备、车辆的位置及数量。

2）时间规划。按照总进度计划，合理确定不同阶段公共资源的侧重方向。例如，主体施工阶段，公共资源应以满足土建专业为主，保证主体施工进度；机电安装调试阶段，公共资源应以满足机电专业工作需要为主；装饰装修阶段，公共资源应以满足装饰装修专业工作为主。动态式的公共资源管理，才能保证高效的工作效率，不能秉持"土建独大"等传统观念，否则将会影响工程进度。

3）责任归属。公共资源是工程项目中多个单位都会使用的资源，每个使用方都有责任和义务保护所使用的公共资源。公共资源的管理应做到"谁破坏、谁处理、谁赔偿"的原则，使每个使用方具备保护公共资源的意识。

（3）公共资源管理要点

1）公共资源计划管理。工程总承包方应要求分包方提交公共资源需求及使用计划，并进行审核。确保公共资源使用计划符合施工总体部署及施工进度要求，并组织进行现场公共资源管理。

2）公共资源交底管理。工程总承包方应结合公共资源特点，对相关分包方进行交底。交底内容至少应包含平面布置位置、使用时间、使用申请、保护措施、操作说明、安全注意事项、日常使用与维护等内容。

3）公共资源间断管理。建造过程中经常会出现由于某种原因导致公共资源使用间断的事件，如果处理不当将会造成材料损失、工期损失等问题。例如：某处浇筑混凝土或开挖管沟，导致道路中断。公共资源间断事件发生之前，应由事件发生单位提前向工程总承包方发出申请，经总承包方审核同意后，提前公告其他专业施工方，作好事前准备。

4）公共资源移交管理。建立公共资源移交管理制度，避免出现公共资源被破坏而责任不清的情况。公共资源移交应该包括移交检查、书面文件、照片留证、签字确认等内容。

3. 工序流水管理

相较于施工总承包，工程总承包项目涉及的专业和工序更多，对各种专业之间工序衔接关系的把握、施工段的划分、各工序的功效、持续时间、工艺间隔时间、工期要求等方面的把控更难、要求更高。

（1）工序流水管理的特点及意义

1）专业化的生产有利于提高工人的技术水平，提高工程质量；

2）工人技术水平和劳动生产率的提高，可以减少用工量和临时设施建造量，降低工程成本，提高利润水平；

3）流水施工的连续性，减少了专业工作间的时间间隔，达到了缩短工期的目的，拟建工程能尽早竣工并交付使用，发挥投资效益；

4）工期短、效率高、用人少、资源消耗均衡，可以减少现场管理费和物资消耗，实现合理储存与供应，有利于提高项目经理部的综合经济效益。

（2）工序流水管理的要点

1）科学化规范具体施工流程。管理人员应该根据不同的施工任务合理地规划施工时间，始终贯彻更加科学严谨的工作态度，将一切可能引发施工安全的问题及时进行根除，努力控制每一个环节的施工要点。而在规划施工流程过程中，工作人员需要切实考虑到每一步的影响因素，将技术水平放在首位，这样才能够更好地稳定管控工作，合理规划科学的流程应用。

2）主动控制工序活动条件的质量。工序活动条件包括的内容较多，主要是指影响质量的五大因素——施工操作者、材料、施工机械设备、施工方法和施工环境。只要将这些因素切实有效地控制起来，使它们处于被控制状态，确保工序投入品的质量，避免系统性因素变异发生，就能保证每道工序质量正常稳定。

3）及时检验工序活动效果的质量。工序活动效果是评价工序质量是否符合标准的尺度。为此，必须加强质量检验工作，对质量状况进行综合统计与分析，及时掌握质量动态。一旦发现质量问题，立即研究处理，自始至终使工序活动效果的质量满足规范和标准的要求。

4. 界面协调

（1）工作界面的定义

建造过程中的工作界面是指不同专业之间工作衔接的位置。例如，装修专业完成顶棚开孔，机电专业在"顶棚开孔"的工作完成面上安装灯具。其中"开孔后的顶棚"就是装修与机电两个专业的工作界面。工作界面也可称为建造接口。

（2）界面协调的目的

工作界面通常涉及两个及以上专业或分包，后道工序在前道工序的工作完成面上进行工作，需要前道工序的工作完成面满足各种质量、时间等要求。例如，顶棚开孔工作界面的施工区域、完成时间、开孔位置、尺寸、加固质量等内容需要满足安装灯具的要求。

界面协调管理是通过各种管理手段保证工作界面清晰准确，前后工作顺利承接，避免出现质量问题责任不清或者返工情况的管理过程。

（3）工作界面管理的要点

1）工作界面识别

根据图纸、合同文件等内容，整理各专业之间的工作界面。整理完的工作界面由项目商务部门进行评审，并组织分包进行确认，保证前置工序统一为后置工序提供接口条件，尽量避免后置工序对前置工序的二次污染。

2）编制工作界面需求清单

工程总承包方应结合项目质量计划、合同文件、设计文件、相关标准规范等质量要求进行核实，然后编制工作界面需求清单。组织各专业分包针对工作界面进行核实，并针对每个前道工序的工作界面提出清晰准确的质量要求。

3）编制工作界面移交计划

工程总承包方应结合施工总进度计划，确定各个工作界面需要完成的时间节点，编制工作界面移交计划。工作界面移交计划应尽量采用末位计划思维，计划的编制、确定应由相关末位计划者的协商一致。

4）组织移交检查

为确保某工作界面移交（下一工作界面使用单位插入）前完成所有接口协议或遗留工作，需组织工作界面相关联单位（下一工作界面施工单位或对当前工作界面施工有接口协议需求的单位）对工作界面现场进行联合检查。联合检查由建造工程师组织，相关联建造工程师参与，相关分供方参加。移交检查需要以工作界面移交接口清单、工作界面移交计划为必备的前置依据。

5）编制移交报告

根据工作界面移交检查意见，编制工作界面移交报告。工作界面移交报告内容应包括工作界面移交时间、移交区域、移交检查结果、整改意见、复查结果、照片留证等内容。移交报告应为正式书面文件，由参与移交各方签字确认后，存档备案，并启动下道工序工作。

6）工作界面协调会

第一级是建造经理或其代表主持的土建/机电施工协调会议。会议中，各方就一般问题、政策和指示进行讨论，并达成一致意见，同时对协调事务的总体进展进行监督。根据项目情况，征得建造经理（土建和机电）的同意后，会议可每两周或每月举行一次。

第二级是各接口相关分供方之间的一对一合同的接口专题会。通过会议确认、讨论具体接口事项，解决具体问题。

第三级是现场协调会或现场审查的现场协调研讨会。在安装之前，主要检验现场设施运行的可行性以及安装前的交付路线。

第四级是每周的物流协调会议，由土建建造经理或其代表主持召开。讨论的具体问题包括场地限制、交货方法、交货时间、预订起重机或其他起重设备以及所有接口和指定分供方的一般运输事宜。

5. 样板施工

（1）样板施工的内容

工程总承包项目需要进行样板施工的内容包括：建筑工程所用的功能性材料、影响建筑工程安全性的材料、建筑装饰装修材料、机电安装工程等。相比于传统施工总承包模式，样板施工的材料种类更多、工序更多、质量要求更复杂。

（2）样板施工的目的

通过样板施工，可以确保操作人员熟悉新工艺新设备，掌握操作流程、质量要求及控制要点，为保证建筑工程质量及大面施工提供技术准备。并且，在组合式样板施工过程中，可现场验证建造接口的准确性，保证前后工作的施工顺序正确，施工质量满足接口需求，避免后期大面积返工的情况发生。

（3）样板施工的管理要点

1）编制样板施工计划。工程建造管理部根据施工总进度计划，编制样板施工进度计划，确保样板工程在大面施工之前完成。并应编制样板施工配套的材料设备进场计划及劳动力需求计划。

2）样板施工准备。样板工程启动之前，工程建造管理部应及时组织设计、材料、劳力提前介入，确保样板工程的图纸、材料设备、劳动力、施工机械、场地、道路等条件准备完善，保证样板工程顺利启动。

3）样板施工质量控制。样板施工过程应严格按照设计文件、材料设备使用说明、施工工艺、环境条件、质量要求等进行施工，确保施工质量。就装配式家具安装等缺少施工经验的工程，必要时可聘请厂家工作人员配合安装指导。

4）样板工程验收与改进。工程项目管理部应组织业主、监理、施工方、设计单位共同进行样板工程验收，各方现场检查并确认样板工程质量标准，包含施工质量和材料设备样品等，并现场签认样板工程验收报告。对样板验收过程中确认的材料，需要办理正常的材料的审批手续，进行封样。

12.2　工程总承包项目 QHSE 管理

12.2.1　强化底线管理

工程总承包模式中，总承包进行"主动管理"（降低成本、创造效益）的同时，应坚持底线管理思维，杜绝过分优化、偷工减料导致建筑丧失使用功能、安全性、适用性、耐久性，并应建立应急管理机制，降低建造过程中的风险。

设计：严禁过分优化，在遵守国家法律法规、规范、标准方面"打擦边球"，导致建筑工程存在安全隐患或使用不便等问题；总承包方和设计方应坚持底线思维、合理控制设计中的安全系数等。

采购：严禁采购和使用国家禁止的材料，按照国家法律法规、规范、标准要求进行材料检验和复验，严禁弄虚作假。

施工：建造过程中应建立质量、安全与健康、环境保护管理体系，并应严格执行。

工程总承包模式中总承包方的承包范围更广，同时在项目中的权利和责任更大，更应坚持"底线思维"，拥有主人翁意识，杜绝放松警惕的思想。工程总承包项目的 QHSE 管理即为"底线管理"的基础内容。

12.2.2　质量与品质管理

1. 管理体系

工程总承包项目质量管理应贯穿项目管理的全过程，坚持"PDCA"工作方法，持续改进工程质量。

（1）质量计划

工程总承包项目的质量计划应提前启动，应在设计、招采阶段开始介入，结合项目管理目标、公司对项目的质量要求、企业经营方针等内容进行编制。例如，某工程总承包项目，公司计划将其打造为"鲁班工程"，应在设计阶段结合"鲁班工程"评价标准的特点，将质量计划融入设计文件中，实现项目质量目标。

项目质量计划应在项目管理策划过程中编制，项目质量计划作为对外质量保证和对内质量控制的依据，体现项目全过程质量管理要求。并且，项目质量计划应体现从资源投入到完成工程交付的全过程质量管理和控制要求。

工程总承包质量管理计划应包括：项目的质量目标、指标和要求；项目的质量管理组织与职责；质量管理与协调的程序；法律法规和标准规范；质量控制点的设置与管理；项目生产要素的质量控制；项目质量管理所需要的过程、文件和资源；实施质量目标和质量要求所采取的措施；项目质量文件管理。

（2）质量控制

1）项目的质量控制应对项目所有输入的信息、要求和资源的有效性进行控制；

2）项目部应根据项目质量计划对设计、采购、施工和试运行阶段接口的质量进行重点控制；

3）工程总承包项目应组织检查、监督、考核和评价项目质量计划的执行情况，验证实施效果并形成报告，对出现的问题、缺陷或不合格之外，应召开质量分析会，并制定整改措施；

4）项目部按规定应对项目实施过程中形成的质量记录进行标识、收集、保存和存档；

5）项目部应根据项目质量计划对分包工程项目质量进行控制。

（3）质量检查

质量控制点：针对项目质量计划设置的质量控制点，项目管理机构应按规定进行检验和监测。

质量控制点可包括以下内容：

1）对施工质量有重要影响的关键质量特性、关键部位或重要影响因素；

2）工艺上有严格要求，对下道工序的活动有重要影响的关键质量特性、部位；

3）严重影响项目质量的材料质量和性能；

4）影响下道工序质量的技术间歇时间；

5）与施工质量密切相关的技术参数；

6）容易出现质量通病的部位；

7）紧缺工程材料、构配件和工程设备或可能对生产安排有严重影响的关键项目；

8）隐蔽工程验收。

不合格品控制应包括：对检验和监测中发现的不合格品，按规定进行标识、记录、评价、隔离，防止非预期的使用或交付；采用返修、加固、返工、让步接受和报废措施，对不合格品进行处置。

（4）质量改进

工程总承包方项目部应定期对收集的质量信息进行数据分析，召开质量分析会议，找出影响工程质量的原因，采取纠正措施，定期评价其有效性。工程总承包方应依据合同约定对保修期或缺陷责任期内发生的质量问题提供保修服务。

工程总承包方应收集并接受项目发包人意见，获取项目运行信息，应将回访和项目发包人满意度调查工作纳入企业的质量改进活动中。

2. 各阶段管理要点

（1）设计阶段

1）确定质量目标

根据已有的招标投标文件、合同文件、项目管理规划大纲、企业经营方针等文件要求确定项目质量目标。

2）编制设计阶段质量计划

根据确定的项目质量目标，收集相关评价标准及经验资料，进行分析核实，确定实施策略，编制设计阶段的质量计划。

3）参与设计评审

工程总承包项目质量技术管理人员应根据设计阶段的质量计划，参与设计文件的评审工作，审核设计文件中质量计划的执行情况。

4）编制设计评审报告

工程总承包项目质量技术管理人员应根据设计评审的结果编制设计评审报告，评审报告中应明确质量计划的完成情况及改进内容。

5）设计调整与完善

设计人员应核实项目质量技术管理人员提供的设计评审报告，确保在符合国家法律法规、标准规范的要求下调整完善。

设计阶段质量管理的主要内容见表12-1。

表 12-1 设计阶段质量管理内容

阶段	类别	内容
设计阶段	项目功能性质量控制	窗户、保温、防水、节能、环保等
	项目可靠性质量控制	基础选型、结构形式等
	项目观感性质量控制	外立面线条、外观造型、面材选择等
	项目施工可行性质量控制	细部做法、钢筋密度、构件尺寸等

（2）采购阶段

1）核实采购程序

项目质量管理人员应根据材料材质、规格、种类等技术信息，核实采购程序中的包装、运输、储存等影响材料质量的内容。

2）核实材料设备信息

项目质量管理人员应核实材料、设备的相关性能指标，比如水泥的凝结时间、抗压强度；窗户的气密性、水密性；空调设备的能耗指标等，确保采购材料质量满足要求。

3）评审合格的供应单位

项目质量管理人员应结合工程经验，针对材料设备供应单位、品牌的产品质量提供审核意见。比如，某供应商的产品在使用过程中经常会存在的质量问题。

4）进行进货检验及问题处置

项目质量管理人员应对进场货物进行检查，包括材料的出厂合格证、产品说明书、进场复验报告等质量文件。并应对进场材料的包装、材料破损情况进行检查。应按照材料类别对进场材料提出安全可靠的仓储要求。

采购阶段质量管理的主要内容见表12-2。

表 12-2　采购阶段质量管理内容

阶段	类别	内容
采购阶段	设计文件相符性	品种、规格、尺寸、型号、等级等材料信息
	规范标准相符性	耐火性、挥发性有毒物质释放量、氯含量等
	进场验收程序	质量文件、检查记录、进场复验等
	质量文件的完整性	出厂合格证、使用说明书、复验报告、商检报告等
	禁用材料与设备	法律法规严禁使用的材料,如白炽灯等

（3）施工阶段

1）施工质量计划的基本内容

应包括工程特点及施工条件分析,质量总目标及其分解目标,质量管理组织机构和职责,人员及资源配置计划,确定施工工艺与操作方法的技术方案和施工组织方案,施工材料、设备等物资的质量管理及控制措施,施工质量检验、检测、实验工作的计划安排及其实施方法与检测标准,施工质量控制点及其跟踪控制的方式与要求,质量记录的要求等。

2）施工准备的质量控制

应包括计量控制、测量控制、施工平面图控制。

施工阶段的质量控制的主要内容见表12-3。

表 12-3　施工阶段的质量控制内容

阶段	类别	内容
施工阶段	工序施工质量控制	工序施工条件控制
		工序施工效果控制
	施工作业质量自控	施工作业质量自控的程序:施工作业技术交底、施工作业活动的实施、施工作业的质量检验
		施工作业质量自控的要求:预防为主、重点关注、坚持标准、记录完整
		施工作业质量自控的制度:质量自检制度、质量例会制度、质量会诊制度、质量样板制度、质量挂牌制度、每月质量奖评制度
	施工作业质量的监控	现场质量检查
		技术核定与见证取样送检
	隐蔽工程验收与成品质量保护	隐蔽工程验收
		施工成品质量保护

（4）竣工验收阶段

1）竣工质量验收的依据

竣工质量验收依据文件应确保齐全,例如合同、设计文件、质量要求、标准规范、法律法规等,避免影响工程验收进展。

2）竣工质量验收的标准

工程总承包方应根据完整的竣工验收依据文件梳理详细的竣工验收标准，为工程竣工验收作好技术准备。

3）竣工质量验收的条件

工程总承包方应根据竣工验收标准，逐项检查核实工程实体情况及相关工程资料完成情况，制定剩余工作的完成计划，并组织实施。

4）竣工质量验收程序和组织

工程总承包方应按照法定程序提交工程竣工资料，组织各个参建方开展工程竣工验收工作。

12.2.3 安全与健康管理

1. 管理体系

工程总承包项目安全与健康管理由工程总承包项目部负责，管理周期从建设工程设计阶段开始到最终的验收试运行阶段为止。

（1）建立组织管理机构

由工程总承包项目部推选分管安全健康管理工作的经理并赋予实权，其权力仅在项目经理之下，并成立相应管理委员会。管理委员会如在工作中发现隐患可直接向公司领导汇报，问题严重时可要求项目经理停止施工，清除隐患后才可继续进行施工。管理委员会还应负责日常的检查和相关的培训，使得安全健康意识深入人心，落到实处。

（2）建立预警机制

建立预警机制的目的是防患于未然，做到事前隐患的排除，取得事半功倍的效果。应建立快速反馈系统，遇到问题快速反应采取相应对策；应强化项目管理人员的安全健康管理意识，对其进行专门培训，使其学会辨别风险因素，心中装着问题去管理，才能尽早发现隐患；应加大相应投入，可在施工现场安装摄像头，实现远程查看现场情况；管理人员应留意现场员工的身心健康状态，组织员工定期到施工现场医疗服务点进行健康检查，可以多组织业余活动放松员工的心情。

（3）建立有效的激励机制

激励机制可以提高员工的积极性，带动全员参与。针对不同人群采取不同激励机制，促进安全健康管理水平的提升。对于管理人员，在其确保了项目无伤害、零伤亡时，除给予物质奖励外，还向其颁发公司级别的荣誉证书。倘若玩忽职守，造成了重大事故或者重大损失，除给予物质处罚外，还要视情节的严重程度，给予降职或解雇等处分。

（4）强化风险管理意识

施工前必须以书面形式对施工人员进行职业健康安全技术交底。对不同工程特点和可能造成的职业健康安全事故，从技术上采取措施消除危险，为从业人员提供健康和安全保障。对施工实行实时动态管理，对安全与健康进行监督检查，并计入考核，与奖金挂钩。

2. 各阶段管理要点

工程总承包项目中，安全与健康管理应融入项目的各个阶段，各阶段的管理要点见表12-4。

表 12-4 各阶段安全与健康管理要点

阶段	管理要点
设计阶段	按照建设工程法律法规的规定和强制性标准进行设计评审
	核实环境保护设施和安全设施的设计
	考虑施工安全和防护需要，对施工安全的重点环节应在设计文件中注明
	针对新材料、新结构、新工艺和特殊结构应提出保障和预防的措施建议
	在工程总概算中，应明确工程安全环保设施费、安全施工和环境保护措施费
采购阶段	按照建设工程法律法规的规定和强制性标准核实材料技术参数
	检验进场材料无有毒有害物质泄漏风险
	检查进场材料存放是否符合防火等相关规定
	检查材料运输是否存在安全隐患
施工阶段	建立职业健康安全生产管理体系
	安全生产管理制度
	安全生产管理预警体系
	安全施工措施和安全技术交底
	安全生产检查监督
	安全隐患的处理
	安全生产施工的应急预案管理
	职业健康安全事故的处理
	现场文明施工的要求
	现场健康安全卫生的要求
调试运行阶段	防火措施，应急预案，消防管理制度（禁止吸烟，伸缩缝封闭管理，动火申请制度等）
	防盗措施，保安人员设置，相关出入管理制度
	危险性试验提前通知制度及相关隔离措施

12.2.4 环境管理

1. 设计阶段

应根据可行性报告中有关环境保护以及防止生态破坏等的相关措施及具体内容展开设计。应严格按照政府环境影响评价报告的相关要求，落实环境保护管理措施，从而准确预估有关环境保护设施投资的费用。在设计之前，设计院应当到建设现场进行综合评估，并采取针对性的措施，保护周围环境，满足政府相关文件的要求。

2. 施工阶段

重点关注施工过程中存在的环境污染问题，如废气污染、废水污染、固体废物污染及噪声污染等，合理选用施工方法、施工机械、施工场地，设置环境保护设施，从污染源头和污染传播途径等方面进行控制，将环境污染物的数量控制到最低。

施工结束之后，应当加强对周边地区环境的恢复。施工单位应当按照政府下发的环境评价文件做好与之相对应的工作，环保设备厂家也应当做好环境保护设备的安装和调试工作，确保管理工作的有效性。建筑物拆除以及建筑材料运输过程中，会产生很多建筑粉尘，应加强对粉尘的控制。

3. 验收试运行阶段

建设单位应当充分意识到自身在建设过程中对于环境保护的责任和义务，在项目试运行之前，应当组建专业的管理团队对项目进行验收，确保建设项目全过程环境保护管理工作的有效性，编制与之相对应的验收报告。不具备验收能力的，可以委托相关机构进行验收报告编制。报告完成后也可以组建由施工单位、编制单位、技术团队等各相关方联合组成的工作组展开验收工作，并根据报告中环境保护管理的结论进行逐一检查，一旦发现与报告不吻合的情况应当及时上报，并采取措施解决。

在项目试运行阶段，应当注重噪声、水环境、废气和固体废物等方面的污染防治。一方面，应当加强对环境的监控检查，及时发现问题，采取相应的解决措施；另一方面，应当加大维护管理力度，及时清运固体废物、排走废弃污水等，维持良好的场地环境。

12.3 工程总承包项目收尾与移交管理

12.3.1 项目收尾管理

1. 收尾组织流程

（1）编制收尾工作计划表

收尾工作计划表应包含竣工图完成计划、剩余工程完成计划、工程结算及合同计划、分包结算及合同收尾计划、剩余材料处理计划、工程验收与移交计划、竣工资料移交计划、项目审计及经验总结计划、项目部撤离与撤销计划等工程收尾阶段的全部内容。

（2）审查项目收尾信息

由项目经理组织评审项目收尾工作计划，逐项核实项目实际情况与进展，分析评审各项收尾工作的解决措施，并进行责任分工。

（3）完成竣工图和《运营与维护手册》

竣工图应与最终现场实际情况保持一致，竣工图完成时间应符合收尾工作计划表的要求。运营与维护手册应结合工程特点、设备使用说明书、材料性能等信息进行编制，应保证建筑工程项目的使用功能、安全性、适用性、耐久性。

（4）工程结算及合同收尾

确保合同范围内的所有工作都已完成，工程运行、后期维保等各项工作与业主顺利交接。

（5）分包结算及合同收尾

规范分包商退场流程，确保分包商已完成所有合同内容，避免后续纠纷。

（6）剩余工程材料处理

对剩余工程材料进行盘点，根据材料性质及状况编制剩余工程材料处理计划，确保剩余工程材料能为项目及公司创造最大的价值。

（7）实施项目审计和总结经验教训

应对项目的进度、质量、成本、相关方满意度等情况进行全面的评价与考核，并作为项目竣工兑现的重要依据。

（8）项目部撤离与撤销

应编制科学合理的项目人员遣散计划，根据项目移交的实际进展进行动态调整，确保收尾工作顺利完成。

2. 收尾管理要点

（1）分包结算及合同收尾

1）分包退场相关验收与审核；

2）编制合同关闭报告；

3）对分包商进行综合评价，将合格的分包商纳入企业的合格分供商名录中；

4）对全部未决事项、索赔和争议、合同终止等的处理。

（2）实施项目审计和总结经验教训

1）编制项目审计方案

应确定项目审计时间、审计内容、参与人员、设计方式等内容。

2）组织进行项目审计

项目审计的内容一般包括项目范围、进度、成本、质量、安全等基准KPI的比较，盈利目标，相关方满意度要求，人员绩效评估，内部满意度要求以及项目评价等内容。

3）项目兑现审计报告

工程竣工验收合格后，项目审计组应根据项目自我评价结果和审计结果，组织编制项目兑现审计报告。

4）项目竣工总结报告

工程移交之后，项目经理应组织编制项目竣工总结报告，总结项目的经验教训。项目竣工总结报告应对工程情况、合同情况、工程验收与移交、工程结算与收款、分包管理等项目全过程进行总结。

5）项目目标责任考核兑现申报表

工程移交之后，项目经理应根据项目实际完成情况编制项目目标责任考核兑现申报表，进行项目竣工兑现。

12.3.2　移交管理

1. 移交流程

（1）现场清理

根据国家法律法规、政策、标准规范及合同要求，按照收尾工作计划组织进行现场清理，为工程顺利移交作好现场准备。

（2）检测与调试

应结合工程相关系统的验收计划组织进行工程检测与调试，避免资源浪费。调试与验收过程中，应注意防范触电、火灾、高压等危险事故。

（3）工程验收与移交

按照国家规范要求，编制工程竣工移交计划，组织进行工程竣工验收及移交工作。

（4）工程资料归档与移交

按照当地工程档案管理部门要求，提前申请工程档案预审查，获得工程档案预审报告。工程竣工验收合格后，进行工程档案资料移交及备案。

（5）工程保修管理

工程竣工验收合格之日起开始计算工程保修期。工程保修期间，针对任何发生的维修事件，应查明原因、留取证据、作好统计。对于非承包方原因造成的维修事件，应作好索赔管理。

（6）相关方满意度调查

客观了解项目管理过程中存在的问题及相关方的建议，作为项目经验教训总结的一部分。

2. 移交管理要点

（1）检测与调试

检测与调试是工程总承包项目中的一个重要环节，检测与调试过程中可以发现建造过程存在的一些隐蔽问题，能够将施工质量与使用功能直接联系起来，有助于提高工程总承包项目建造过程中的质量控制。

1）检测与调试计划

工程总承包项目应根据合同文件、设计资料、质量要求、技术文件、标准规范等文件，梳理工程总承包项目检测与调试内容，按照项目收尾工作计划，编制工程总承包项目的检测与调试计划。检测与调试计划应包括人员配置计划、检测设备需求计划、材料设备应急采购方案等内容。

2）检测与调试管理

检测与调试管理应按照检测与调试计划组织开展。检测与调试之前，确保人员、材料设备、技术信息及现场工作面等准备工作完成，避免出现"人等设备""设备等人""人等工作面"的问题。检测与调试过程中应及时作好记录，分析调整检测与调试方案，保证检测与调试顺利进展。

3）检测与调试总结

检测与调试结束之后，应根据过程记录文件进行分析总结，编制检测与调试总结报告。检测与调试总结报告应包括检测与调试的全部项目、检测与调试过程中出现的问题及原因分析、问题处理措施、问题防范建议、检测与调试结果等内容。

（2）工程验收

1）工程竣工验收组织

工程竣工验收应由项目发包人组织。工程项目达到竣工验收条件时，项目发包人应向负责竣工验收的单位提出竣工验收申请报告。

2）工程竣工验收计划

应根据工程实际情况、竣工验收标准、工期要求等内容编制工程竣工验收及交付计划。竣工验收计划应包含工程竣工验收及交付流程、剩余工作内容、相关责任人、计划完成时间等内容。

（3）工程资料归档与移交

1）工程资料的管理原则

工程资料应与工程项目的建设过程同步形成，并应真实反映工程项目的建设情况和实体质量。工程资料管理应制度健全、岗位责任明确，并应纳入工程建设管理的各个环节和各级相关人员的职责范围。工程资料的套数、费用、移交时间应在合同中明确。工程资料的收集、整理、组卷、移交及归档应及时。

2）工程资料移交

工程总承包单位应向建设单位移交施工资料；分包单位应向工程总承包单位移交分包工程施工资料；监理单位应向建设单位移交监理资料。工程资料移交时应及时办理相关移交手续，填写工程资料移交书、移交目录。建设单位应按国家有关法规和标准的规定向城建档案管理部门移交工程档案，并办理相关手续。有条件时，向城建档案管理部门移交的工程档案应为原件。

3）工程档案归档

工程资料归档保存期限应符合国家现行有关标准的规定。当无规定时，不宜少于5年。建设单位工程资料归档保存期限应满足工程维护、修缮、改造、加固的需要。施工单位工程资料归档保存期限应满足工程质量保修及质量追溯的需要。

（4）相关方满意度调查

1）满意度调查方案

项目经理应组织编制满意度调查方案，满意度调查方案应包括：调查方式、调查对象、调查时间、工程质量、工程进度、工程管理、沟通协调、费用控制等内容。

2）满意度调查报告

通过满意度调查问卷、关键人员访谈、会议等形式实施满意度调查工作后，编制《满意度调查报告》，该报告应包含各分项服务的满意率、不满意原因分析及改进建议等内容。

3）整改及归档

工程管理部经理审核《满意度调查报告》，对不满意事项，组织相关人员进行必要的整改；整改完成后，按规定进行满意度调查文件的归档。

第13章 工程总承包风险管理

13.1 工程总承包风险管理概述

13.1.1 内容和意义

工程总承包模式与传统模式在承担的风险方面存在差异。传统的建设模式下，业主和承包商都需要在投标进程中承担一定风险，具体表现为：①直接受益者以及管理风险最大的利润获得者应该主动承担风险；②因某方的疏忽或者不作为最终造成的风险由该方承担，传统模式下的大部分风险由业主承担。而工程总承包模式下，大部分风险由总承包方承担。

施工总承包与工程总承包风险范围对比图如图13-1所示。

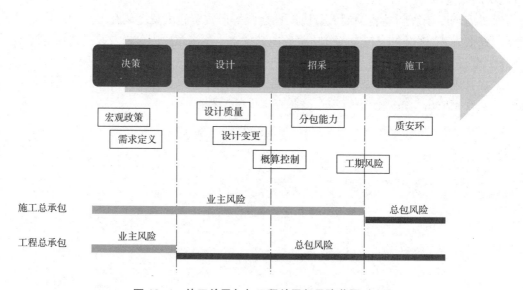

图 13-1 施工总承包与工程总承包风险范围对比图

1. 风险管理的内容

风险管理是指识别、分析并对项目风险作出积极反应的系统过程。通过主动、系统地对项目风险进行全过程识别、评估及监控，达到降低项目风险、减少风险损失，甚至化险为夷，变不利为有利的目的。

工程总承包风险管理的主要内容如下。

（1）风险识别

风险识别是指在对风险主体进行实地调查或者对其以往的资料进行详细研究以后，综合运用各种专门的方法或者技术对面临的各种可能出现或者已经出现的风险进行系统的分类然后对其进行识别，进而分析风险事故发生的潜在原因的过程。

风险识别的成果是风险识别报告，风险识别报告的内容包括工程项目现有的风险清单，风险的分类、原因分析和说明、风险后果及其价值量的表述，以及全部风险控制的优先序列等。

（2）风险评估

风险评估是指在风险识别的基础之上，对暂时还没有发生或者已经发生但其影响还未结束的风险对工程项目各个方面将会造成或者已经造成的影响和损失进行量化评估或作出统计分布描述的过程。

风险评估的成果是风险评估报告，其主要内容包括：项目全部风险发生的概率、后果和影响范围的度量结果，未来项目风险应对的优先序列安排，项目风险的发展趋势分析与说明，需要进一步跟踪、分析和识别的项目风险，以及项目目标实现可能性的全面分析。这个过程在系统地认识总承包风险和合理管理风险之间起着重要的桥梁作用。

（3）风险应对

风险应对是在完成风险识别与评估后，即在确定了决策的主体经营活动中存在的风险，并分析出风险概率及其风险影响程度的基础上，根据风险性质和决策主体对风险的承受能力制定的自留、转移、回避、缓解或者隔离风险等相应防范计划。完成了总承包风险的识别、分析和评价过程，就应该对各种风险管理对策进行规划，并根据总承包风险管理的总体目标，对处理项目风险的最佳对策组合进行决策。一般而言，总承包风险管理有三种对策：风险控制、风险保留和风险转移。

（4）风险监测

在工程总承包项目进展中不断检查前三个步骤以及风险应对决策的实施情况，根据项目目标及合同上注明事项的执行情况，评价风险应对决策的合理性，并确定在条件变化时，是否提出不同的处理方案，以及检查是否有被遗漏的项目风险或者发现新的项目风险的过程即为风险监测。

2. 风险管理的意义

目前，我国工程总承包模式发展态势良好，多数施工总承包企业面临着转型和升级，以抓住大环境下的发展机遇。但是，工程总承包模式下风险依旧存在，制约着其发展。如何识别和防范其可能遭遇的风险并且制定有效应对措施就显得尤为重要。

风险管理的意义如下。

（1）保证工程总承包项目目标实现

在工程总承包模式下，承包商会承担诸多风险，须仔细研究合同文件及实施条件，强化风险管理的意识，提高风险管理水平，运用合理的风险管理手段和技术，事前规避风险或者在风险发生时将损失降到最低，为工程项目目标的实现提供最有力的保障。

（2）促进工程总承包企业项目管理水平提高

能够提升企业自身的管理水平，使企业内部的风险控制机制更加完善，对工程总承包企业提高自身竞争力具有一定的促进作用。

13.1.2   风险管理的工作流程

工程总承包项目的建设过程十分复杂，总承包商需要负责项目从设计到施工、采购的各个阶段，是一个复杂的系统工程。总承包各阶段的参与方众多、参与主体各不相同。在工程总承包项目中，合同条款发生变化、工作范围扩大等原因均会导致工程总承包项目风险增加。工程总承包项目的风险管理具有多样性、复杂性、社会性、集成性、动态性等特点，因此建议采用动态模型对工程总承包项目全过程风险进行评价管理。流程图如图13-2所示。

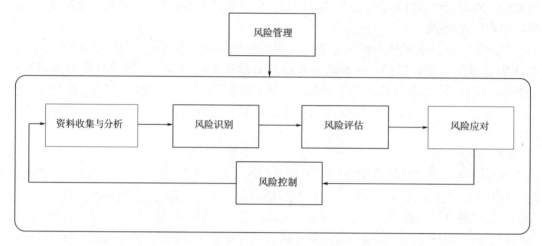

图 13-2　工程总承包项目风险动态管理流程图

总承包风险管理是一个动态的过程，主要由资料收集与分析、风险识别、风险评估、风险应对与风险控制几部分组成。资料收集与分析是风险管理的基础，明确研究项目定义和需求以及环境条件，识别项目面临的风险；风险识别、风险评估是风险管理的重要内容，对风险进行应对，并提出应对对策；在此基础上还需要对风险实行有效地控制，做到以最小的成本，安全、可靠地实现项目的总目标，所谓控制，就是随时监视项目的进展，关注风险的动态，一旦有新情况，马上对新出现的风险进行识别、评估，并采取必要的应对措施。

13.2   风险识别

13.2.1   风险识别的内容和方法

风险识别在整个风险管理过程中是一个非常重要的阶段，是风险评估的前提，其最终目的就是要找到潜在风险以及风险的发生规律。风险的可变性比较大，所以风险识别工作的持续时间也更长，具有系统性的特点，风险管理者在工作过程中应该时刻注意到风险的变化，谨防新风险的产生。

风险识别的主要工作包括：明确工程总承包项目的定义及需求，了解外部环境及内部环境情况，查明能产生风险威胁的各类潜在原因；对各类风险因素的类别、性质及其造成的损失频率或损失大小进行定性或定量分析，形成风险清单；最终得出风险识别报告。

风险识别需要明确项目现有的风险清单、风险分类、风险原因、风险后果以及全部风险的控制的优先序列等，主要分析方法有如下几种：

（1）生产流程分析法

指按照产品从购买的原材料生产加工到产成品的顺序流程，对生产过程中的每一个环节逐个进行调查分析，然后从调查结果中找出风险所在，分析导致这些风险产生的原因，以及风险发生可能造成的损失影响。生产流程分析法是通过分析企业的生产、服务经营流程或管理流程来辨识可能的风险。

（2）风险专家调查列举法

风险专家调查列举法是指由专业的风险管理人员运用以往积累的经验，或者根据实际调查，列出进行风险识别的工程总承包企业可能面临的所有风险，然后依据单个风险的特点，用不同的标准对其进行分类的过程。

（3）分解分析法

分解分析法是一种定性分析和定量分析相结合的方法，是把整个繁杂的系统简单化，分为很多个相对简单的子系统或者细分为一个个具体的组成要素，并从分解的过程中发现可能潜在的风险及损失的过程。

（4）资产财务状况分析法

资产财务状况分析法指的是工程总承包企业风险管理者以企业以往或者风险管理周期内的资产负债表、现金流量表和损益表三大财务报表及其附表所提供的财务资料为基础，分析企业财务状况并发现其潜在风险的方法。这些风险包括资产本身可能遭受的风险，因遭受风险引起的生产中断所致的损失以及其他连带人身和财务损失。

（5）情景分析法

情景分析法（脚本法或者前景描述法），是在假定某种现象或某种趋势将持续到未来的前提下，对评估对象可能出现的情况或引起的后果作出预测的方法。通常用来对评估对象的未来发展作出种种设想或预计，是一种直观定性的预测方法。

（6）故障树分析法

故障树分析法是指采用逻辑的方法，形象地进行危险分析，其特点是直观、简洁、明了、思路清晰、逻辑性强，故障树分析法既可以采用定性分析，也可以采用定量分析的方法。

工程总承包项目的风险相较于传统项目来说，总承包方所承担的风险更大，例如项目实施条件不明而造成的一系列经济、技术、管理、组织上的风险等。工程总承包项目的主要风险有下列几种：

（1）环境风险

环境风险包括外部环境风险和内部环境风险。外部环境风险是指政治、社会、自然风险，主要包括了当地法律法规约束、相关行业及金融税收政策变化、社会治安情况、当地民俗文化、自然灾害、地质地貌及气候条件等；内部环境风险主要指实施环境不明确，包括了发包模式、项目规模、工期、计价模式、功能使用需求、权责分配、付款情况、招标范围等方面的不明确。

（2）合同风险

合同风险主要包括合同理解不当风险、合同变更风险、合同执行风险等，合同风险可能会导致各方目标、权责不明、项目成果和预期目标偏差过大、费用增加、双方出现争议等后果。

（3）经济风险

经济风险包括了业主的资信状况和支付能力、监理工程师的拖延和扣减、工期拖延或设计变更带来的成本增加风险、汇率和利率的变化、保函没收的风险、物价上涨的风险等。

（4）技术风险

技术风险主要包括了设计的难度大、新技术的使用、施工难度大、技术文件和技术规范、材料与装备的缺乏、勘察得不准确、系统整体调试难度大等。

（5）管理风险

管理风险主要包括了项目组织领导管理水平风险、项目管理经验和经营管理水平风险、施工过程的质量工期成本风险、对项目施工现场的了解程度、业主要求的变更、劳工的人身安全、设备和材料的运输问题、项目团队成员对项目所涉及的专业知识的掌握程度、总承包商对分包商的管理、项目团队成员的工作协调性和团队士气、人事风险等。

（6）组织风险

组织风险主要包括项目的组织机构是否合理、总承包商与业主的关系、总承包商与监理工程师的关系、联合体总承包商内部各成员单位的关系、总承包商与当地政府部门的关系、总承包商与分包商的关系、总承包商与设备材料等供应商的关系、来自公司高层的支持程度、项目团队成员的稳定性、项目经理的职业道德等。

13.2.2 风险识别结果样例

1. 投标立项阶段

在工程总承包项目的投标立项阶段，总承包商对项目的工作量、工作范围、最终目的等了解不够，导致不能进行完整细致的预测，使工作量和工程费用估算与实际不符，产生了这一阶段的风险，具体见表13-1。

表 13-1　投标立项阶段风险识别结果样例

风险类别	风险内容	风险原因	风险后果
环境风险	1. 进入新市场决策风险； 2. 社会舆论风险； 3. 行业资源风险； 4. 政府监管风险； 5. 原始数据采集风险	1. 对新市场条件及环境不了解； 2. 项目社会报道多，影响大； 3. 缺少优质分包、工人、设备材料等资源； 4. 政府监管力度不够，难以平衡监理和承包商； 5. 原始数据采集不准，项目出现偏差	1. 对项目标价有较大影响； 2. 社会负面影响较大，社会效益低； 3. 成本升高，项目执行力低； 4. 项目执行效率低； 5. 无法预测项目风险并且最终可能造成严重后果
合同风险	1. 合同责任不清的风险； 2. 合同理解风险； 3. 承包商合同执行风险； 4. 合同工期风险	1. 对承包商要求严格、承担任务重； 2. 承包商不能充分理解合同条款； 3. 承包方能力不足； 4. 合同工期合理性低，工期常识缺乏	1. 各方产生纠纷； 2. 投标报价和执行过程出现偏差； 3. 不能如期交工，费用超支； 4. 工期拖沓，产生罚款

风险类别	风险内容	风险原因	风险后果
经济风险	1. 投标报价失误风险； 2. 通货膨胀风险	1. 承包方对项目情况了解有限，恶意竞标等原因； 2. 物价上涨，原材料和人工成本增加	1. 投标报价不准确，效益较低； 2. 成本增加、效益降低
技术风险	1. 技术标准理解和执行风险； 2. 技术标准缺失	1. 承包商不能准确理解技术标准，使工程出现偏差； 2. 项目设计、施工依据不充分	1. 影响项目进程、事故数量增加； 2. 项目组织混乱、质量事故增加

2. 设计阶段

工程总承包项目中，设计成果是采购和施工环节的工作依据，是实现设计、采购、施工有效衔接的重要保障，直接关系到工程费用的高低。在设计阶段，设计不当、设计进度不合理等原因会引发工程量与费用变更的风险，从而导致成本增加或质量事故增加，设计阶段的风险很多，见表13-2。

表 13-2 设计阶段风险识别结果样例

风险类别	风险内容	风险原因	风险后果
合同风险	1. 合同理解不当风险； 2. 合同变更风险	1. 总承包商提供的设计方案与合同要求存在偏差； 2. 业主改变原先的合同要求	1. 项目正常施工环节出现问题； 2. 原设计方案需要更改
技术风险	1. 设计质量不合格风险； 2. 设计不及时风险	1. 设计人员数量不足或能力不足； 2. 时间节点把握不准或能力不足	1. 质量事故增多； 2. 不能如期交工
管理风险	1. 项目早期管理风险； 2. 部门间衔接不当； 3. 各设计单位间衔接不当	1. 对项目早期规划不重视； 2. 各部门衔接不当，无有效沟通； 3. 专业衔接配合出现问题	1. 项目合同价偏差大； 2. 设计量增加； 3. 影响施工按计划进行

3. 采购阶段

在工程总承包项目中，设备材料采购费用过高，会影响工期、增加成本，也会给后期的调试运行及工程移交带来影响。采购阶段的风险是由供应商和总承包方导致的，例如供应商恶意串通抬高物价、提供的产品质量不合格、资质欠缺等原因引发的材料质量、成本风险，总承包商采购计划不科学、采购合同管理混乱等原因引发的采购责任混乱风险等，采购阶段风险识别结果样例见表13-3。

表 13-3 采购阶段风险识别结果样例

风险类别	风险内容	风险原因	风险后果
合同风险	供应商合同欺诈风险	供应商选择失误，管理不力	工期、成本受到影响
经济风险	1. 供应商恶意串通抬高物价； 2. 供应商提供的产品质量不合格； 3. 供应商资质欠缺； 4. 采购价格波动风险	1. 对市场调研不足； 2. 供应商选择失误； 3. 市场环境不稳定	成本增加，影响预期收益
技术风险	1. 新技术变革风险； 2. 采购物资质量、类别风险	1. 对市场调研不足； 2. 物资设备采购专业性不强	工期、成本受到影响

续表

风险类别	风险内容	风险原因	风险后果
管理风险	1. 采购责任风险； 2. 分包模式风险	1. 采购管理混乱、采购计划不科学； 2. 分包模式合理性差、分包能力不足	1. 施工结构和工期受到极大影响； 2. 工期拖延、成本提升、施工质量下降
组织风险	项目人员组建风险	项目经理能力不够，项目组成人员分布不科学，管理和技术人员数量不够或能力不足	项目进展不顺，项目计划难以按时实施，工作效率不高

4. 实施阶段

施工环节作为工程总承包项目建设的主体阶段，存在着对项目影响最大的风险，例如技术质量风险、进度风险、安全风险、项目各参与方配合不协调引发的衔接管控风险等，实施阶段风险识别结果样例见表13-4。

表 13-4 实施阶段风险识别结果样例

风险类别	风险内容	风险原因	风险后果
环境风险	1. 天气风险； 2. 资源风险； 3. 职业健康风险； 4. 社会环境风险； 5. 现场环境风险	1. 前期环境调研不足； 2. 人员物资等内部环境条件准备不足； 3. 安全管控及环境条件调研不足； 4. 社会负面报道较多，影响大； 5. 施工造成环境污染	1. 工期延误，成本增加； 2. 施工计划缓慢，延误工期； 3. 发生安全事故； 4. 企业形象受到影响； 5. 生态环境受到污染
合同风险	1. 工作界面不清晰； 2. 合同责任风险	未明确项目的实施条件	产生各方纠纷
经济风险	1. 材料风险； 2. 人工风险； 3. 施工方案风险	1. 材料成本提高，现场材料浪费多； 2. 人工费提升； 3. 施工组织方案合理性低，增加人工费用	1. 总成本提升； 2. 人工成本提升； 3. 工作效率低下，成本增加
技术风险	1. 设计变更风险； 2. 工程内容风险； 3. 标准风险	1. 前期规划不到位； 2. 工程范围变化； 3. 技术人员不熟悉专业，且不适应项目规范	1. 工期延长，提升施工成本； 2. 施工组织变动，打乱计划； 3. 工程质量差，责令返工，提升成本
管理风险	1. 工作分散风险； 2. 进度风险； 3. 各方配合风险	1. 各分包商只考虑自身利益； 2. 资源投入不足，管理不到位； 3. 专业衔接配合出现问题	1. 全过程费用较大； 2. 工期拖沓，延误工期
组织风险	领导人员风险	能力不足、团结性差	项目执行及进程出现问题

5. 收尾和移交阶段

在工程总承包项目的收尾阶段，建设主体会进行验收工作，项目移交及试运行等环节中的风险主要有质量或功能风险与履行合同的风险，收尾和移交阶段风险识别结果样例见表13-5。

表 13-5　收尾和移交阶段风险识别结果样例

风险类别	风险内容	风险原因	风险后果
合同风险	1. 质量或功能风险； 2. 合同执行风险	1. 合同理解不足； 2. 项目成果和预期目标偏差过大	1. 返修，提升成本； 2. 费用提升，双方出现争议
管理风险	1. 管理人员风险； 2. 决策风险； 3. 质量或功能风险	1. 管理人员重视程度不够； 2. 不能及时作出重大决策； 3. 建设方把关不严	1. 施工组织无法正常展开工作； 2. 工程进程延误； 3. 返修，提升成本

13.3　风险评估

13.3.1　风险评估的内容与过程

风险被识别出来后，应对风险发生的机理、可能性、严重程度、风险性质以及风险的后果进行评估，以便为风险控制提供依据。工程总承包项目的风险评估在风险是否发生时皆可进行，在风险发生前，对总承包工程风险发生的概率、风险因素进行评估，风险发生后则对风险的严重程度以及对项目的损失进行科学评估。

风险评估的主要任务包括：识别评估对象面临的风险种类与性质、评估风险概率和可能带来的负面影响、确定组织承受风险的能力、确定风险消减和控制的优先等级、确定风险发生之后的严重程度、推荐风险消减对策。

风险评估可分为三个部分进行：

（1）确定项目风险评价基准，即项目主体针对不同的项目风险后果，确定可接受水平。单个风险和整体风险都要确定评价基准，分别称为单个评价基准和整体评价基准。

（2）确定项目风险水平，包括单个风险水平和整体风险水平。项目整体风险水平是综合了所有风险事件之后确定的。要确定工程项目的整体风险水平，有必要弄清各单个风险之间的关系、相互作用以及转化因素对这些相互作用的影响。

（3）判断项目风险水平，将项目单个风险水平与单个评价基准、整体风险水平与整体评价基准对比，判断项目风险是否在可接受的范围之内，进而确定该项目是否应该继续进行。

13.3.2　风险评估的方法及结果输出

风险评估多数以定性评估为主，随着计算机技术的迅速发展和广泛运用以及某些计算方法的成熟，风险估计的定性与定量相结合的研究方法受到了人们的重视，并且已有良好的运用前景。目前工程总承包项目的风险评估主要采用定性风险评估为主，定量风险评估为辅的方式。

1. 定性风险评估方法

定性风险评估就是确定项目风险发生的可能性以及所造成后果的严重程度，其方法主要有专家评分法、调查分析法（列举法）、层次分析法、蒙特卡罗法。

（1）专家评分法

专家评分法指专家运用自身以前积累的经验对工程项目中的每个风险进行直观判断并赋予每个风险不同的权重水平。

（2）调查分析法（列举法）

调查分析法指工程总承包风险管理者通过项目的实地面谈、提问调查等方式收集、了解工程总承包项目风险的资料数据，并对此加以分析的方法。

（3）层次分析法（AHP）

层次分析法是把工程总承包的多目标决策分解为若干层次，首先把多目标决策作为一个整体，并在此基础上把这些目标细分为几个小目标，然后再把这些小目标指标化，最后根据定性指标模糊量化这一分析方法对各个层次进行单排序以及总排序，为工程总承包风险管理目标的实现提供优化决策的系统方法。

（4）蒙特卡罗法

蒙特卡罗法又称统计实验法或随机模拟法，是指通过计算机统计实验对一系列随机数进行模拟实际概率分布，向工程总承包项目的决策者提供采取相关措施可能产生的一系列结果和概率的方法，这种方法说明了项目风险发生的最大可能性以及这种决策的所有可能后果。

2. 定量风险评估方法

定量风险评估则是将项目风险发生的可能性以及所造成后果的严重程度进行量化，综合估算分析出各项风险的发生概率及影响程度。其方法主要有决策树法、模糊数学法、敏感性分析法、盈亏平衡分析法等。

（1）决策树法

决策树法是一种以期望值为标准的用树形图来描述工程总承包各个方案未来收益计算的方法。

（2）模糊数学法

模糊数学法是一种基于模糊数学的综合评标方法，用模糊数学的运算方法，计算出工程总承包项目风险的可能性程度，对受到多种因素制约的项目风险作出一个总体的评价。

（3）敏感性分析法

敏感性分析法是用来考察某一变量的变化对其他变量所造成的影响的决策模型技术，是指从众多不确定性因素中找出对工程总承包项目经济效益来说能够产生重大影响的各种原因，并科学计算这些原因对项目经济效益指标的敏感程度和影响程度，进而判断项目承受风险能力的一种不确定性分析方法。

（4）盈亏平衡分析法

盈亏平衡分析法又称保本点分析法，是企业制定总产量计划时常使用的一种定量分析方法。由于企业的基本目的是盈利，最起码要做到不亏损，工程总承包项目的风险管理者在进行风险评估过程中必须要知道自己的企业最低限度获得多少收益才不至于出现亏损。

3. 风险评估结果输出

风险评估建立在风险识别基础之上，通过量化风险因子最终才能更为具体地分析风险发生的概率以及风险发生之后对项目本身造成的影响。工程总承包项目风险的种类较多，需要对风险种类及风险内容进行分级和排序。

通常风险评估的输出结果包括：风险类别、风险内容、风险发生的可能性、风险发生对项目的影响程度、风险指标值、风险重要性排序。除排序外，其他指标均采用数字标准化的形式处理。

13.4　风险应对与控制

13.4.1　风险应对

1. 风险应对的内容和方法

风险应对是指在完成风险分析与评估后，确定了工程总承包项目各个阶段存在的风险，并在分析出风险概率及其风险影响程度的基础上，根据风险性质和决策主体对风险的承受能力制定相应防范计划的过程。常用的风险应对方法有：风险自留、风险转移、风险规避，风险减轻、风险隔离以及这些方法的组合使用。

（1）风险自留

风险自留是指项目管理者在认为自身有能力承担风险损失的情况下，有意识地做出自己承担风险事故损失选择的行为。

风险自留是处理风险的最普遍最常见的方法，有主动自留和被动自留两种类型：

1）被动自留，又称非计划风险自留，是指项目风险管理者在进行风险管理的过程中，由于本身的主观原因或者外界的客观原因没有及时对风险的存在形成意识，或者即使意识到了风险的存在也没形成足够的认识，从而没有对未来的风险加以防范。

2）主动自留，又称计划风险自留，是工程项目风险管理层在风险发生之前已经意识到了风险的存在，并对其进行了风险识别和风险评估，经过认真比较以及权衡各种风险处理方法后，为了本单位未来的经济利益而将风险留在本单位内部的风险控制行为，这种情况下造成的风险损失只能由单位自己承担。

风险自留的机遇：风险与收益呈正相关的关系，项目管理层可以在自身承受范围之内对某些风险因素采取自留的方式加以利用，从而为项目增加收益，提高利润水平。

风险自留的前提：①风险自留以具有一定的财力为前提条件，可以使风险发生后的损失得到补偿；②对某一风险事件采用风险自留策略时，需要充分掌握该风险事件的信息。

（2）风险转移

风险转移又称合伙风险分担，是指将自身存在的风险损失或者与风险损失相关的财务后果转移给其他人或其他单位去承担的行为，转移风险仅将风险管理的责任转移给他方，其并不能消除风险。

风险转移的目的不是为了从风险本身出发降低其发生的概率或者损失的大小，而是通过合同或者协议这一媒介，将自身风险所造成损失、全部法律责任、财务后果交给他方承担。

风险转移分为直接风险转移和间接风险转移两种类型：①直接风险转移是指将与风险相关的财务或者业务直接转移给他方，主要包括出售、转包等；②间接风险转移与直接风险转移不同的是无须将与风险相关的财务或者业务直接转移给第三方，而是将财务或者业务的风险转移给第三方,主要包括租赁、保险等。

（3）风险规避

风险规避就是通过变更工程项目计划,从而消除风险或风险产生的条件,或者是保护工程项目不受风险的影响。

风险规避通常在两种情况下被采用:①对风险有充分的把握,有把握确定风险出现的可能性及风险造成损害的程度;②风险处理的成本大于继续实施这一项目产生的效益。

风险规避是一种使用起来非常简单的方法,也可以轻易避免或者彻底根除风险,减少了沉没成本的产生,但是这种方法降低了潜在的收益水平,同时会大大增加机会成本,其使用起来通常会受到现实条件的限制。

（4）风险减轻

风险减轻是指通过降低损失频率或者减少损失程度来控制风险的风险处理方法。风险减轻的措施主要包括:降低风险发生的可能性、减少风险损失、分散风险和采取一定的措施等。

（5）风险隔离

风险隔离是指通过分离或复制将要发生或者已经发生的风险,尽量做到风险的发生对项目的进行不造成毁灭性的打击。风险隔离的有效性与项目管理者有没有对某种设备、特殊资产以及某个个人产生依赖有关,较弱的依赖性可以减少由于项目的某种设备、特殊资产以及某个个人发生意外事故给整个工程项目带来较大损失的可能性。

风险隔离主要有两种方法,分别是分割风险单位和复制风险单位。分割风险单位简单说来就是把风险进行合理分散;复制风险单位则是指合理地对原有的风险单位进行复制,从而保证即使风险发生项目也能继续实施进行。以上两种风险隔离方法一般情况下使用成本比较高,会给项目工程的实施单位造成经济压力,因而用分割风险单位和复制风险单位的方法处理风险存在固有的局限性。

2. 风险应对措施

分别对投标立项阶段、设计阶段、采购阶段、实施阶段、收尾与移交阶段五个阶段的风险应对措施进行说明。

（1）投标立项阶段

投标立项阶段处于风险较高的状态,通用风险应对措施见表13-6。

表13-6　投标立项阶段风险应对措施

风险类别	风险应对方法	风险应对措施
环境风险	后备措施与风险预防结合	1. 社会环境调查:调查当地社会稳定情况,是否有影响工程项目稳定进行的动乱情况存在,调查之后记录存档,并将相应的风险费记入投标报价。 2. 调查相关法律或法规:调查相关法律或法规,对工程所在国的法律进行深入的研究,必要时还可以向当地的律师或代理人咨询。在调查之后,记录存档,并将相应的风险费记入投标报价。 3. 现场勘察及考察:了解现场的地质地基条件、水文气候条件、地下管线条件等,如有传染病等实在无法证实或确定的情况,应折成一定的风险费记入投标报价
合同风险	后备措施与风险减轻结合	在合同中明确项目实施条件

风险类别	风险应对方法	风险应对措施
经济风险	风险减轻或风险规避	1. 经济调查：经济调查内容包括所在地经济运行状况的稳定情况，以及对当地未来经济发展的预期。 2. 业主的资金、支付情况调查：调查业主出具的资金安排证明，如果是政府项目就调查其财政状况，以及是否存在由于财政枯竭而拒绝支付的历史，如果是私人项目，则重点调查公司的财务状况，以及该公司的资信如何
技术风险	风险转移	分包或转包：对企业自身承担不了的技术层面的风险，可以选择通过分包或转包的方式转移风险

（2）设计阶段

工程总承包设计阶段的风险应对措施见表13-7。

表 13-7　设计阶段风险应对措施

风险类别	风险应对方法	风险应对措施
合同风险	风险预防或风险规避	1. 研读合同文本：如果发现存在任何不严谨、措辞不当或有歧义的情况，立即向业主发函要求澄清，并且将澄清的结果记录、存档。 2. 明确任务书：在工程总承包模式下，业主任务书是总承包商进行设计、施工的基本依据。明确任务书中工程范围、拟定功能、检测标准等重要部分，以求减少因"工程范围"不明，"拟定功能"未实现等问题给自己造成损失
技术风险	风险减轻或风险规避	1. 确定适当的设计标准：在确定技术标准时，承包商尽可能给自己在工程实施中留有选择的余地。 2. 提高设计质量：工程总承包项目融设计、施工、运行等各项为一体，因此必须切实提高设计质量，避免产生因设计质量低劣而引起各种工程返工的现象，减少这种情况产生的工程经济损失
管理风险	风险减轻或风险规避	做好相关部门的衔接工作：工程总承包项目要求繁多复杂并对专业要求高，涉及众多部门的合作与衔接，因此必须做好各相关部门之间的衔接工作，尽量避免衔接不当或专业接口不合适等造成设计工作增加的情况出现

（3）采购阶段

工程总承包采购阶段的风险应对措施见表13-8。

表 13-8　采购阶段风险应对措施

风险类别	风险应对方法	风险应对措施
经济风险	风险减轻或风险规避	1. 控制采购费用：在这一个阶段应该加强采购费用的控制，聘用专门的人才与供货商进行审核交涉，从众多供货商中选择性价比较高的一家，对采购合同的定制进行严格审查。 2. 挑选供应商：在对供货商进行选择的过程中也应该对其提供的材料设备质量进行审查，这可以使得工程总承包采购风险降低，以较低的成本获得较好的质量
技术风险	风险转移	分包或转包：对企业自身承担不了的技术层面的风险，可以选择通过分包或转包的方式转移风险
管理风险	风险减轻或风险规避	做好与实施阶段交接：做好工程总承包采购和施工之间的交接，工程项目的采购部门应该计算好工程进度，严格按照工程的进度计划进行材料采购以及设备供应，对材料以及设备的数量、到货时间进行严格控制，采购完成后及时和工程项目的施工部门联系交接

（4）实施阶段

工程总承包实施阶段的风险应对措施见表13-9。

表 13-9　实施阶段风险应对措施

风险类别	风险应对方法	风险应对措施
经济风险	风险减轻或风险规避	1. 按时向业主提交承包商文件：在工程总承包合同模式下，按时提交承包商文件是承包商履约的一个重要的部分。 2. 减少承包商资金、设备的垫付：承包商除使用企业原有设备、材料外，还可以在当地租赁，或指令分包商自带设备等措施来减少自身资金设备的垫付
技术风险	风险规避、风险减轻、风险转移	1. 作好开工准备：确定水、电、气的供应来源；确定进场路线及进场路线的维护方案；建立良好的通信系统，包括设备的购置及通信方式、时间、地址的确定，承包商的入境手续，材料、设备的入关手续等。 2. 认真放线：在工程总承包合同模式下，放线工作完全由承包商进行，检查基准点、基准线的准确性，对工程进行认真放线
管理风险	风险减轻或风险规避	1. 选派懂技术、合同，同时语言能力强的人管理合同：工程总承包合同模式是一种复杂的合同模式，它要求合同管理人员不仅技术过硬，同时也了解管理、金融、公关等方面的知识。 2. 合理选用分包商，加强控制：由于承包商应对其分包商的所有行为负责，所以承包商应加强对分包商的控制和管理。 3. 加强成本、质量、进度的控制
组织风险	风险减轻或风险规避	选择专业性强的领导团队

（5）收尾和移交阶段

收尾和移交阶段有质量或功能风险、合同履行风险，应对措施见表13-10。

表 13-10　收尾和移交阶段风险应对措施

风险类别	风险应对方法	风险应对措施
合同风险	风险减轻或风险转移	1. 明确合同中业主及项目需求。 2. 优化设计施工
管理风险	风险减轻或风险规避	1. 专业人员审核：工程验收时，邀请相关方面的专家与专业技术人员一起审核，制定具体合理的试运行工作流程，由他们提出工程总承包项目可能存在的隐患，并制定相应的应对策略。 2. 由专门工作人员组织合同履行情况讨论会，分析原先预算与实际完成之间的差异，制定切实可行的索赔计划，并将工程总承包项目资料整理归档，以作日后查阅的备用资料

13.4.2　风险控制

1. 风险控制的概念

工程总承包风险管理是在项目全过程中不断循环完善的过程，风险控制是风险管理的最后一个步骤同时也是下一个风险管理流程的开端，风险控制的结果与反馈信息关系到新风险的识别与评估，所以风险控制是否有效直接关系到工程总承包项目能否安全进行、质量好坏、是否能如期完成等，与发承包方利益以及项目的社会经济效益有着直接关系。

2. 风险控制的流程与方法

（1）风险控制的基本流程

风险控制的主要内容即风险的监控与解决，是对风险应对措施实施效果的检验，也是对风险管理全过程的监控与措施的调整。风险监控，即对风险的监视与控制。根据 PMBOK 的定义，风险监控是指"在整个项目中，实施风险应对计划、跟踪已识别风险、监测残余风险、识别新风险和评估风险过程有效性的过程"。

在工程总承包项目实施过程中，由于项目实施的各方信息不明晰、施工环境不明确等原因，一些风险因素在不断地发生变化或转换，预期的风险也可能消失，同时会有新的风险产生，或者在消除原有风险后，还存在风险残余或产生新的风险。因此需对风险进行严密的跟踪和监控。

风险控制的主要任务有：

1）跟踪已识别风险。基于资料收集、风险识别、风险评估以及风险应对措施的提出，对现阶段已识别风险进行跟踪与监测，对比风险应对实际情况与风险管理目标，若风险不发生或应对良好，则维持现状；若风险发生或应对不良，则要重新调整风险管理计划。

2）监测残余风险及新风险。在跟踪已识别风险过程中，监测到残余风险或新风险时，需要启动新的风险分析，重新进行风险的识别与评估，制定风险管理计划。

3）风险的控制及消除。落实风险化解责任人，循环往复进行风险应对措施的跟踪与监测，直至风险可防可控。

风险控制工作流程图如图 13-3 所示。

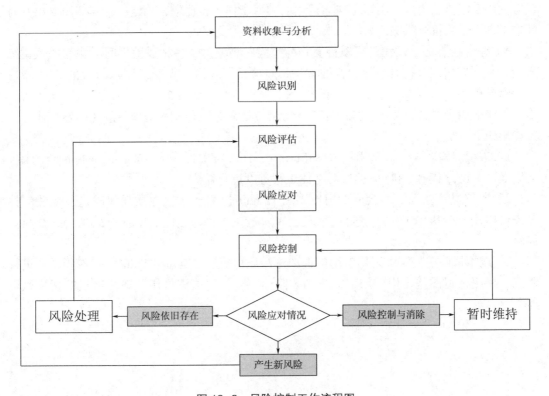

图 13-3　风险控制工作流程图

风险控制的要点包括三个部分：

1）通过风险应对，风险得到控制与消除，即可暂时维持当前应对措施，并继续进行风险监控；

2）风险应对之后，风险依旧存在，需要重新对风险进行风险评估，并制定新的风险应对计划；

3）在风险控制过程中产生新风险，则需要重新分析资料与数据，进行风险识别与评估，进而进行风险控制，以达到项目风险可防可控的目的。

（2）风险控制的方法

风险控制方法较为通用，主要有审核检查法、风险图表示法、费用偏差分析法、综合控制法等。

1）审核检查法：该方法是一种传统的工作方法，通过对各种技术文件进行多级审查，发现错误、疏漏、矛盾等问题；对计划的实施、工作标准流程、工艺和工序过程、成品、工作报表、工程实施记录等进行检查和试验发现问题。该方法可用于项目的全过程，从项目建议书开始，直至项目结束。

2）风险登记表核查法：该方法是根据风险登记中风险的等级和排序进行定期的比对检查，对风险管理计划的实施情况和风险应对措施的效果进行全面的跟踪，确认风险的状态，识别风险残余和新风险的方法。通过风险登记表核查可清楚地表达风险的排序和风险等级的变化情况，直观易懂，因此是一种比较常用的方法。

3）费用偏差分析法：这是一种测量项目预算实施情况的方法（又称作赢得值原理）。该方法用实际上已完成的项目工作与计划的项目工作进行比较，确定项目在费用支出和时间进度方面是否符合原定计划的要求。

4）综合控制法：现代工程项目面临的风险种类繁多，各种风险之间的相互关系错综复杂，必须应用综合控制系统分析的方法，对项目管理的"成本、质量、进度"三大指标进行综合控制。

除了上述适用于各类及各阶段风险监控的常规方法外，工程总承包项目的风险监控还可采用如下方法：

1）进度风险监控：可采用横道图（Gatt Charts）和前锋线法（Vanguard Line）对工程的局部进度进行监测，利用S曲线对整体工程进度进行监测。

2）质量风险监控：一般可采用控制图（Control Charts）法对质量风险进行监测。控制图可以用来分析施工工序是否正常、工序质量是否存在风险、工程产品是否存在质量风险。

3）成本风险监控：可采用费用横道图法和赢得值法（Earned Value）对费用风险进行监测。费用横道图法可用于局部的费用风险监测，赢得值法可用于整个项目的费用风险监测。

第14章　工程总承包知识管理

14.1　工程总承包知识管理简介

14.1.1　知识管理概述

知识管理是一门新兴管理科学，最早可追溯至20世纪80年代。知识管理通过收集生产经营过程中的个人和组织经验，并对这些知识进行有计划、有组织地规划、收集、导向、评估、共享和控制，形成相对固化、显性的成果，用于企业后续生产经营，形成持续的良性知识循环，以帮助企业及时应对市场的变化，为企业创造新的竞争价值，提高企业效率。

知识管理一般按知识收集（含定义、获取）、知识处理（含分类、储存、创造）、知识分享、知识创新（含应用、更新）的逻辑线条展开。随着信息技术发展，知识管理的方法和工具更加丰富，知识管理的价值被进一步放大。

14.1.2　工程总承包知识管理特点

对于国内工程建设领域，随着工程总承包模式的快速发展，知识管理的重要性也日益凸显。

1. 知识种类更加丰富

长期以来，国内工程建设领域应用最多的是DBB（设计—招标投标—施工）模式。该种模式下，项目建设单位与各承包商分别签订设计、施工、采购等合同，承包商只负责自身合同范围内的工作，知识成果内容相对单一。

随着工程总承包模式兴起，总承包商工作范围从传统施工领域扩展至项目全过程，尤其是设计、估概算、招采、报批报建等非传统业务板块，知识种类更加丰富。以建设工程为例，单个项目涉及的专业多达数十个甚至上百个，每个专业又包括设计、采购、施工等多个板块，每个板块包含的知识数据更庞杂，如采购涉及的材料类型、成本、规格等数据成百上千。特别在复合型管理能力要求下，需要对不同知识进行跨界整合，以实现1+1＞2的效果。因此，知识种类较传统模式呈指数增长。

DBB和工程总承包模式知识循环范围对比示意图如图14-1所示。

2. 知识作用更加显著

对于从设计或施工单位转型而来的工程总承包商，知识成果主要集中于以往熟悉的设计或施工领域，基本不具备与工程总承包全过程相对应的知识体系。而工程总承包的成功关键，在于总承包商自身的知识能力储备，尤其对于一些高价值工作，如无图条件

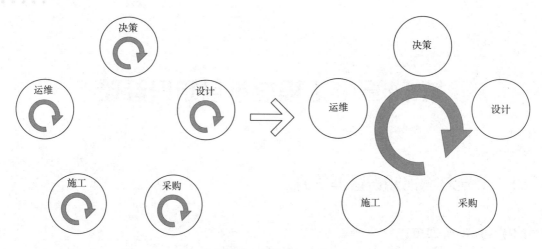

图 14-1　DBB 和工程总承包模式知识循环范围对比示意图

下的投标报价、成本测算、分包招采，高价值的设计优化要点及典型案例，管理方法、经验、工具等。换而言之，能否对这些关键知识进行有效管理，决定了工程总承包最终成败。

3. 管理工具更加高效

工程总承包模式下，因知识种类繁杂，需要借助更高效的管理工具。同时，单个项目部的能力难以匹配项目需求，一般需要强化企业大后台建设，通过资源集中带来的规模效应，为项目前台提供关键支撑。因此，企业后台在对天南海北的项目前台提供知识供给时，需要借助更灵活、便捷的工具，提升知识管理的效率。

14.1.3　工程总承包知识管理原则

1. 全面融合

工程总承包的核心价值在于将相对独立的设计、施工、招采等进行全面融合，最大化消除信息不对等导致的低效、浪费等，实现多维视角下的最优。对于工程总承包知识管理而言，核心原则之一就是要强化知识的复合度，消除原有单一视角下的偏差。例如，在建立某些工艺、设备知识库时，要从功能、安全、经济、施工可行性等多维度进行整理、分析，从整体效益最大化角度进行总结。

2. 系统设计

对于国内工程总承包相关企业而言，知识管理总体上属于新兴事物，在认知和实践层面上缺少基础，需要全面统筹、做好体系保障。从顶层的文化认同、战略引领、组织设计，到具体的制度文件、流程表单、工具软件等，以及执行前期的保障措施，都需要结合企业自身特点进行设计，并在实践过程中不断更新完善，直至形成自发向前的知识管理循环。

3. 信息化工具

知识成果的来源和受众都是个人，知识管理的主要障碍也来自于人。通过信息化工具应用，能够有效提升知识管理活动的便捷性，大大提升员工个人的参与度。

14.2　工程总承包知识成果体系

对于建设工程项目而言，其全生命周期包括决策、设计、采购、运维等阶段，每个阶段都有数十个专业穿插其中，每个专业本身将直接产生巨量的信息，在跨阶段、跨专业关联后，又在这些基础信息之上衍生出更海量的项目信息。这些信息中，哪些能够定义为知识，直接决定整个项目的知识管理工作量。因此，工程总承包知识管理的第一步，就是根据项目需求，识别具有核心价值的知识成果。现将工程总承包项目中常见的高价值知识成果，按类别进行简要介绍。

14.2.1　管理体系类

1. 发展规划和年度计划

包括与工程总承包业务相关的发展战略、周期性规划和年度分解目标计划等。该系列成果是企业层面工程总承包发展的纲领性文件，是所有业务开展的根本指导，应结合企业内外部特点有针对性地编制，并作为知识库的基础成果及时传递至组织全员。

常见成果形式包括：《××机构工程总承包发展战略》《××机构"十四五"发展规划》《××年度目标责任状》等。

2. 组织架构和职责分工

组织架构一般按企业和项目两个层级展开。企业组织架构主要根据发展战略、业务现状等内外部条件，对工程总承包业务的管理和实施进行归属，关键点在于是否成立独立机构开展工程总承包业务（如事业部、分公司等），以及承担工程总承包业务相关日常管理及辅助职能（如设计管理、市场投标、监督考核等）。通常会结合企业工程总承包业务不同发展阶段动态调整。

项目组织架构主要根据不同工程总承包项目类型（如规模、承包范围、项目业态等），选择相对应的项目组织架构和人员配置。其关键点在于对于总承包管理和自施内容的界定和管控机制。

对于不同组织架构，还需要明确与之相对应的岗位职责，明确工作内容和要求。

常见成果形式包括：《××机构组织结构图》《××机构××类型工程总承包项目组织结构图》《××机构××岗位职责》等。

3. 绩效考核机制

绩效考核机制是工程总承包业务健康发展的重要支撑。一般情况下，绩效考核机制也从公司和项目两个层级展开。公司层级绩效考核，主要对公司领导和管理层在整体业绩、后台支撑等方面制定评价考核办法，重点在于与传统模式差异较大的招采、设计、商务等板块考核机制上。项目层面绩效考核，主要是对项目团队所承担的单个项目绩效进行考核，重点在于对总承包管理团队和自施团队的考核机制，以及对设计、招采等板块的创效鼓励机制。

常见成果形式包括：《××机构工程总承包业务绩效考核办法》《××工程总承包项目绩效考核办法》《××工程总承包项目××专项奖励办法》等。

4. 企业管理制度

工程总承包项目制度体系与传统施工或设计制度体系有显著差异，需要单独制定适用于工程总承包要求的制度。管理制度通常按业务板块或业务性质分别编制，并汇总形成制度汇编。

管理制度侧重对行为动作的规范，是运行的基本准则。制度一般由企业总部制定，子企业和项目部可在总部制度基础上，制定自身的制度。

常见成果形式包括：《××机构工程总承包管理制度汇编》《××机构工程总承包设计管理办法》《××机构工程总承包概算管理办法》等。

5. 项目管理手册

与管理制度相比，项目管理手册更侧重实施指导，是管理制度的补充和延伸。工程总承包项目管理手册一般按业务性质分别编制，并最终形成管理手册汇编。项目部日常工作开展主要依靠项目管理手册。

常见成果形式包括：《××机构工程总承包项目管理办法汇编》《××机构工程总承包项目设计管理手册》《××机构工程总承包项目采购管理手册》等。

6. 政策法规文件

指针对工程总承包的相关政策法规、标准规范等，包括国家、行业、地方等层面。重点是地方性、特殊性政策要求，防止项目实施出现重大偏差。

常见成果形式包括：《××工程总承包管理办法》《××地区关于推动工程总承包发展的实施意见》《××地区关于大力发展装配式建筑的实施意见》等。

14.2.2 业务指引类

工程总承包业务体系类知识成果侧重于一线实操，是具体工作开展的直接参考和指导。根据项目所处阶段，可划分为以下类别。

1. 投标阶段

对投标阶段主要知识成果列举见表14-1。

表 14-1 投标阶段主要知识成果清单

序号	知识名称	知识内容	知识作用
1	招标文件	各种类型工程总承包项目招标文件及其附件	招标条件分析对比、招标风险分析、资信参考等
2	投标文件	工程总承包项目投标文件，常见的文件包括设计标、技术标、商务标等	投标文件编制要点，供后续项目参考
3	投标策划	投标策划书、投标工作计划、投标工作清单等	投标策划及工作要点，供后续项目参考

2. 启动策划阶段

对启动策划阶段主要知识成果列举见表14-2。

表 14-2　启动策划阶段主要知识成果清单

序号	知识名称	知识内容	知识作用
1	主合同协议	总承包商对外签订的工程总承包系列基础合同，包括总承包合同、联合体协议等	合同要点梳理，供后续项目参考
2	前期决策资料	项目决策阶段相关文件，如项目建议书、可行性研究报告及其批复文件等	投资指标归集，供后续项目参考
3	项目策划书	工程总承包项目实施策划书，根据公司要求及项目特点编制的总体实施策划文本，包括项目目标、组织架构及人员设置、各业务板块工作开展思路及措施、风险对策等。可根据公司要求单独编制，或由各板块策划书（如设计、成本、招采等）汇编而成	梳理全板块策划要点，供后续项目参考
4	创优策划	针对创优要求，制定的创优控制要点、专项策划	供后续项目参考
5	进度计划	工程总承包总进度计划，以及相配套的各板块（报批报建、设计、招采、施工、验收等）实施计划、资源配套计划、计划说明文本等	工期指标分析，供后续项目参考
6	目标责任书	项目团队与公司制定的目标责任书，包括经营及各类工作目标，以及相应考核激励措施	根据工程总承包特点，制定相匹配的考核机制，供后续项目参考
7	项目管控机制	项目部制定的相关管控机制文本，包括对外（业主方、联合体设计方等）及对内（专业分包、设计分包等）的管理方式、范围、权责、流程、时限等要求	保障工程总承包管理效力，供后续项目参考
8	报批报建	项目所在区域报批报建标准流程，所需资料清单，手续加快措施等	供后续项目参考

3. 设计阶段

对设计阶段主要知识成果列举见表 14-3。

表 14-3　设计阶段主要知识成果清单

序号	知识名称	知识内容	知识作用
1	发包人要求	包括需求描述、工作范围及界面、建设标准、技术规格书、上位设计成果、材料设备品牌清单等	梳理发包人格式及内容要求，完善实施条件，供后续项目参考
2	设计合同	总承包项目部签订的设计合同、专项设计合同等	合同要点梳理，供后续项目参考
3	设计成果	各阶段设计成果文件，包括相关计算模型、计算书、说明文本等	供后续项目参考
4	设计接口清单	不同阶段、不同专业之间的设计接口提资需求、提资表	供后续项目参考
5	设计审核清单	不同阶段、不同专业的设计审核要点提示清单	提升设计质量，供后续项目参考
6	设计优化案例	不同阶段、不同专业的设计优化案例汇总	提升设计价值，供后续项目参考
7	材料封样	材料设备报审资料、封样清单等	供后续项目参考

4. 合约采购阶段

对合约采购阶段主要知识成果列举见表 14-4。

表 14-4　合约采购阶段主要知识成果清单

序号	知识名称	知识内容	知识作用
1	合约规划	工程总承包合约规划图表，重点是对合约包划分、合约内容、招标方式、合同模式、定标模式、目标成本等内容的总体描述	防止缺漏项，控制目标成本，供后续项目参考
2	合约界面	各专业包之间的合约界面描述图表，重点对不同专业分包间的工作界面和移交条件进行明确	防止不同专业错漏碰缺，明确责任分工，供后续项目参考
3	分包招标文件	各专业分包的招标文件，包括招标文本（招标邀请函、资格预审文件、招标须知等）、技术要求文件等	供后续项目参考
4	评标要点	专业分包评标记录、控制要点等	减少招标争议，梳理招标敏感点，供后续项目参考
5	分包合同文本	专业分包合同文本	合同要点梳理，供后续项目参考
6	评价记录	专业分包评价表、评价记录	供后续项目参考

5. 商务成本阶段

对商务成本阶段主要知识成果列举见表14-5。

表 14-5　商务成本阶段主要知识成果清单

序号	知识名称	知识内容	知识作用
1	投资批复文件	项目各阶段投资批复文件，包括估算、概算、预算、结算、决算等资料，以及相应配套技术文件	造价指标分析，供后续项目参考
2	投资变更文件	包括相关变更报告、配套资料及批复文件等	投资变更流程梳理，供后续项目参考
3	限额设计表	项目各专业设计及造价限额指标	造价指标分析，供后续项目参考
4	目标成本表	项目各专业目标成本表，以及过程动态管理报表	成本控制机制，供后续项目参考
5	效益测算表	项目各专业效益测算表，包括最终收入和最终成本	造价指标分析，供后续项目参考
6	审计报告	项目最终结算审计报告，重点是审计要求、审计原因分析等	确保结算无审减，供后续项目参考
7	商务创效案例	各专业商务创效案例汇总	提升商务创效，供后续项目参考

6. 建造交付阶段

对建造交付阶段主要知识成果列举见表14-6。

表 14-6　建造交付阶段主要知识成果清单

序号	知识名称	知识内容	知识作用
1	施工技术资料	施工阶段的重大技术资料，包括施工组织设计、重大技术方案、总平布置图等	供后续项目参考
2	分包进场会	专业分包进场相关宣贯资料及记录文件等	供后续项目参考
3	接口管理	专业分包间的工作面移交接口文件清单、移交条件、记录文本等	明确责任归属，供后续项目参考

续表

序号	知识名称	知识内容	知识作用
4	公共资源	不同专业分包提出的公共资源（塔式起重机、电梯、道路、堆场等）使用需求，以及分配工作机制等文件资料	统筹总承包服务，供后续项目参考
5	施工报表	施工过程中各类报表	供后续项目参考
6	调试管理	调试方案、计划、报告等	供后续项目参考
7	竣工管理	竣工收尾工作方案、销项清单、交接记录	供后续项目参考

14.2.3　资源保障类

1. 战略资源库

对工程总承包业务开展具有重要支撑作用的资源库，如设计院资源、重要设备供应资源、承包商资源等。一般通过战略合作、框架协议等方式，建立长期稳固的合作关系，并通过合作形成排他性的竞争优势。

2. 分包资源库

工程总承包业务开展过程中涉及的所有专业分包资源，如专业设计分包、专业工程分包、材料设备供应商、咨询服务商等。因分包资源数量众多，一般会进行分级管理，同时对分包履约情况进行评价，保证与高质量的分包资源形成稳固的合作关系。

3. 人才资源库

包括自有专业人才库、外部专家人才库等。一般按照工程总承包人才所属业务部门、专业背景等进行列举，如设计管理、商务管理、招采管理、计划管理等专业。相对应地，一般需建立专家评级与聘用机制。

4. 培训资源库

针对工程总承包业务开展所必备的知识，建立培训资源库。一般可细分为管理类培训（如投标管理、策划管理、设计管理等）、技术类培训（如结构专业设计优化要点等）以及相配套的培训考核等。

14.2.4　经验数据类

1. 估概算指标库

工程总承包模式下，在设计细度不足（如仅有方案设计或初步设计）的条件下，需要借助类似项目经验指标数据，为前期投标测算、专业限额匹配、目标成本管控等方面提供量化支撑。

估概算指标库，指标细度应达到分部或分项工程，根据不同项目通用特征（如业态、地域等）和各指标专有特征（如基础工程的桩型、桩长、土质等），通过筛选功能，形成针对性强的估概算指标参考。

2. 成本数据库

工程总承包商视角下，成本数据库与估概算指标相比，前者侧重于实际成本，而后者侧重于收入。成本数据库基于对已完成的类似项目各项成本数据所进行的分析，一般按照单个合约包口径，或按分项工程口径编制。

3. 工期数据库

对工程总承包项目全过程各专业工期数据进行归集，包括从分部工程到具体某一工序的工期数据，以及相配套的资源投入数据等，从而为后续类似项目工程策划与资源投入提供参考。

4. 优化案例库

对工程总承包项目过程中各板块开展的优化案例等进行归集，为后续项目优化提供参考。

第15章 项目案例

15.1 某购物小镇EPC工程总承包

15.1.1 工程概况

1. 工程规模

某购物小镇EPC项目用地面积7.5万 m^2，总建筑面积约15万 m^2，包括6个单体及室外广场，共分为两期建设。项目建设范围示意图如图15-1所示。

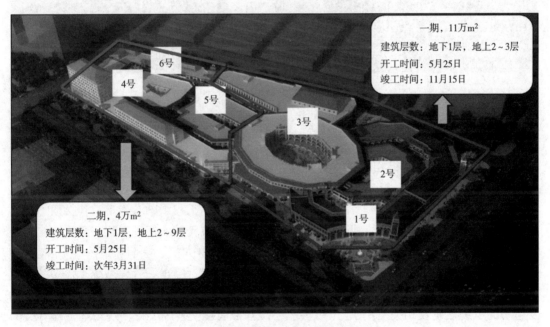

一期，11万 m^2
建筑层数：地下1层，地上2～3层
开工时间：5月25日
竣工时间：11月15日

二期，4万 m^2
建筑层数：地下1层，地上2～9层
开工时间：5月25日
竣工时间：次年3月31日

图 15-1 项目建设范围示意图

一期总建筑面积约11万 m^2，包括1号、2号、3号楼，地下1层，地上2～3层，主要业态为奥特莱斯购物中心。一期单体效果图如图15-2所示。

二期总建筑面积约4万 m^2，包括4号、5号、6号楼，地下1层，地上以2~3层的奥特莱斯购物中心为主，局部有5~9层的配套酒店。二期单体效果图如图15-3所示。

2. 合同条件

项目合同形式为设计采购施工（EPC）工程总承包，工程总承包范围为达到竣工验收合格标准及满足发包人正常使用功能要求所需的报批报建、设计、施工、验收、移交等全

图 15-2　一期单体效果图

图 15-3　二期单体效果图

部工作，包括但不限于以下内容。

（1）报批报建报装：除建筑方案报建由发包人完成外，其他的所有报批报建报装相关工作由承包人负责并取得相应的许可文件，包括但不限于初步设计、施工图、消防、供电、供水、燃气、电信、市政道路管网开口、节能、环评等。

（2）地质勘察（详勘）、工程设计（除建筑方案外）、工程采购及施工：包括但不限于施工临时用水、用电及道路、基础（基坑）土石方、基坑支护、基础工程、建筑结构、装饰装修、建筑电气、给水排水、暖通空调、室外工程（含大门、围墙、道闸等）、园林景观、楼宇亮化、智能化、LED显示屏、道路标识标牌标线、停车场管理系统（含划线、车挡、交通指示标牌等）、白蚁防治、燃气、消防、高低压变配电（含市政取电点到本工程变电房的电缆敷设及相关费用）、市政供水、设备采购及安装等工程，及与本工程有关的环境清理、市容维护、交通、噪声、民扰（扰民）调停处理及垃圾清理外运等相关工作。

（3）竣工验收合格并取得相关的验收合格证书及政府建设主管部门颁发的建设工程竣工验收备案登记证，整体移交，保修。

（4）工程使用说明手册及对发包方物业管理人员的培训。

工期方面，项目整体开工日期为5月25日，一期竣工备案及移交时间为11月15日（总工期175日历天），二期竣工备案及移交时间为次年3月31日（总工期311日历天）。如造成连续2个关键节点工期进度滞后，并且延误工期累计达5天以上（含5天）的，承包方应向发包人支付暂定总价20%的违约金，发包人有权单方解除本协议。

计价模式方面，项目计价方式为按建筑面积单方造价包干，最终结算面积以政府部门出具的《竣工规划核实意见书》中的竣工总建筑面积为准，最终结算价格以单方造价乘以最终结算面积为准。

发包人要求方面，合同附件中有较为详细的建设标准、技术要求、材料设备品牌清单、方案设计文本等文件。

3. 相关方关系

项目相关方合约关系图如图15-4所示。

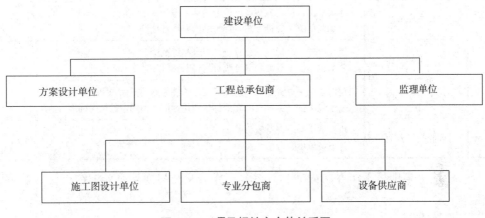

图 15-4 项目相关方合约关系图

15.1.2 项目分析

1. 项目条件分析

根据第3章、第6章相关内容，对本项目条件分析如下。

（1）相关方需求分析

本项目建设单位为民营性质，根据招标文件及前期对接，对相关方需求进行分析见表15-1。

表 15-1 相关方需求分析样表

序号	分析项	分析要点
1	建设单位	本项目为业主片区开发的建设配套内容，主要需求为按合同约定的工期、造价、建设标准等完成全部建设内容
2	使用单位	本项目建设单位负责后期运营，项目主要运营需求已提前融入建设标准及方案设计中。但酒店、影院运营单位未定，需提前对接需求
3	总承包单位	本项目是总承包单位的首个EPC项目，在圆满履约同时，打造示范项目，孵化专业管理团队
4	分包	业主无指定分包，由总承包单位自行决定，报建设单位备案
5	政府方	满足合法合规建设需求
6	其他方	场地周边无居民

分析结论：本项目建设需求明确，后期调整可能性低。但要在施工图设计前对接酒店、影院运营单位的需求，防止后期拆改。

（2）工作界面分析

根据招标文件，对本项目主要工作界面进行分析见表15-2。

表15-2 主要工作界面分析样表

序号	分析项	分析要点
1	报批报建界面	建设单位：负责建筑方案报建。 总承包单位：负责其余所有报建手续办理及费用缴纳
2	设计工作界面	建设单位：负责方案设计，参与后续设计审批。 总承包单位：负责方案设计外的所有设计任务
3	招采工作界面	建设单位：无指定专业分包，但有品牌范围。 总承包单位：负责全部分包/设备招采及供应
4	施工工作界面	建设单位：负责场地平整及移交，条件为达到招标约定平整标高。 总承包单位：负责全部施工，达到建设标准中约定的交付标准
5	验收交付界面	建设单位：配合总承包商。 总承包单位：负责全部竣工验收办理

分析结论：本项目工作界面清晰，对过程工作及交付界面均有详细约定，后期争议内容少。

（3）管控机制分析

根据招标文件，对本项目管控机制进行分析见表15-3。

表15-3 管控机制分析样表

序号	分析项	分析要点
1	业主方管控	招标文件约定了项目建设标准、品牌范围，但未明确业主对项目进行管控的内容及要求
2	设计方管控	施工图设计院为总承包商自有设计院，能够进行有效管控

分析结论：本项目业主方管控机制缺失，需要制定管控机制文本，并在进场后与业主确定管控范围、权责、流程、时限等要求。

（4）设计与技术条件分析

根据招标文件，对本项目设计与技术条件进行分析见表15-4。

表15-4 设计与技术条件分析样表

序号	分析项	分析要点
1	设计依据	方案设计文本内容详细，经复核无明显问题。业主招标文件中明确了详细的建设标准、品牌清单、技术规格书等，设计依据充分
2	设计质量要求	满足相关规范要求
3	设计工期要求	满足总工期目标
4	设计管控要求	业主未明确设计管控要求，需在管控机制文本中补充
5	特殊设计要求	无特殊设计需求
6	技术重难点	业主移交场地为回填土

分析结论：本项目设计与技术要求明确，依据充分，无特殊设计要求。需注意业主移交场地回填土质量问题。

（5）商务成本分析

根据招标文件，对本项目商务成本进行分析见表15-5。

表 15-5 商务成本分析样表

序号	分析项		分析要点
1	初始盈亏分析		—
2	收入条件分析	上限价	民营投资，按单方总价包干
3		收入确认依据	根据最终竣工面积确认，无需审计或据实结算。但业主会对建设内容进行复核，如与建设标准、设计图纸等不一致，将进行扣除
4		调价条件	—
5		暂估价暂列金	—
6		支付条件	过程按形象进度付款
7		结算与审计	无审计要求
8	成本条件分析	可控成本	总包自主可控
9		不可控成本	市政配套工程
10		隐性成本	—
11	奖罚条件		有工期奖罚

分析结论：本项目商务成本条件清晰，项目按单方总价包干，有利于提高总承包商设计优化积极性。

（6）施工条件分析

根据招标文件及现场摸排，对本项目施工条件进行分析见表15-6。

表 15-6 施工条件分析样表

序号	分析项	分析要点
1	工期	一期、二期工期紧张
2	质量	满足规范要求
3	安全/环境	满足规范要求
4	场地条件	场地临水、临电、临时道路已具备，但业主移交场地回填质量需复核
5	其他条件	—

分析结论：本项目工期压力大，场地基本具备进场条件，但还需复核场地回填质量。

2. 项目风险分析

根据项目条件，对存在的主要风险进行分析见表15-7。

表 15-7　项目风险分析表

序号	风险类别	风险点	风险后果描述	风险概率	分级
1	项目实施条件风险	业主需求变动风险	设计修改、现场拆改等导致成本、工期不可控	中	常规
		工作界面完整性	成本漏项、争议	中	常规
		对设计院的管控风险	设计费支付不经过总承包商，无法管控设计	低	常规
		缺漏项	前期投标阶段未识别的成本项	低	常规
2	设计风险	设计经济性分析	施工图设计经济性不足，成本超支	高	重大
		设计质量分析	图纸质量差，易造成招采精准度低，施工易返工等	高	重大
		设计工期分析	图纸交付延误，影响招采和建造进度	高	重大
		专项设计界面风险	专项设计接口协调不畅，造成拆改、缺漏项等	中	常规
3	商务风险	成本超支风险	多种因素造成项目亏损	高	重大
		招采成本风险	专业分包工程成本控制不力	高	重大
		结算审减风险	未充分满足发包人要求，导致结算出现审减	中	常规
		招采滞后风险	材料进场晚，影响整体工期	高	重大
4	工期风险	工期风险	各板块工作衔接不畅造成工期延误	高	重大
5	质量风险	施工拆改风险	前期设计各专业需求融入不足，过程中拆改	高	重大
		创优策划风险	创优目标未实现	低	常规
6	其他风险	技术风险等	部分异形构件存在施工风险隐患	中	常规

3. 项目目标确定

根据项目分析情况和总体定位，对项目建设目标列举见表15-8。

表 15-8　项目建设目标

序号	分项	目标指标
1	项目战略定位	以项目履约为前提，设计引领，商务先行，建造保障，打造EPC试点示范项目，探索总承包管理新模式，孵化工程总承包管理团队
2	工期管理目标	保证按合同工期履约
3	质量管理目标	满足相关标准规范要求

续表

序号	分项	目标指标
4	职业健康安全管理目标	职业健康安全事件发生率为零
5	环境管理目标	环境事件发生率为零
6	成本、效益目标	—
7	资金管理目标	—
8	设计（技术）管理目标	设计优化创效率不低于×%，自身原因导致的重大设计拆改发生率为零
9	物资管控目标	物资供应滞后发生率为零
10	其他管理目标	总结工程总承包模式全过程管理成果

15.1.3 实施条件管理

根据项目分析情况，本项目有较为明确的发包人要求，计价模式采用单方总价包干，具有较好的工程总承包实施条件。对于部分遗漏的内容，需在项目进场初期与业主进行明确。

1. 项目需求管理

本项目交付后为业主自主运营，业主自身需求在招标文件中基本明确，但对于部分涉及后期委托外部运营的区域，如酒店、电影院、餐饮中心等，相关运营需求不明。

项目部在进场后，通过正式途径向业主提出明确该部分需求，并建议在施工图设计启动前提交。后经协商，业主在施工图设计阶段将相关需求反馈，规避了后续接口缺失导致的拆改风险。

项目部提出的运营单位需求见表15-9。

表 15-9 项目运营单位需求清单

序号	问题描述
1	交楼标准的智能照明中备注要求"按照（运营公司确定公共系统照明控制方式，我司按照运营公司要求执行设计）"，请明确提供照明控制方式或提供文档资料
2	请业主协调提供运营公司的燃气规划资料
3	请业主协调提供运营公司餐饮的分类及类型需求
4	请业主协调提供运营公司标识系统电源点及用电量需求
5	请业主协调运营公司提供收银台、咨询台、促销区、值班室、办公区、客服中心等具体位置

2. 工作范围管理

本项目招标文件对总承包商的工作范围要求明确，各功能区域交付界面清晰，基本无争议。

3. 建设标准管理

本项目招标文件包括交付标准、技术要求、品牌清单库，涉及观感效果的基本附带照片，涉及技术规格的附带参数，总体建设标准较为细致完善。

项目部在进场后，一是组织专业团队对交付标准、技术要求的合理性进行复核，对于有歧义的内容及时提出并与业主确认；二是组织市场资源摸排，对于当地供应不足的品牌，与业主沟通进行剔除，并补充同档次品牌，保障后期供应。

项目部提出的建设标准疑问见表15-10。

表 15-10　项目建设标准疑问清单

序号	问题描述
1	技术要求信息点位配置表中提出，商铺、餐饮硬件需求为二芯皮线；交楼标准要求商铺网络采用超五类非屏蔽网线和电话采用四芯电话线，请明确以哪个为准
2	商场收银台、咨询台、促销区、值班室、主要设备机房、消防控制中心、办公区、客服中心等网络是否划入办公网络统一管理
3	UPS系统中备注要求"所有的公共过道需要考虑分组、分时控制"，请明确其意思
4	公用卫生间/无障碍卫生间顶部建议埃特板改为防潮石膏板，减轻顶棚的荷载重量

4. 管控机制管理

本项目招标文件中未明确双方管控机制文本，双方管控权责、流程、时限等要求不明，存在管理失控风险。

项目部在进场后，与业主及监理共同组织召开专题会，明确管控机制要求，以会议纪要形式确定管控机制，经双方签字盖章后执行。

对项目管控机制主要内容列举见表15-11。

表 15-11　项目管控机制主要内容

序号	管控要素	主要内容
1	信息沟通机制	建立并明确双方人员授权、文件收发、会议机制、报批报建协同等要求
2	设计管控流程	对设计图纸（初步设计、施工图设计、BIM设计）报审、专项设计报审、深化设计报审、材料设备封样的流程及时限进行明确
3	业主方工程管控内容和要求	对计划管理、周月报管理、质量管理、安全文明施工管理等要求进行明确
4	其他	对场地移交流程进行明确

5. 风险归属管理

本项目招标文件对双方承担风险约定明确清晰，除不可抗力之外的相关风险均由总承包商承担。如合同中约定"所有地质条件、施工条件、价格、市场、政策、法规风险（包括政府部门的政策性调价及因政府政策、法律变化对本工程产生强制约束力的风险等）已在包干单价中充分考虑，结算时综合单价不予调整"。

15.1.4　组织管理

1. 管理原则

（1）跨部门融合：精简职能部门，将业务强关联部门整合；采用矩阵式架构，设置横向专业组。

（2）两级分离：项目总承包管理层和自有施工作业层人员实行两级分离，强化总承包管理站位。

（3）动态调整：根据项目阶段要求，动态设置专业组。

（4）前后台联动：前期设计及招采关键阶段，公司后台派驻设计管理、商务策划等专业团队驻场指导；项目自有团队侧重策划落地。

2. 组织架构

部门设置方面：一是根据 EPC 特点，设置勘察设计部，人员组成以公司派驻团队为主，负责对接设计分包及设计管理工作；二是将传统意义的工程部、技术部、质量部、安全部四合一形成建造管理部，统筹项目计划、施工、技术及质量、安全管理工作；三是将传统的招采、商务合并，设置商务合约部，负责所有分包、材料及设备招采、成本测算工作；四是设置综合办，除常规职能部门外，设置外联组及资料组负责报批报建、竣工验收及工程资料管理。

项目实施过程中成立动态专业组，由专业组负责人牵头，各部门抽调人员组成，负责主要分包的各阶段沟通和协调。

项目实行严格的总分包两级分离模式，公正、客观地对土建及其他自有分包的质量、安全管理活动进行评价和分析，提高整个项目的质量、安全管理水平。

根据组织管理原则，对项目部初期组织架构图如图 15-5 所示。

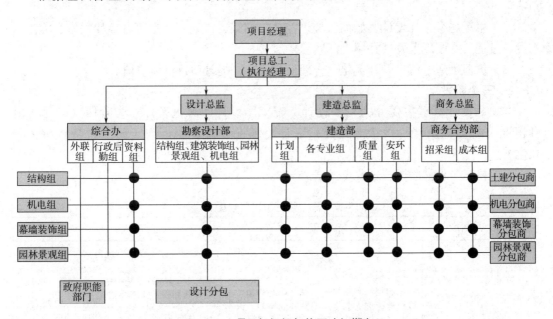

图 15-5 项目部组织架构图（初期）

在项目进入主体结构封顶、后续各专业大穿插阶段，且设计、招采工作已基本稳定时，横向专业组从按专业设置调整为按项目片区或单体楼栋设置，保障现场总体协调。

项目部中后期组织架构图如图 15-6 所示。

15.1.5 设计管理

1. 管理原则

（1）链条前移：设计管理链条尽可能向前端设计延伸，从源头上实现更大的项目价值

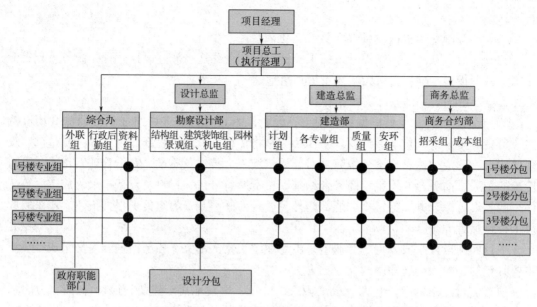

图 15-6 项目部组织架构图（中后期）

创造。

（2）主动融合：在设计开始前，梳理商务、招采、计划、建造等各板块需求，将其融入设计过程，在图纸上发现并解决问题。

（3）价值创造：依靠设计优化，合理控制成本，提升项目整体价值。

2. 三个阶段

本项目设计管理主要分为初步设计、施工图设计、深化设计三个阶段。根据本项目情况，结合各设计阶段特点差异，综合梳理设计管理要点，实现项目整体价值最大化。

本项目三个设计阶段管理要点见表15-12。

表 15-12　三个设计阶段管理要点

序号	阶段	管理思路	管理要点
1	初步设计	价值创造的核心。 以用户需求为导向，提升建筑品质；以交楼标准为前提，挖掘利润空间；以专业匹配为原则，实现整体平衡	根据项目性质和地方规范，对项目绿化率指标进行优化 对建筑面积指标进行复核 使用功能优化 ……
2	施工图设计	设计质量的体现。 以提资管理为原则，实现专业协调；以同步设计为手段，保障系统完整	各专业设计经济性优化 专业间接口提资 施工措施融入设计 部分复杂立面线条优化 ……

续表

序号	阶段	管理思路	管理要点
3	深化设计	精益建造的保障。 以接口管理为工具，保证功能完善； 以精细设计为标准，满足施工需求	小专业间深化设计接口提资
			铺装排版优化
			二次构件一次成型
			……

3. 四个融合

本项目设计管理融合方向主要包括设计与采购、设计与商务、设计与施工、设计与功能四个方面。

本项目设计管理四个融合要点见表15-13。

表 15-13　设计管理四个融合要点

序号	融合方向	管理要点
1	设计与采购	满足规范及交楼标准的前提下，选用成熟、主流的材料设备。如砌块选型、保温材料、电梯等
		大型设备主要参数由设计院提出，招采确定后，将实际参数反馈到图纸中。如根据风机设备尺寸，确定设备房的面积；电梯井道按照电梯需求设计
		……
2	设计与商务	遵循价值工程原则，选用"功能/成本"最优的方案。如初步设计阶段，从系统角度，对结构、机电进行优化
		施工图设计阶段，从成本考虑，采用成熟、价优、效率高的细部做法。如砌体墙材料选择、智能照明控制回路划分、窗户型材优化
		……
3	设计与施工	临时措施融入结构设计，如塔式起重机基础、材料堆场、临时道路等
		设计阶段考虑施工总体布置，如地下综合管网避开已施工道路、正式管网考虑临时管网需求、地库集水井及排水沟布置考虑临时排水需求等
		部分不利于施工的造型优化
		……
4	设计与功能	从用户功能需求角度出发，对交房标准提出适当优化，如室外雨水管改为室内
		对缺失但必要的功能进行补充和完善，如通道处为烘托商业氛围，增加广告灯箱电源；3号楼中庭4部扶梯改为2部扶梯、2部楼梯
		……

4. 八项管理

根据本项目特点，具体从8个方面开展设计管理工作，分别是流程管理、进度管理、标准维护管理、提资与接口管理、设计评审管理、设计文件管理、分包招标技术文件管理、材料设备报审管理。

5. 管理效果

通过运用设计管理系列工作方法，提出系统性及专业性设计优化要点60余条，并最终实现近×万元设计创效，圆满实现设计管理目标。

15.1.6 商务管理

1. 管理原则

本项目商务计价模式为单方总价包干，具有典型的总价包干特征，且最终结算不经过审计。因此，商务管理原则为：在满足相关标准规范及合同约定的发包人要求等前提下，通过多种方式合理控制成本，减少不必要的浪费。

2. 管理措施

项目不同阶段商务管理要点见表15-14。

表 15-14　项目不同阶段商务管理要点

序号	项目阶段	管理要点
1	启动阶段	对总承包工作界面复核，防止出现成本缺漏项
		对专业分包工作界面划分，防止出现遗漏或重复
		对建设标准进行复核，梳理重大成本影响因素，防止出现指向性或不合理标准导致成本超预期
		……
2	设计阶段	对方案设计文件进行复核，梳理存在设计问题，防止对后续设计造成影响
		明确各专业设计指标要求，开展限额设计
		组织设计评审和设计优化，保证设计图纸经济性
		将施工、招采等需求融入图纸，减少成本浪费
		……
3	招采阶段	摸排市场供应，防止出现供应不足
		复核技术参数要求，确保引入成熟、主流设备材料
		引入多家专业分包竞争，合理降低成本
		根据专业分包特点，合理选择招标方式，实现风险与效益综合最优
		……
4	施工阶段	将施工措施需求融入设计，减少措施投入
		设定成本目标，开展动态成本管控，确保成本受控
		合理组织工序穿插，加快工期
		……

15.1.7 招采管理

1. 制定合约框架

梳理本项目工程总承包的全部工作内容，按业务板块、专业等属性，对整体合约框架进行梳理，确定整体合约框架。

在合约框架基础上，结合本项目工期紧的特点，对各合约包进行合理分段，确保专业分包资源供应的可靠性与及时性。

项目合约框架见表15-15。

表 15-15　项目合约框架表（局部）

序号	成本科目	主要工作内容
1	前期配套	
1.1	设计	
1.1.1	初步设计、施工图设计	包含建筑、结构、机电工程的施工图设计及图纸审查（含审图费用）
1.1.2	装饰设计	室内所有功能区装饰设计（含方案、深化）
1.1.3	园林景观及管网设计	室外市政及园林景观工程的施工图设计及图纸审查
1.2	报批报建	
1.2.1	临电报装	临电报装及施工费
1.2.2	临水报装	临水报装及施工费
1.3	咨询顾问	
1.3.1	造价咨询	编制工程量清单、计算工程量
2	主体工程	
2.1	土建及机电工程	
2.1.1	土方工程	清表、场地平整、土方开挖、外运、回填等
2.1.2	地基基础工程	强夯、桩基、基坑支护工程的施工及对应检测
2.1.3	主体结构工程	主体结构工程施工，含构造柱、圈梁、过梁、窗台压顶梁、门边侧垛、悬挑板、设备基础、零星构件、砌体、抹灰（内墙）、楼地面施工及植筋部分的施工
2.1.4	机电安装工程	电气、给水排水、通风空调、燃气、太阳能、电梯
2.1.5	防水工程	地下室底板、侧墙、顶板、楼地面、屋面的防水工程

……

2. 梳理合约界面

在合约框架基础上，对各专业合约详细界面进行划分，防止出现缺漏项或重复。

项目合约界面见表15–16。

表 15-16　项目合约界面表（局部）

序号	工作内容	承包人									其他
		土建	景观绿化	精装修	综合机电	弱电智能	电梯	消防	变配电	燃气	室外工程	
1	土建部分											
1.1	为各个系统预留孔洞、沟槽等（不包含现场砌块、砖墙等处为预埋电管/水管的开槽，但包含其他承包商一次开槽施工完成后的填充及修补，二次开槽机修补由相关分包商负责）	√										
1.2	顶棚、墙面、地面等精装修区域为喷淋、风口、灯具、开关、插座、烟感、温感、喇叭、各种面板的留洞、开孔等，以及安装完成后的修补等，以及为以后检修预留的检修口、检修门等			√								

续表

序号	工作内容	承包人										其他
		土建	景观绿化	精装修	综合机电	弱电智能	电梯	消防	变配电	燃气	室外工程	
1.3	各种套管/线缆、管道等与楼板/墙壁间的混凝土或水泥砂浆封堵	√										
1.4	所有设备基础（钢筋、模板、混凝土部分）	√										
1.5	所有设备基础（预埋铁件等与各专业有关内容）				√	√	√	√	√	√		

……

3. 选择发包模式

根据不同合约包特点，以及总承包商自身能力、风险等因素，综合选定分包发包模式。

项目主要分包发包模式见表15-17。

表 15-17　项目主要分包发包模式

序号	合同签订方式	分包工程
1	总价包干	消防工程、智能工程、燃气工程、设计院
2	收取管理费	综合机电工程、装饰工程
3	综合单价包干	园林景观及泛光照明工程、变配电工程、电梯工程

4. 关键招采前移

为发挥专业分包在项目策划、设计审核、成本测算、报批报建、预留预埋等方面的优势，应当及时引入相关专业分包开展前期配合工作，实现关键招采前移。

本项目各主要分包在项目总包进场后1个月内全部进场。各分包进场及合同签订时间见表15-18。

表 15-18　各分包进场及合同签订时间

分包专业	分包名称	进场时间	合同签订时间
土建	××	5月4日	7月30日
机电安装	××	5月4日	7月30日
精装修	××	5月4日	7月30日
弱电	××	5月4日	8月5日
景观园林	××	5月25日	7月30日
消防	××	5月10日	7月10日
电梯	××	5月30日	6月20日
变配电	××	5月30日	6月25日
市政燃气	××	10月20日	9月10日

15.1.8　进度管理

本项目合同工期节点要求紧，且工期处罚条款严苛（关键节点延误5天以上，处罚合同总额的20%），工期风险成为项目第一大风险。

1.　组织设置

（1）创新总承包管理架构，实行总分包管理分离、矩阵式架构、动态调整等理念，强化执行力。

（2）设置独立的计划组，配备具有一定跨专业、多板块工作经验的专职人员，主要职责参照PDCA循环设置，包括统筹计划编排，督促计划执行，并监控整体进展状态，向领导层提供决策建议及信息支撑。

（3）明确项目各方进度管理职责。对外，通过正式书面文件，明确业主及监理的管控范围、内容、权责、流程、期限等，保证总包管理自由度，降低外部干预对项目工期造成的风险。对内，细化总包各部门、专业组和分包职责，形成项目管理职责矩阵表，确保所有职责分解清晰且衔接紧密。

2.　合约保障

（1）尽早启动各专业分包招标，确保在设计阶段开始前进场，充分借助分包在专业设计、主要设备采购、施工、报批报建等方面的能力和经验。

（2）选择适宜的合同计价模式，合理规避相关风险，加快合同签订及进场流程。

（3）将主合同中的工期目标及违约条款分解至各分包合同，确保履约压力层层传递，将违约风险转移。

3.　奖罚激励

（1）制定项目进度考核办法，明确处罚标准，随延误程度递增；配合月、周、日计划制定相应考核办法，多层次保障计划执行力。

（2）分阶段制定面对分包管理团队或个人的履约奖励方案，以过程节点为主，充分调动个人工作积极性。

（3）通过索赔、合同范围变更等方式调动分包积极性。一是对于前置专业施工滞后导致后续专业产生赶工等措施费用，总包坚决支持后续专业分包的索赔主张（但不支持工期索赔），并积极配合办理；二是前序分包工作进展持续缓慢的，总包现场变更合同范围，由其他分包代为实施，并加倍扣取费用。

（4）对可控范围内的周进度延误，以按周通报、按月处罚的方式进行考核。在当月内完成周末完成事项的延续和补救的，则不予处罚，并按正常节点进行奖励。

4.　计划执行

（1）计划逐级明细，项目计划体系按照"总进度计划→业务线计划→专业分包计划→月、周计划"层次逐级细化，确保可行性。

（2）冗余保障。计划分内控、外控版本，内控节点先于外控节点，预留缓冲时间。

（3）在满足后续设计需求的前提下，优先完成总平面、基础施工图设计，保证现场提前开工，并充分利用前期施工阶段的缓冲期，同步开展后续设计。设计分期出图示意如图15-7所示。

（4）末位计划应用。借鉴末位计划体系管理理念，以满足末位者需求，倒排前置各

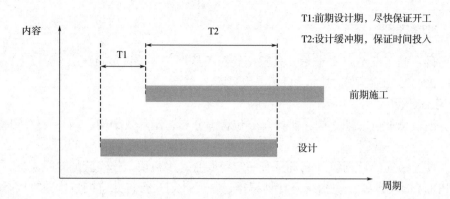

图 15-7　设计分期出图示意

方工作节点。宏观层面上，项目明确以消防分包为末位计划者，并制定以消防验收为主线的末位计划。实施层面上，在日生产例会上应用末尾计划理念，安排各分区专业穿插配合。

（5）可视化监控。应用关键路径KPI、总体进展KPI，将进度情况可视化。

15.1.9　项目实施效果

项目充分展现工程总承包模式的优越性，最终实现工期更短、造价更低、品质更优、业主更省心的目标。

1. 工期方面

按原合同约定工期（一期175日历天，二期311日历天）完成项目整体任务（从初步设计到获取竣工备案），较传统模式正常工期缩短6个月以上。

项目一期主要里程碑节点如图15-8所示。

5月4日	总包部进场
5月30日	完成主要分包商招采
6月1日	完成施工图初版
6月16日	完成780根桩基浇筑
6月28日	取得建设工程规划许可证
7月7日	取得施工图审查合格书
7月28日	完成地下室顶板浇筑
8月3日	取得施工许可证
9月2日	一期主体结构封顶
9月28日	砌体施工基本完成，各专业施工大面积展开
10月9日	完成主体结构验收
10月31日	完成消防验收(一期)
11月2日	完成档案验收(一期)
11月15日	完成竣工验收

图 15-8　项目一期主要里程碑节点

2. 造价方面

项目实现"零设计变更、零现场拆改、零商务签证",并在竣工后3周内完成最终结算,大大减少结算工作量。

在建设标准不低于同类项目的前提下,本项目单方造价为业主同类项目最低。

3. 品质方面

项目品质充分满足发包人要求,并在部分区域合理提升。项目交付实际效果如图15-9所示。

图 15-9　项目交付实际效果

4. 业主管控方面

业主方通过管控机制文件,实现充分授权,保证自身关键权益(如对设计观感效果的专业图纸进行审批,对其余专业图纸进行报备)的同时,减少自身管理投入,降低管理风险。

本项目履约过程中,业主方自身管理人力投入较传统模式减少60%以上。

5. 后续效果

本项目的圆满履约,直接促成业主和总承包商后续以工程总承包模式实施300万 m^2 的项目。

15.2 某政务服务中心PPP+EPC工程总承包

15.2.1 工程概况

1. 工程规模

某政务服务中心PPP+EPC工程总承包项目总用地面积43690m²，总建筑面积约14.3万m²。项目由政务服务中心、城市展示中心（含规划展示馆、人防宣教中心两大功能）两部分组成。

政务服务中心建筑面积约12万m²，地上9层，地下3层，建筑高度约为46.8m，包括政务服务中心、图书馆（藏书量120万册）、档案馆（乙级）、地方志馆等五大功能板块。政务服务中心效果图如图15-10所示。

图15-10 政务服务中心效果图

城市展示中心建筑面积约2.3万m²，地上3层，地下3层，包括规划展示馆、人防宣教中心两大功能板块。

2. 合同关系

项目投资、建设采用"PPP+EPC"模式，总投资约11.9亿元，其中建安工程费8.88亿元。PPP项目周期共10年，其中建设期3年，运营期7年，运营期满后无偿移交政府。项目进入运营期后，由政府每年以财政付款方式进行付费。

（1）PPP合同

由A公司牵头与政府签订PPP合同，并负责成立建设项目平台公司（SPV公司）。SPV公司由A公司、政府平台公司、金融机构共同出资组建，其中A公司和金融机构共同出资90%。

（2）EPC合同

项目建设由A公司、B设计院、C勘察院共同组建联合体以EPC工程总承包模式实施，A公司为EPC联合体牵头方。EPC承包范围包括从方案设计开始的全部设计、施工工作。

项目各方合约关系图如图15-11所示。

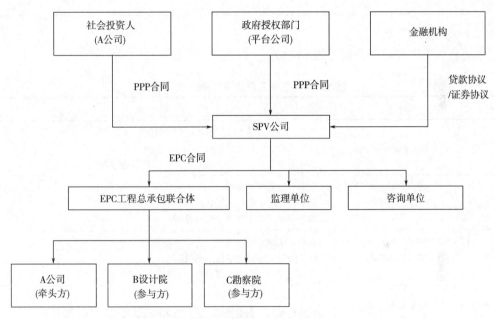

图 15-11 项目各方合约关系图

根据合同关系，A公司既作为项目PPP牵头方，承担建设单位管理职能，同时也作为项目EPC牵头方，承担工程总承包职能。因此，既要保证其作为项目"建设单位"的投资权益，也要保证其作为"工程总承包商"的建设权益。

15.2.2 项目分析

1. 项目条件分析

（1）相关方需求分析

本项目为PPP项目，按政府投资项目进行管理。项目主要建设用途为政务服务中心，涉及20多家使用、运营单位。

根据项目前期对接，对相关方需求进行分析见表15-19。

分析结论：本项目涉及相关方众多，且前期建设需求不明，后期变动、调整风险极大。

表 15-19　相关方需求分析样表

序号	分析项	分析要点
1	建设单位	本项目建设单位为SPV公司，实际需求单位为政府授权平台公司及20多家使用单位。项目PPP协议及EPC合同中，均未明确后期详细使用需求，项目存在极大需求调整风险
2	使用单位	本项目使用单位众多，且基本未参与前期方案设计，相关使用需求不明
3	总承包单位	本项目是总承包单位的首个PPP+EPC项目，且作为PPP社会资本方，首要保证投资受控，其次保证EPC总承包收益
4	分包	除联合体参与方外，其余专业分包由总承包单位自行决定，报建设单位备案
5	政府方	满足合法合规建设需求
6	其他方	场地周边无居民

（2）工作界面分析

本项目主要工作界面分析见表15-20。

表 15-20　主要工作界面分析样表

序号	分析项	分析要点
1	报批报建界面	政府：PPP协议手续、项目可行性研究。 SPV公司：配合总承包商。 总承包单位：负责所有报建手续办理及费用缴纳
2	设计工作界面	政府：设计成果审批。 SPV公司：审核总承包商成果。 总承包单位：负责所有设计任务
3	招采工作界面	政府：无指定专业分包，无品牌范围。 SPV公司：审核总承包商成果。 总承包单位：负责全部分包/设备招采及供应
4	施工工作界面	SPV公司：监督总承包商成果。 总承包单位：负责全部施工，但未明确详细交付界面
5	验收交付界面	SPV公司：配合总承包商。 总承包单位：负责全部竣工验收办理

分析结论：本项目因PPP+EPC性质，项目建设工作基本由SPV公司和总承包单位实施，界面范围清晰，但PPP协议、EPC合同中均未明确详细交付界面。

（3）管控机制分析

本项目管控机制分析见表15-21。

表 15-21　管控机制分析样表

序号	分析项	分析要点
1	政府方管控	政府方按相关规定，对SPV公司及总承包商工作进行监督，但缺少详细管控机制要求
2	业主方管控	本项目SPV公司为名义上的建设单位，项目管控机制缺失
3	设计方管控	本项目设计方为联合体参与方，管控力度较大

分析结论：本项目政府方管控机制缺失，需要制定管控机制文本，明确政府方、SPV公司、总承包商管理机制。

（4）设计与技术条件分析

本项目设计与技术条件分析见表15-22。

表 15-22　设计与技术条件分析样表

序号	分析项	分析要点
1	设计依据	项目仅有可行性研究报告及批复。PPP及EPC合同中均未明确详细的建设标准、品牌清单、技术规格书等
2	设计质量要求	满足相关规范要求
3	设计工期要求	满足总工期目标
4	设计管控要求	未明确设计管控要求，需在管控机制文本中补充
5	特殊设计要求	绿建二星
6	技术重难点	山地坡地建筑；大跨度钢结构，结构超限

分析结论：本项目前期设计与技术要求粗略，缺少详细依据。

（5）商务成本分析

本项目商务成本分析见表15-23。

表 15-23　商务成本分析样表

序号	分析项		分析要点
1	初始盈亏分析		—
2	收入条件分析	上限价	遵循政府投资要求，有明确投资上限、建安费上限
3		收入确认依据	按定额下浮，据实结算，最终以审计为准
4		调价条件	—
5		暂估价暂列金	—
6		支付条件	按月度据实支付
7		结算与审计	最终结算以审计为准
8	成本条件分析	可控成本	除少量二类费外，其余成本基本不受控
9		不可控成本	设计深度不足，建设标准不明，总体成本不可控
10		隐性成本	地方性规范要求
11	奖罚条件		—

分析结论：本项目为"上限价+费率下浮+审计"，且前期建设标准缺失、设计深度不足，成本超支风险极大，同时，SPV公司作为PPP社会资本方，承担整体投资控制风险。

（6）施工条件分析

本项目施工条件分析见表15-24。

表 15-24 施工条件分析样表

序号	分析项	分析要点
1	工期	建设期3年，整体要求正常
2	质量	争创鲁班奖
3	安全/环境	满足规范要求
4	场地条件	场地临时道路已具备，场地为坡地，临水、临电均未办理
5	其他条件	—

分析结论：本项目施工条件需进一步核实，总体要求高。

2. 项目风险分析

根据项目条件，对存在的主要风险进行分析见表15-25。

表 15-25 项目风险分析表

序号	风险类别	风险点	风险后果描述	风险概率	分级
1	项目实施条件风险	业主需求变动风险	设计修改、现场拆改等导致成本、工期不可控	高	重大
		工作界面完整性	成本漏项、争议	高	重大
		对设计院的管控风险	设计费支付不经过总承包商，无法管控设计	低	常规
		缺漏项	前期投标阶段未识别的成本项	高	重大
2	设计风险	设计经济性分析	施工图设计经济性不足，成本超支	高	重大
		设计质量分析	图纸质量差，易造成招采精度低，施工易返工等	高	重大
		设计工期分析	图纸交付延误，影响招采和建造进度	中	常规
		专项设计界面风险	专项设计接口协调不畅，造成拆改、缺漏项等	中	常规
3	商务风险	成本超支风险	多种因素造成项目亏损	高	重大
		招采成本风险	专业分包工程成本控制不力	高	重大
		结算审减风险	未充分满足发包人要求，导致结算出现审减	高	重大
		招采滞后风险	材料进场晚，影响整体工期	高	重大
4	工期风险	工期风险	各板块工作衔接不畅造成工期延误	中	常规
5	质量风险	施工拆改风险	前期设计各专业需求融入不足，过程中拆改	高	重大
		创优策划风险	创优目标未实现	高	重大
6	其他风险	技术风险等	部分异形构件存在施工风险隐患	高	重大

3. 项目目标确定

根据项目分析情况和总体定位，对项目建设目标列举见表15-26。

表 15-26　项目建设目标

序号	分项	目标指标
1	项目战略定位	打造 PPP+EPC 试点示范项目，探索"投资商+承包商"双重角色管理模式，孵化工程总承包管理团队
2	工期管理目标	保证按合同工期履约
3	质量管理目标	争创鲁班奖
4	职业健康安全管理目标	职业健康安全事件发生率为零
5	环境管理目标	环境事件发生率为零
6	成本、效益目标	—
7	资金管理目标	—
8	设计（技术）管理目标	项目估算、概算、预算层层受控
9	物资管控目标	物资供应滞后发生率为零
10	其他管理目标	总结 PPP+EPC 模式全过程管理成果

15.2.3　实施条件管理

本项目 PPP 发包阶段早，仅明确投资上限，且实际使用方众多，未明确详细的发包人要求。计价模式为"上限价+费率下浮+审计"，且存在 PPP 社会资本方投资风险。因此，项目实施条件基本缺失，需要首先完善。

1. 项目需求管理

本项目为政府服务中心，后期实际使用及运营单位达 20 多家，前期基本未参与项目需求提出，建设需求不明，存在极大的调整风险。

因此，项目部在进场后，与方案设计过程中，组织设计院主动与后期使用及运营单位进行一对一专题对接，迅速摸排建设需求，融入方案设计，并形成正式文件确认。

以档案局为例，经一对一对接后，梳理档案局建设需求见表 15-27。

表 15-27　档案局建设需求汇总表

序号	需求描述
1	所有办公用房面积严格按照《党政机关办公用房建设标准》控制，办公室数量不调整
2	档案库房选用的暖通设备需确保达到恒温恒湿要求（满足国家相关规范要求），在墙面上适当预留插座点位
3	政务服务中心 8 层、9 层档案办公区域设置的空调机房，需考虑噪声影响，满足办公需求，同时在满足功能的前提下，尽量减小机房面积
4	9 层档案馆办公区域（P—Q 轴）走道增加自然采光，将南侧休息区域（H—G 轴）部分上移
5	7 层、8 层靠近中庭的大跨处为档案馆库房，按照普通库房（非密集柜）设置
6	1 层查阅大厅中，将暂存室下移，留出到目录室通道，并在通道新增目录室开门，查阅大厅外 8 轴处门取消，同时核对查阅大厅疏散通道是否满足规范要求（是否需要增加直接对外疏散通道）
7	−1 层档案展览馆荷载按普通库房考虑
8	重点考虑−3 层、−4 层库房的防火、防水需求，尤其是在极端情况下（如汽车冲撞、消防水汇集等）的档案安全，考虑适当加厚墙体、增加排水措施等
9	−3 层冷冻室、消毒室、杀虫室改为与除尘室并排布置，方志馆库房部分下移

2. 工作范围管理

本项目在PPP协议及EPC合同中均未明确详细工作范围及界面，因此，进场后需要对工作范围进行梳理确认，并准确划分政府方、SPV公司、EPC总承包商的工作界面。

以智能化工程为例，对政府与SPV公司交付界面划分见表15-28。

表15-28 智能化工程交付界面表（局部）

房间/区域/系统		交付界面及要求
综合布线系统	SPV公司	线缆及面板插座安装到位
计算机网络系统	SPV公司	从市政机房出口到网络机房到进线间物理链路接通，根据政府网段划分需求划分好网段，无线网安装到位，物业单位程控电话安装到位
	政府	用户终端（电脑、打印机、电话机、手持扫描仪、自助查询终端等）采购，内网、外网信号的接入及开通，提供网段划分需求，进行各部门电话的开通、程控电话交换机的租赁/采购及安装
有线电视系统	SPV公司	从市政机房广电设备出口到电视面板插座安装
	政府	电视信号源开通、电视机采购及安装
公共广播系统	SPV公司	安装到位
信息引导及发布系统	SPV公司	负责引导屏信息点的安装 （注：LED屏的安装待定）
	政府	负责地面立式引导屏的采购和安装
排队叫号系统	SPV公司	安装到位
会议系统	SPV公司	线缆及面板插座安装到位，预留点位
	政府	负责视频会议系统设备的采购及安装

联合体内部，对项目设计工作界面划分见表15-29。

表15-29 项目设计工作界面划分表（局部）

序号	分项	设计方案	施工图 （国家规范规定设计深度）
1	总图	B设计院	B设计院
2	建筑	B设计院	B设计院
3	节能	B设计院	B设计院
4	结构（含钢结构）	B设计院	B设计院
5	水暖电	B设计院	B设计院
6	幕墙	B设计院	专业设计单位★
7	泛光照明	专业设计单位★	专业设计单位★
8	装饰装修	B设计院	专业设计单位★
9	标示标牌系统	B设计院	专业设计单位★
10	声学	B设计院	B设计院
11	园林景观	B设计院	专业设计单位★

3. 建设标准管理

本项目在 PPP 协议及 EPC 合同中均未明确详细的建设标准,因此在完成建设需求和工作范围梳理后,还需要编制建设标准,对项目交付条件进行进一步确定。

在标准拟定前,项目部充分发挥价值工程理念,与业主进行对接,梳理业主关注重点,在满足正常功能需求的前提下,将项目投资合理向业主关注点倾斜,让业主感到投资"物有所值",甚至"物超所值"。

本项目业主关注重点项见表 15-30。

表 15-30　业主关注重点项

分项	部位划分	模块划分	属性划分	关注度
公共部分	总平面	室外景观工程	客户关注项	高
		室外智能工程	客户关注项	中
		室外管道工程（水、电、气、暖等）	一般常规项	低
		总体规划（出入口等）	客户关注项	高
	配套设施	公共地下室及停车场	客户关注项	中
单体工程	主体结构	单体土建结构工程（结构类型、混凝土、钢筋、围护等）	一般常规项	低
		单体建筑层高	客户关注项	中
	外立面	外墙饰面工程	客户关注项	高
		栏杆工程	客户关注项	中
		幕墙工程	客户关注项	高
		精装门工程	客户关注项	高
		外装饰构件工程	客户关注项	中
	室内装修	大堂及电梯厅（包括地下室及首层）	客户关注项	高
		标准层电梯厅及走廊	客户关注项	高
		电梯轿厢内装修	客户关注项	高
		标准层功能房（客厅、办公室、洗手间、会议室、餐厅、展示厅、贵宾间等）	客户关注项	高
	管线及设备安装	电梯工程	客户关注项	高
		弱电智能化（楼宇、信息、通信、办公、消防）	客户关注项	高
		节能环保	客户关注项	中
		通风空调	客户关注项	中
		泛光照明	客户关注项	中
		照明设备	客户关注项	中
		备用电源	客户关注项	中
		一般水、电、气及消防管线	一般常规项	低

在此过程中,因前期图纸设计深度不足,对于部分涉及观感效果的专业,项目部组织

对国内类似项目进行现场考察，以便使标准更加直观、准确。

需要注意的是，本项目因前期设计深度有限，在梳理建设标准时，需紧密结合项目限额要求执行，按照"由俭入奢"的原则，确保不超投资，后续随着设计细化和造价富余情况，对建设标准进行适当调整。

4. 管控机制管理

本项目管控机制重点是政府方及SPV公司对项目建设的管控机制。项目进场后，对管控机制进行梳理，并与政府方进行确认后执行。

5. 风险归属管理

本项目A公司既承担作为SPV公司牵头方的投资风险，也承担作为EPC联合体牵头方的总承包风险。因此，总体风险较为明确，除不可抗力之外的相关风险均由A公司承担，但应区分SPV投资风险和EPC总承包风险的承担主体。

15.2.4　组织管理

本项目组织管理包括SPV公司和EPC项目部两个层面。本着人员精干、工作高效的原则，EPC项目部与SPV公司高度重叠、深度融合（即"两套牌子、一班人马"）。

1. SPV公司

根据PPP投资及运营要求，SPV公司组织架构图如图15-12所示。

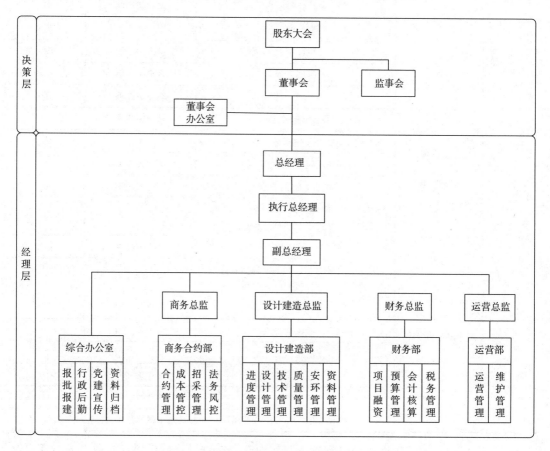

图 15-12　SPV 公司组织架构图

2．EPC项目部

EPC项目部是在原购物小镇EPC项目基础上，对设计和建造部进行进一步整合而成的。EPC项目部组织架构图如图15-13所示。

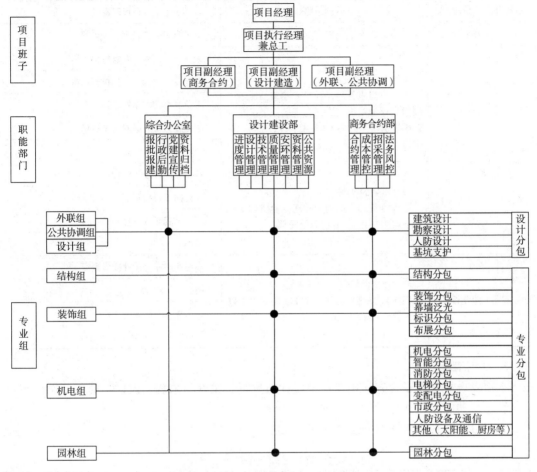

图 15-13　EPC 项目部组织架构图

15.2.5　设计管理

1．管理原则

（1）限额设计：严格依据投资额上限，划分各专业工程造价限额指标，严格执行限额设计流程，确保造价层层受控。

（2）主动融合：在设计开始前，梳理投资、商务、招采、计划、建造等各板块需求，融入设计过程，在图纸上发现并解决问题。

（3）价值创造：根据业主需求侧重点，做好各专业工程功能成本分配，提升项目整体价值。

2．四个阶段

本项目设计管理主要分为项目定义、方案及初步设计、施工图设计、深化设计四个阶段。

本项目四个设计阶段管理要点见表15-31。

表 15-31　四个设计阶段管理要点

序号	阶段	管理思路	管理要点
1	项目定义	完善实施条件，控制风险源头	参考实施条件管理相关内容
2	方案及初步设计	价值创造的核心。 以用户需求为导向，提升建筑品质；以限额设计为前提，平衡合理效益；以专业匹配为原则，实现整体平衡	关注业主需求，开展价值工程
			划分专业限额，严控投资超限
			主要经济技术指标控制
			各专业系统方案对比及选型
			……
3	施工图设计	设计质量的体现。 以提资管理为原则，实现专业协调；以同步设计为手段，保障系统完整	各专业设计经济性优化
			专业间接口提资
			施工措施融入设计
			……
4	深化设计	精益建造的保障。 以接口管理为工具，保证功能完善；以精细设计为标准，满足施工需求	小专业间深化设计接口提资
			铺装排版优化
			二次构件一次成型
			……

3. 六个融合

本项目设计管理融合方向主要包括设计与投资、设计与采购、设计与商务、设计与施工、设计与功能、设计与运营六个方面。

本项目设计管理六个融合要点见表15-32。

表 15-32　设计管理六个融合要点

序号	融合方向	管理要点
1	设计与投资	复核投资上限，严控超支风险。如在概算编制时，对总投资进行分析，合理提升建安费用占比
		梳理成本清单，防止缺项漏项。如对前期估算清单进行复核，补充遗漏的绿建等清单项
		开展价值工程，合理划分限额。根据项目定位和需求，加大机电、智能化等功能成本投入
		……
2	设计与采购	满足规范及建设标准的前提下，选用成熟、主流的材料设备。如幕墙玻璃、苗木选型等
		大型设备主要参数由设计院提出，招采确定后，将实际参数反馈到图纸上。如电梯、冷却塔、冷水机组等
		……

续表

序号	融合方向	管理要点
3	设计与商务	遵循价值工程原则，选用"功能/成本"最优的方案。如消防选择高压细水雾系统
		施工图设计阶段，从成本考虑，采用成熟、价优、效率高的细部做法
		……
4	设计与施工	临时措施融入结构设计，如支护设计、塔式起重机基础、材料堆场、消防永临结合等
		设计阶段考虑施工总体需求，如机电共用支架等
		创优策划，如将创优做法融入设计，确保一次成活
		……
5	设计与功能	考虑用户功能需求，对设计提出适当优化，如考虑图书馆阅读功能，采用遮阳系统、偏深色内环境防眩光；考虑室外休憩功能，选用树大荫浓、条石坐凳等
		……
6	设计与运维	综合后期运营管理成本，选用质保期更长、综合运维成本更低的大型设备。如空调系统、智能化系统等
		结合后期运营实际需求，选择部分系统设置（如增设智能变配电监控系统）、材料类型（如照明灯具）
		合理调整部分功能或布局，提升运营收入（目标），如增加咖啡、轻食、便民餐饮等功能
		……

4. 九项管理

根据本项目特点，具体从九个方面开展设计管理工作，分别是项目定义管理、设计合同管理、设计沟通管理、设计进度管理、设计接口管理、设计评审管理、设计文件管理、材料报审管理、设计变更管理。

15.2.6 商务管理

1. 管理原则

本项目采用"PPP+EPC"建设，管理团队承担投资、总承包双重管理职责，同时项目具有政府投资项目属性，因此商务管理是本项目的核心工作。

本项目商务管理工作遵循"商务限额六步工作法"展开。

2. 管理措施

（1）理界面

在PPP合同及EPC合同范围内，梳理项目相关方工作范围及界面，并正式确认。

其中，重点关注合同中未明确的隐性工作项，防止出现缺漏项。本项目对前期设计院编制的概念方案估算清单进行复核的情况见表15-33。

表 15-33 概念方案估算清单复核情况

序号	估算清单（设计院）工作内容	复核清单（总承包商复核）工作内容
1	土建施工	土建工程
2	外墙装饰工程	外墙装饰工程
3	无	绿色建筑工程（补充）
4	室内装饰工程	室内装饰工程
5	给水排水及消防	给水排水及消防工程
6	强电工程	强电工程
7	弱电工程	弱电工程
8	暖通工程	暖通工程
9	燃气工程	燃气工程
10	无	太阳能光伏（补充）
11	无	泛光照明（补充）
12	电梯及扶梯工程	电梯工程
13	通风工程	通风工程
14	变配电工程	变配电工程
15	640kW柴油发电机	640kW柴油发电机
16	无	基坑支护工程（补充）
17	室外园林及管网	室外工程

（2）定标准

根据项目工作范围和上限价，按"由俭入奢"的原则编制建设标准，并随最终造价情况进行适当调整。具体见15.2.3节建设标准管理的相关内容。

（3）扩上限

在不改变本项目总投资的前提下，合理优化二类费用支出，将建安费用占比适当加大，确保工程建设品质。以土地费为例，在编制概算清单时，根据实际土地费用情况编制，从而提高投资效率。

（4）控总价

在上限价基础上，预留一定调节比例，划分各专业限额指标，开展限额设计。在此过程中，根据价值工程及前期需求摸排情况，对部分高价值、高需求专业进行倾斜。

本项目初步设计阶段限额指标划分对比见表15-34。

表 15-34 初步设计阶段限额指标划分对比

序号	原概念方案估算指标		初设限额指标（预留10%调节）	
	工作项	限额占比（%）	工作项	限额占比（%）
1	土建施工	40.1	土建工程	38.3
2	外墙装饰工程	8.6	外墙装饰工程	11.5
3	无	0	绿色建筑工程	1.7

序号	原概念方案估算指标		初设限额指标（预留10%调节）	
	工作项	限额占比（%）	工作项	限额占比（%）
4	室内装饰工程	21	室内装饰工程	17.2
5	给水排水及消防	5	给水排水及消防	3.6
6	强电工程	5.1	强电工程	4.7
7	弱电工程	6	弱电工程	5.3
8	暖通工程	6.9	暖通工程	7.8
9	燃气工程	0.1	燃气工程	0.3
10	无	0	太阳能光伏	1.4
11	无	0	泛光照明	0.5
12	电梯及扶梯工程	2.3	电梯工程	1.3
13	通风工程	0.7	通风工程	0.6
14	变配电工程	0.8	变配电工程	1.2
15	640kW柴油发电机	0.1	640kW柴油发电机	0.1
16	无	0	基坑支护工程	0.8
17	室外园林及管网	3.3	室外工程	3.7
	总计	100	总计	90

（5）保总价

随着设计细度不断完善，在控总价目标实现的基础上，对预留剩余的造价调节余量进行二次分配，确保项目造价用足用实，进一步提升项目价值。

以业主关注的精装修工程为例，根据造价富余情况，对会议室精装修档次进行适当提高。具体如图15-14所示。

图 15-14　会议室精装修档次提升前（左）与提升后（右）

（6）固成本

编制项目合约规划、成本管控表，开展动态成本管控，确保实施阶段成本与规划目标一致。

15.2.7　项目实施效果

在PPP协议及EPC合同实施条件不齐备的情况下，项目最终实现投资受控、工期更短、品质更优、相关方满意的目标。

1. 投资方面

基于全过程贯穿限额设计理念，本项目最终实现估算、概算、预算、结算层层受控，有效控制项目投资风险。

2. 工期方面

本项目建设工期3年，实际提前6个月竣工交付并提前运营，圆满实现项目工期目标。

3. 品质方面

本项目最终交付与设计文件、建设标准等一致，圆满保证建设品质。部分实景照片如图15-15所示。

图 15-15　项目最终交付部分实景照片

4. 满意度方面

本项目作为PPP投资项目，通过前期需求对接，在设计过程及时融入，最终获得政府及后期使用单位各方的一致认可。

参考文献

［1］武永生.项目管理在科研项目管理的应用研究［D］.西安：西安科技大学,2005.

［2］裴亚利.基于核心业务能力的 EPC 工程总承包能力评价研究［D］.西安：西安建筑科技大学,2013.

［3］余建.国内外建设工程项目管理模式比较研究［D］.重庆：西南大学,2010.

［4］孙剑,孙文建.工程建设 PM、CM 和 PMC 三种模式的比较［J］.基建优化,2005,26（1）:10-13.

［5］吴仲兵.政府投资代建制项目监管体系研究［D］.北京：北京交通大学,2013.

［6］石林林,丰景春.DB 模式与 EPC 模式的对比研究［J］.工程管理学报,2014,28（6）:81-85.

［7］刘祉好.国内建筑工程项目管理模式研究［D］.大连：大连海事大学,2013.

［8］高坤俊.浅析 EP 总承包模式管理［J］.中国石油大学学报（社会科学版）,2008,24（6）:31-33.

［9］吴刚.PC 总承包建设模式在工程建设中的应用［J］.当代化工,2009,38（1）:83-85.

［10］周正祥,张秀芳,张平.新常态下 PPP 模式应用存在的问题及对策［J］.中国软科学,2015（9）:82-95.

［11］刘薇.PPP 模式理论阐释及其现实例证［J］.改革,2015（1）:78-89.

［12］岳亚军,郝生跃,任旭.建筑企业投资 PPP 项目的 F+EPC 模式研究［J］.工程管理学报,2018,32（6）:17-22.

［13］伍迪,王守清.PPP 模式在中国的研究发展与趋势［J］.工程管理学报,2014,28（6）:75-80.

［14］荣世立.改革开放 40 年我国工程总承包发展回顾与思考［J］.中国勘察设计,2018（12）:26-30.

［15］张东成,强茂山,温祺,等.浅析工程总承包模式的国际发展与实践绩效［J］.水电与抽水蓄能,2018,4（6）:35-40.

［16］董慧群,仲维清.美国 CM 模式与我国代建制模式对比分析［J］.中国工程咨询,2006（8）:23-24.

［17］由英来.代建制与 CM@R 之比较分析［J］.建筑经济,2009（2）:19-22.

［18］郭平,朱珊.美国的 AIA 的合同结构及其分析［J］.建筑管理现代化,2003（2）:34-36.

［19］于翔鹏.业主视角下工程总承包项目的投资总控研究［D］.天津：天津理工大学,2018.

［20］陈娟.国际工程总承包风险及防范机制［J］.上海经济研究,2008（5）:104-107.

［21］李婕.工程总承包合同风险分担的比较研究［D］.武汉：华中科技大学,2014.

［22］黄双蓉.财经法规与会计职业道德［M］.北京：经济科学出版社,2014.

［23］吴忠利.EPC 工程总承包模式下的招标投标管理探究［J］.建设监理,2018（12）:39-42.

［24］郑俊慧.工程总承包下的招标投标模式探讨［J］.建筑与预算,2018（6）:32-34.

［25］韩如波.工程总承包项目招标投标五大问题值得关注［J］.建筑设计管理,2017,34（10）:7-8,17.

［26］王海红.工程总承包招标要点及差异化研究［J］.房地产世界,2021（5）:7-9.

［27］尹润坪.基于工程总承包的招标投标模式研究［D］.沈阳：沈阳建筑大学,2012.

［28］李林蔚.总包新政下的招标投标风险管理——从 2020 版《建设项目工程总承包合同（示范文本）》谈起［J］.中国勘察设计,2021（3）:42-45.

［29］李君.建设工程总承包项目管理实务［M］.北京：中国电力出版社,2016.

［30］吴玉珊,韩江涛,龙奋杰,等.建设项目全过程工程咨询理论与实务［M］.北京：中国建筑工业出版社,2018.

［31］吴兵.基于 EPC 工程总承包模式的项目策划研究［J］.福建建筑,2018（10）:106-109.

［32］鲍一鸣.民用建筑 EPC 工程总承包管理研究［J］.住宅与房地产,2018（22）:109.

［33］冯昕.EPC 工程总承包项目目标控制体系研究［D］.长沙：中南大学,2012.

［34］汪凯,禚新伦,王正.设计牵头的工程总承包模式中的设计管理研究［J］.建筑经济,2018,39（9）:31–34.

［35］王飞.基于模拟工程量清单计价的建设项目造价控制研究［D］.天津：天津理工大学.2015.

［36］谭忠杰,宋阳.EPC 模式下的合同价款确定方式分析［J］.建筑经济,2019,40（3）:50–53.

［37］刘奕农.简述 EPC 总承包项目成本控制和结算管理［J］.中外企业家,2018（9）:67–68.

［38］丁朝辉.EPC 总承包工程的合同支付与资金管理［J］.武汉勘察设计,2016（1）:23–25.

［39］张前进.EPC 总承包项目的合同价款支付关键影响因素研究［D］.天津：天津大学,2016.

［40］费铁亮.施工总承包项目分包合同管理措施探讨［J］.价值工程,2020（8）:33–34.

［41］孙凌志,杭晓亚,孟尚臻.建设工程价款过程结算研究［J］.建筑经济,2015,36（9）:61–63.

［42］陈津生.EPC 工程总承包合同管理与索赔实务［M］.北京：中国电力出版社,2019.

［43］赵文彬.全过程合同管理中的智慧［J］.国际工程与劳务,2015（7）:80–82.

［44］陈思,董永.工程总承包联合体模式下要点探索［J］.中国工程咨询,2020（5）:84–87.

［45］张其鹏,海外工程中外联营体的关键管理要素研究［D］.北京：北京交通大学,2018.

［46］王晓东,张磊,杨德章.浅析海外联合体 EPC 项目管理举措［J］.交通企业管理 2020,35（5）:
28–29.

［47］王宝生,卢东升,赵明勤.当松散联合体遭遇"合同管理"［J］.施工企业管理,2008（9）:33–
35.

［48］南小宁,分包结算中常见法律纠纷的风险防范浅析［J］.石油化工建设.2017,39（3）:39–41.

［49］郭霞,孙睿霞,建设工程施工分包合同管理研究［J］.工程经济,2017,27（7）:22–25.

［50］张易鑫.国旅公司 6C 园林景观工程项目进度管理研究［D］.成都：电子科技大学,2020.

［51］游庆磊.国际 EPC 总承包项目的设计管理工作［J］.国际经济合作,2017,（7）:71–75.

［52］徐智谋.国际 EPC 项目工程分包执行各阶段的管理探讨［J］.绿色环保建材,2019（10）:
189,192.

［53］冯龙飞,田斐,张黎明.浅议南水北调中线工程建设中劳务分包管理［J］.南水北调与水利科技,
2014,12（1）:117–119.

［54］孙振龙.工民建施工中的工序质量控制［J］.城市建设理论研究（电子版）,2013（23）:1–4.

［55］李建民.论施工工序的质量控制［J］.施工技术,2009（S1）:585–588.

［56］张成满,罗富荣.地铁工程建设中的环境安全风险技术管理体系［J］.都市快轨交通,2007,20
（2）:63–65，83.

［57］武巍.EPC 总承包模式下的项目风险管理研究［D］.大连：大连理工大学,2018.

［58］中国项目管理研究委员会.中国项目管理知识体系与国际项目管理专业资质认证标准［M］.北京：
机械工业出版社,2003.

［59］金国江.EPC 工程总承包项目风险管理研究［D］.天津：天津大学,2013.

［60］赵平.建设工程项目总承包风险管理研究［D］.西安：西北工业大学,2006.

［61］秦宏.EPC 总承包项目风险管理探析［J］.管理制度,2010,（387）:34–38.

［62］于海丰.EPC 总承包项目风险管理研究［D］.南京：东南大学,2006.

［63］何坚辉.电力企业安全生产风险管理体系的建设和应用［D］.广州：广东工业大学,2012.

［64］何丽环.EPC 模式下承包商工程风险评价研究［D］.天津：天津大学,2008.

［65］（美）项目管理协会.项目管理知识体系指南（PMBOK指南）第4版［M］.王勇，张斌，译.北京：电子工业出版社，2009.

［66］陈起俊.工程项目风险分析与管理［M］.北京：中国建筑工业出版社，2007.

［67］龙标宇.YN国DH电厂EPC总承包项目前期的风险评价与控制［D］.广州：华南理工大学,2011.

［68］蒋晓静，黄金枝.工程项目的风险管理与风险监控研究［J］.建筑技术,2005，36（7）:537-538.